CorelDRAW
基础与应用案例教程

主编 傅伟 郑健江

北京希望电子出版社
Beijing Hope Electronic Press
www.bhp.com.cn

内 容 简 介

本书以CorelDRAW 2024软件为载体,对平面设计知识进行了全面阐述。全书共11个模块,遵照由浅入深、循序渐进的思路,依次介绍了CorelDRAW的应用、CorelDRAW矢量绘图基础、软件基本操作、图形绘制详解、颜色填充详解、对象的编辑详解、图形特效详解、文本应用详解、位图与效果详解的相关内容。最后通过海报、标志、包装等综合案例,对前面所学的知识进行了综合应用。

本书适合作为CorelDRAW平面设计课程的教材,也可作为广大平面设计人员的参考用书。

图书在版编目(CIP)数据

CorelDRAW 基础与应用案例教程 / 傅伟,郑健江主编.

北京:北京希望电子出版社,2025.6. -- ISBN 978-7-83002-923-4

Ⅰ.TP391.412

中国国家版本馆 CIP 数据核字第 20251TL328 号

出版:北京希望电子出版社	封面:袁 野
地址:北京市海淀区中关村大街 22 号	编辑:全 卫
中科大厦 A 座 10 层	校对:石文涛
邮编:100190	开本:787 mm×1 092 mm　1/16
网址:www.bhp.com.cn	印张:17
电话:010-82620818(总机)转发行部	字数:391 千字
010-82626237(邮购)	印刷:北京天恒嘉业印刷有限公司
经销:各地新华书店	版次:2025 年 6 月 1 版 1 次印刷

定价:85.00 元

前言

在数字媒体与设计行业持续蓬勃发展的大背景下，矢量图形编辑软件在各类设计场景中获得了愈发广泛的应用。CorelDRAW作为一款功能卓越的矢量绘图软件，凭借其强大的功能特性，在平面设计、广告制作、包装设计等诸多领域占据重要地位，是设计师们不可或缺的创作工具。

本书由专业团队精心打造，构建了系统、全面的教程结构。书中融入了丰富的实例演练，并且配置了大量课后作业。教材从设计工作的实际需求出发，兼具实用性与操作性，助力学生逐步深入学习CorelDRAW软件的各项功能与技巧，大幅提升实际操作能力。

在编写过程中，本书遵循"创设情境，案例引领"的理念，充分考虑学生的学习特性，借助生动的案例与真实的设计场景，激发学生对CorelDRAW课程的学习热情，提升学习兴趣。每个教学模块都配备了对应的课堂演练和课后拓展练习，通过理论与实践的紧密结合，帮助学生逐步提升CorelDRAW软件的应用技能，着力培养数字素养，进而提升综合素质。

此外，本书充分考虑学生的知识结构与学习习惯，教学内容聚焦于动手能力与数字素养的培养。遵循CorelDRAW课程"精细、深入、实用、简洁"的改革宗旨，秉持"基础优先、实用为主、授人以渔"的原则，为读者呈现既扎实又实用的知识内容，引导学生掌握自主学习与解决实际问题的方法，使学生在学习过程中既能夯实基础，又能灵活运用所学知识应对各种设计挑战。

本书涵盖从CorelDRAW的基本操作到高级应用的主要方面。模块1介绍了CorelDRAW矢量绘图的基础知识，包括接触CorelDRAW、应用领域、新版本功能以及相关术语等内容。模块2至模块4详细讲解了CorelDRAW的基础操作、图形绘制和颜色填充等基本技能。模块5至模块7则深入探讨了对象编辑、图形特效以及文本应用等方面的高级技巧。模块8至模块11分别介绍了位图与效果处理、海报设计、标志设计和包装设计等实际应用案例。

本书由傅伟和郑健江担任主编。由于编者水平有限，不足之处在所难免。为便于以后对教材进行修订，恳请专家、教师及读者多提宝贵意见。

编　者

2025年3月

目录

模块1 CorelDRAW矢量绘图入门

1.1 接触CorelDRAW 2
    1.1.1 CorelDRAW应用领域 2
    1.1.2 新版本功能一览 4
    1.1.3 CorelDRAW术语 6
1.2 AIGC与CorelDRAW 6
    1.2.1 智能辅助设计 6
    1.2.2 创意激发与灵感来源 8
    1.2.3 风格迁移 8
    1.2.4 图像处理与优化 9
1.3 图像基础知识 9
    1.3.1 像素和分辨率 9
    1.3.2 矢量图形和位图图像 11
    1.3.3 图像色彩模式 11
    1.3.4 常见的图像文件格式 12
1.4 设计软件协同办公 13
    1.4.1 Adobe Photoshop 13
    1.4.2 Adobe Illustrator 14
    1.4.3 Adobe InDesign 14
1.5 认识CorelDRAW 15
    1.5.1 CorelDRAW的工作界面 16
    1.5.2 工具箱和工具组 17
    1.5.3 图像显示模式 18
    1.5.4 文档窗口显示模式 19
    1.5.5 预览显示 20
    1.5.6 辅助工具的设置 20

课堂演练：分析Illustrator和CorelDRAW异同 22

课后作业 23

模块2 CorelDRAW的基础操作

2.1 软件基本操作 26
    2.1.1 新建文档 26
    2.1.2 打开/关闭文档 27
    2.1.3 导入/导出图像 27
    2.1.4 保存文档 28
2.2 页面属性的设置 30
    2.2.1 页面尺寸和方向 30

		2.2.2 页面背景	30
		2.2.3 页面布局	31
2.3	打印选项的设置		32
	2.3.1	常规设置	32
	2.3.2	颜色设置	33
	2.3.3	布局设置	34
	2.3.4	印前检查	35
	2.3.5	预览设置	35
2.4	网络输出		38
	2.4.1	图像优化	38
	2.4.2	发布至PDF	39

课堂演练：预设模版的创建与编辑 41

课后作业 43

模块3 图形绘制

3.1	常用的绘制工具		46
	3.1.1	手绘工具	46
	3.1.2	2点线工具	47
	3.1.3	贝塞尔工具	48
	3.1.4	钢笔工具	48
	3.1.5	B样条工具	48
	3.1.6	折线工具	49
	3.1.7	3点曲线工具	49
3.2	几何图形绘制工具		50
	3.2.1	矩形工具组	50
	3.2.2	椭圆形工具组	52
	3.2.3	多边形工具	54
	3.2.4	星形工具	55
	3.2.5	螺纹工具	56
	3.2.6	常见的形状工具	56
	3.2.7	冲击效果工具	56
	3.2.8	图纸工具	57
3.3	高级绘图工具		59
	3.3.1	画笔工具	59
	3.3.2	艺术笔工具	59
	3.3.3	LiveSketch工具	63
	3.3.4	智能绘图工具	64

课堂演练：绘制水彩笔触喇叭 65

课后作业 67

模块4 颜色填充

4.1	填充对象颜色		70
	4.1.1	调色板	70
	4.1.2	"颜色"泊坞窗	71
	4.1.3	颜色滴管工具	73
	4.1.4	属性滴管工具	74
	4.1.5	网状填充工具	74

目录

  4.1.6 智能填充工具 ········· 75
4.2 交互式填充对象颜色 ········· 77
  4.2.1 均匀填充 ········· 77
  4.2.2 渐变填充 ········· 77
  4.2.3 向量图样填充 ········· 79
  4.2.4 位图图样填充 ········· 79
  4.2.5 双色图样填充 ········· 80
  4.2.6 底纹填充 ········· 81
  4.2.7 PostScript填充 ········· 81
4.3 填充对象轮廓颜色 ········· 82
  4.3.1 轮廓笔 ········· 82
  4.3.2 设置轮廓线颜色和样式 ········· 83
  4.3.3 变量轮廓工具 ········· 84

课堂演练：绘制渐变中式灯笼 ········· 85

课后作业 ········· 88

模块5 对象编辑

5.1 图形对象的基本操作 ········· 91
  5.1.1 选择与移动对象 ········· 91
  5.1.2 复制与粘贴对象 ········· 91
  5.1.3 剪切与粘贴对象 ········· 92
  5.1.4 再制对象 ········· 92
  5.1.5 步长和重复 ········· 93
5.2 变换对象 ········· 93
  5.2.1 镜像对象 ········· 93
  5.2.2 对称对象 ········· 93
  5.2.3 克隆对象 ········· 94
  5.2.4 对象的自由变换 ········· 95
  5.2.5 精确变换对象 ········· 96
  5.2.6 对象的坐标 ········· 97
  5.2.7 对象的造型 ········· 98
5.3 管理对象 ········· 102
  5.3.1 "对象"泊坞窗 ········· 102
  5.3.2 调整对象顺序 ········· 103
  5.3.3 锁定与解锁对象 ········· 103
  5.3.4 群组和取消群组 ········· 103
  5.3.5 合并与拆分 ········· 104
  5.3.6 对齐与分布 ········· 105
5.4 编辑对象 ········· 107
  5.4.1 形状工具 ········· 107
  5.4.2 平滑工具 ········· 108
  5.4.3 涂抹工具 ········· 108
  5.4.4 转动工具 ········· 108
  5.4.5 吸引和排斥工具 ········· 109
  5.4.6 弄脏工具 ········· 109
  5.4.7 粗糙工具 ········· 109
  5.4.8 裁剪工具 ········· 110
  5.4.9 刻刀工具 ········· 111
  5.4.10 橡皮擦工具 ········· 111
  5.4.11 虚拟段删除工具 ········· 112

课堂演练：绘制钟表图标 114

课后作业 117

模块6 图形特效

- 6.1 认识图形特效 120
- 6.2 阴影效果 120
  - 6.2.1 认识阴影工具 120
  - 6.2.2 添加阴影效果 120
  - 6.2.3 调整阴影效果 121
- 6.3 轮廓图效果 122
  - 6.3.1 认识轮廓图工具 122
  - 6.3.2 添加轮廓图效果 122
  - 6.3.3 调整轮廓图效果 123
- 6.4 混合效果 125
  - 6.4.1 "混合"泊坞窗 125
  - 6.4.2 认识混合工具 125
  - 6.4.3 应用混合工具 126
- 6.5 变形效果 130
  - 6.5.1 推拉变形 130
  - 6.5.2 拉链变形 131
  - 6.5.3 扭曲变形 132
- 6.6 封套效果 133
  - 6.6.1 认识封套工具 133
  - 6.6.2 创建封套效果 134
  - 6.6.3 设置封套模式 135
  - 6.6.4 设置封套映射模式 135
- 6.7 立体化效果 136
  - 6.7.1 认识立体化工具 136
  - 6.7.2 创建立体化效果 136
  - 6.7.3 设置立体化类型 137
  - 6.7.4 调整立体化效果 137
- 6.8 块阴影效果 139
  - 6.8.1 认识块阴影工具 139
  - 6.8.2 创建块阴影效果 139
  - 6.8.3 调整块阴影颜色 139
- 6.9 透明度效果 141
  - 6.9.1 透明度类型 141
  - 6.9.2 调整透明对象 142

课堂演练：制作开关按钮 145

课后作业 147

模块7 文本应用

- 7.1 创建文本 150
  - 7.1.1 认识文本工具 150
  - 7.1.2 创建美术字 151
  - 7.1.3 创建段落文本 151

7.2 编辑文本 ································· 153
- 7.2.1 设置文本字符属性 ················ 153
- 7.2.2 设置文本段落属性 ················ 154
- 7.2.3 制作多栏文字 ···················· 155
- 7.2.4 使文本适合路径 ·················· 156
- 7.2.5 首字下沉 ························ 157
- 7.2.6 将文本转换为曲线 ················ 157

7.3 链接文本 ································· 159
- 7.3.1 段落文本之间的链接 ·············· 159
- 7.3.2 文本与图形之间的链接 ············ 160
- 7.3.3 断开文本链接 ···················· 160

课堂演练：杂志页面的排版 ···················· 161

课后作业 ···································· 165

模块 8 位图与效果

8.1 位图的导入 ······························· 168
- 8.1.1 导入位图 ························ 168
- 8.1.2 调整位图大小 ···················· 168

8.2 位图的编辑 ······························· 170
- 8.2.1 矢量图与位图的转换 ·············· 170
- 8.2.2 矫正图像 ························ 171
- 8.2.3 图像调整实验室 ·················· 172
- 8.2.4 位图遮罩 ························ 172

8.3 认识效果 ································· 174
- 8.3.1 "效果"菜单 ···················· 174
- 8.3.2 效果的应用与编辑 ················ 175

8.4 色彩的调整效果 ··························· 175
- 8.4.1 自动调整 ························ 175
- 8.4.2 色阶 ···························· 176
- 8.4.3 样本&目标 ······················ 176
- 8.4.4 调合曲线 ························ 176
- 8.4.5 亮度 ···························· 177
- 8.4.6 颜色平衡 ························ 177
- 8.4.7 色度/饱和度/亮度 ················ 178
- 8.4.8 替换颜色 ························ 179
- 8.4.9 取消饱和 ························ 179

8.5 精彩的三维效果 ··························· 181
- 8.5.1 三维旋转 ························ 181
- 8.5.2 柱面 ···························· 181
- 8.5.3 浮雕 ···························· 182
- 8.5.4 卷页 ···························· 182
- 8.5.5 挤远/挤近 ······················ 183
- 8.5.6 球面 ···························· 183
- 8.5.7 锯齿型 ·························· 183

8.6 其他常用效果 ····························· 185
- 8.6.1 艺术笔触 ························ 185
- 8.6.2 模糊 ···························· 188
- 8.6.3 相机 ···························· 189
- 8.6.4 颜色转换 ························ 190

	8.6.5	轮廓图	191
	8.6.6	创造性	192
	8.6.7	扭曲	193
	8.6.8	底纹	195
	8.6.9	Pointillizer（矢量马赛克）效果	197
	8.6.10	PhotoCocktail（位图马赛克）效果	198

课堂演练：制作千图成像效果 ... 200

课后作业 ... 202

模块9 海报设计

9.1	海报设计基础知识	204
	9.1.1 认识海报	204
	9.1.2 海报的构成要素	205
	9.1.3 海报的作用	206
	9.1.4 海报设计注意事项	207
9.2	音乐节活动海报	208
	9.2.1 海报创意生成	208
	9.2.2 海报素材生成	212
	9.2.3 海报制作	213

模块10 标志设计

10.1	标志设计基础知识	221
	10.1.1 标志的类别	221
	10.1.2 标志的表现形式	222
	10.1.3 标志的设计流程	224
	10.1.4 标志设计注意事项	225
10.2	电竞战队标志设计	225
	10.2.1 背景的制作	225
	10.2.2 主体元素的绘制	229
	10.2.3 文本的添加	234

模块11 包装设计

11.1	包装设计基础知识	239
	11.1.1 包装设计的目的	239
	11.1.2 包装设计的类型	240
	11.1.3 包装设计的要素	243
	11.1.4 包装设计的流程	244
11.2	牙膏包装平面图设计	245
	11.2.1 制作刀版图	245
	11.2.2 底纹的绘制	249
	11.2.3 文字与装饰的添加	252

课后作业参考答案（部分） ... 261

参考文献 ... 262

模块 1 CorelDRAW 矢量绘图入门

内容概要

本书旨在为读者提供一个系统的学习路径,从理论到实践,全面掌握CorelDRAW在图形设计、图像处理和排版等方面的应用技巧。本模块从CorelDRAW的基础概念和应用领域入手,逐步深入讨论软件的高级功能、与AIGC(artificial intelligence generated content,人工智能生成内容)的结合、图像基础知识、设计软件之间的协同办公等。

知识要点

- CorelDRAW基础与进阶。
- AIGC与CorelDRAW的结合。
- 图像处理的基础知识。
- 图像显示模式与辅助工具。

1.1 接触CorelDRAW

CorelDRAW，通常简称为CDR，是由加拿大Corel公司开发的一款功能强大的矢量图形设计软件，以其灵活性、易用性和强大的功能而受到设计师和爱好者的青睐。

1.1.1 CorelDRAW应用领域

CorelDRAW作为一款功能强大的矢量图形设计软件，其应用领域极为广泛。以下是CorelDRAW在几个主要领域的应用。

1. 平面设计

设计师可以利用CorelDRAW创建各种视觉元素，如商标、标志、海报、广告、名片、宣传册和产品包装等。其丰富的矢量绘图工具和高效的编辑功能，使设计师能够轻松实现创意构想，并输出高质量的平面设计作品，如图1-1和图1-2所示。

图1-1 标志

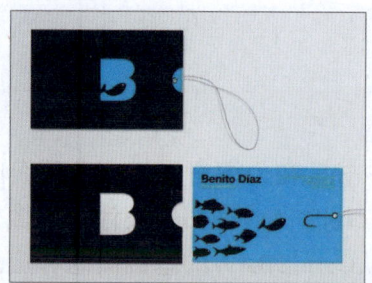

图1-2 名片

2. 插画设计

CorelDRAW的矢量绘图功能可帮助设计师绘制出细腻流畅的线条和形状，创作出富有表现力和吸引力的插图作品。这些作品广泛应用于书籍、杂志、广告出版物、产品包装和网站设计中，如图1-3和图1-4所示。

图1-3 广告出版物

图1-4 产品包装

3. 包装设计

设计师可以利用CorelDRAW软件设计独特的包装盒形状、图案及文字排版，以吸引消费者目光。其提供的图形设计工具和排版功能支持精确的尺寸和位置调整，确保包装设计既符合实际需求又能提升产品市场竞争力，如图1-5和图1-6所示。

图 1-5　乳制品包装　　　　　　　图 1-6　糖果类包装盒

4. 书籍设计

CorelDRAW强大的矢量绘图和页面设置功能，能够帮助设计师创造出兼具美观和创意的书籍设计作品。无论是封面设计、内页插画还是整体排版布局，CorelDRAW都能发挥出色的作用，如图1-7和图1-8所示。

 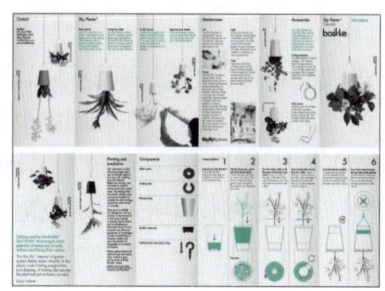

图 1-7　书籍　　　　　　　　　　图 1-8　折页

5. 网页设计

设计师可以使用CorelDRAW设计网页的Logo、图标、按钮等图形元素，并通过导出功能将其转换为适合网页使用的格式，如图1-9和图1-10所示。此外，CorelDRAW还支持多种文件格式的导入和导出，方便与其他网页设计软件进行无缝对接。

 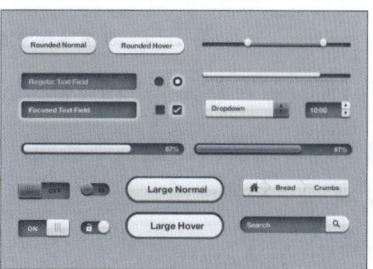

图 1-9　图标　　　　　　　　　　图 1-10　按钮

6. VI设计

VI（visual identity）设计即视觉识别系统设计，是企业形象设计的重要组成部分。设计师可以利用CorelDRAW软件设计企业的标志、标准色彩、标准字体等VI元素，如图1-11和图1-12所示。CorelDRAW的矢量绘图能力和精确的编辑功能，使得设计师能够轻松创建符合企业形象和品牌定位的VI元素，并通过分页展示和多页面设计功能，方便VI设计的项目管理和文件整理。

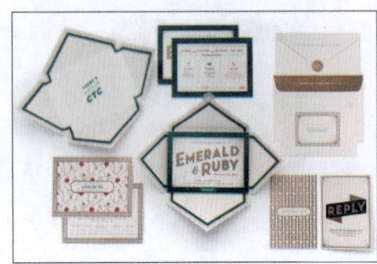 

图1-11　产品VI（1）　　　　　　　图1-12　产品VI（2）

■1.1.2　新版本功能一览

CorelDRAW 2024作为一款功能强大的平面设计软件，在多个方面进行了更新和改进，为用户提供了更多高效、灵活和便捷的设计工具。以下是CorelDRAW 2024新增的主要功能。

1. 画笔笔刷

CorelDRAW 2024引入了全新画笔笔刷，可满足各种图形设计需求。使用编辑形状工具，打开属性栏上的"笔刷选择器"，在笔刷库中可查看丰富的笔刷样式，将鼠标悬停在"笔刷选择器"中的样式上会显示笔触特征的预览，如形状、底纹和透明度等，如图1-13所示。使用画笔工具绘制路径，效果如图1-14所示。更改笔刷样式（飞溅），效果如图1-15所示。

 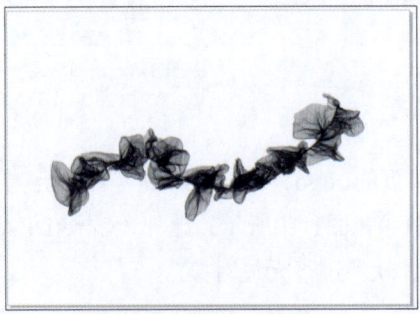 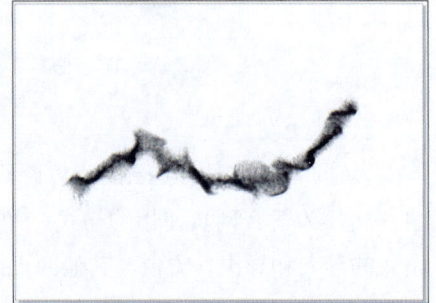

图1-13　笔刷选择器　　　图1-14　应用笔刷效果　　　图1-15　更改笔刷效果

2. 远程字体

CorelDRAW 2024提供远程字体功能，用户可以直接从CorelDRAW的字体列表中选择Google Font，无须下载和使用其他软件，可节省安装本地字体的时间，让创作更加自由，如图1-16所示。执行"工具"→"选项"→"CorelDRAW"命令，在弹出的对话框中依次单击"文本"→"字体"选项，勾选"启用远程字体"复选框，即可启用远程字体，如图1-17所示。

模块1　CorelDRAW矢量绘图入门

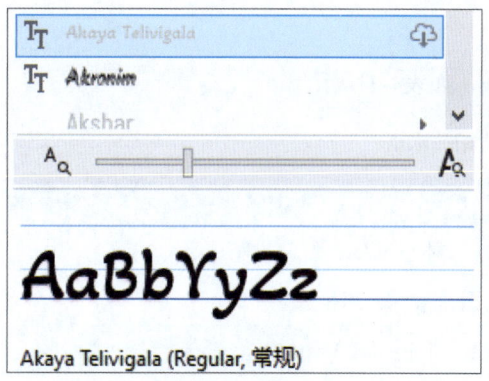
图 1-16　字体列表

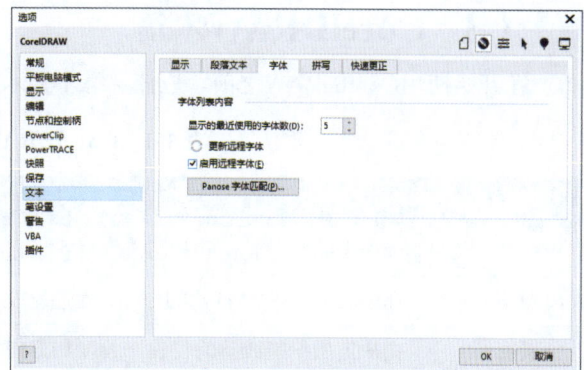
图 1-17　启用远程字体

3. 非破坏性位图效果

CorelDRAW 2024简化了非破坏性位图效果的使用。在CorelDRAW中，效果的应用可以直接在"属性"泊坞窗中单击"fx"选项卡，如图1-18所示。在"预览"下拉列表框中可查看各类效果的应用效果图，如图1-19所示。单击即可应用，如图1-20所示。

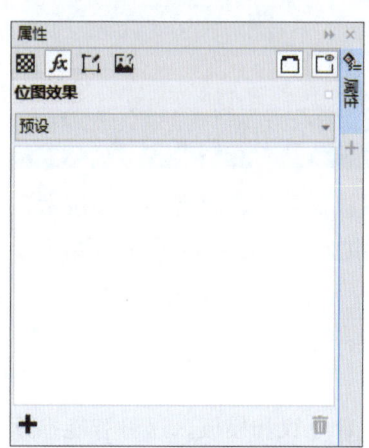
图 1-18　"属性"泊坞窗

图 1-19　预览预设

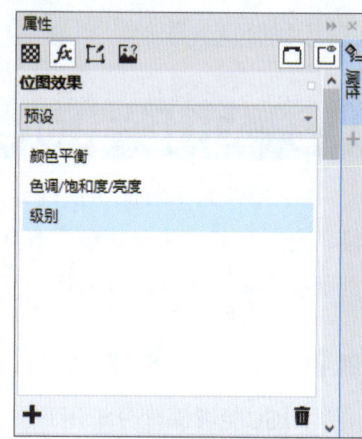
图 1-20　应用预设

4. 模板库与云功能

新版本增加了300多个专业模板，并新增支持浏览自定义云模板的选项，可帮助用户快速制作精美的手册、标识、信息图表等，如图1-21所示。订阅用户还能享受更多最新的功能，包括为Web和iPad打造的CorelDRAW.app、全新的协作工具、基于云的资产管理和云文件共享/存储等功能。

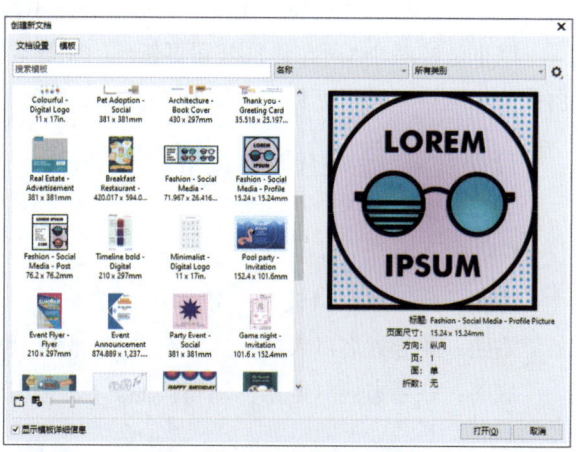
图 1-21　模板选项界面

· 5 ·

■ 1.1.3　CorelDRAW术语

在开始使用CorelDRAW之前，应该熟悉下列术语，如表1-1所示。

表 1-1　CorelDRAW 相关术语

术语	描述
对象	绘图中的一个元素，如图像、形状、线条、文本、曲线、符号或图层等
绘图	在CorelDRAW中创建的作品，如自定义插图、徽标、海报等
矢量图形	由决定所绘制线条的位置、长度和方向的数学描述生成的图像
位图	由像素网格或点网格组成的图像
泊坞窗	包含关于某个工具或任务的命令和设置的窗口
展开工具栏	一组相关工具或菜单项
列表框	用户单击向下箭头按钮时下拉的选项列表
美术字	可以应用阴影等特殊效果的一种文本类型
段落文本	可以应用格式化选项并可编辑大块文本的一种文本类型

1.2　AIGC与CorelDRAW

AIGC即人工智能生成内容，是指通过人工智能技术，利用机器学习、深度学习等技术手段，自动生成文本、图像、音频、视频等多种类型的内容。AIGC在CorelDRAW中的应用为设计师提供了更多的创作工具和更大的灵活性。

■ 1.2.1　智能辅助设计

AIGC能够深度分析用户的设计风格偏好，提供个性化的设计建议和模板。这种智能推荐系统极大地简化了设计流程，能够帮助设计师快速锁定合适的设计元素，明显缩短设计时间。例如，在创建名片或海报时，AIGC能够根据用户输入的文字和既往风格，精准推荐布局方案、色彩搭配和字体选择，让设计更加得心应手。

以下是针对小A所在建筑公司更新部门领导名片的3个设计方案。这些方案旨在打破原有的白蓝简约风格，采用更具创意和现代感的设计元素。

设计方案一：现代几何风格
布局方案
【正面】
左侧：公司Logo（较大，突出展示）。
右侧：领导姓名（大号字体，突出），职位（小号字体，位于姓名下方）。
底部：联系方式（电话、邮箱、地址），采用简洁的图标表示。

【反面】

背景：几何图形（如三角形、矩形的叠加），使用渐变色。

中间：采用大号字体，居中对齐。

【色彩搭配】

主色调：深绿和金色。

辅助色：白色（用于文字和图标）。

背景色：深绿到浅绿的渐变，增加层次感。

【字体选择】

姓名：无衬线字体（如Montserrat Bold），现代感强。

职位和联系方式：无衬线字体（如Open Sans），简洁易看。

设计方案二：自然风格

布局方案

【正面】

左上角：公司Logo（小号，放在角落）。

中间：领导姓名（大号字体，居中），职位（小号字体，位于姓名下方）。

右下角：联系方式（电话、邮箱），采用小图标表示，简洁排列。

【反面】

背景：自然元素图案（如木纹或石材纹理）。

中间：公司口号或标语，采用手写风格字体，增强个性化。

【色彩搭配】

主色调：土色（如棕色、米色）。

辅助色：绿色（代表自然）。

背景色：淡米色，给人温暖和亲切感。

【字体选择】

姓名：手写风格字体（如Pacifico），体现个性化。

职位和联系方式：无衬线字体（如Lato），保持简洁。

设计方案三：科技感风格

布局方案

【正面】

左侧：公司Logo（大号，突出）。

右侧：领导姓名（大号字体），职位（小号字体，位于姓名下方）。

底部：联系方式（电话、邮箱、地址），采用图标表示。

【反面】

背景：科技感的线条或网格图案（如电路板设计）。

中间：领导的座右铭或公司愿景，采用大号字体，居中对齐。

【色彩搭配】

主色调：深蓝色和银色。

辅助色：白色（用于文字和图标）。

背景色：深蓝色，搭配银色线条，增强科技感。

【字体选择】

姓名：现代无衬线字体（如 Roboto），突出科技感。

职位和联系方式：无衬线字体（如 Arial），简洁明了。

总结

以上3个设计方案各具特色，旨在打破原有的白蓝简约风格。每个方案都考虑了布局、色彩搭配和字体选择，以适应不同的品牌形象和个人风格。设计时可根据公司的定位和领导的个人喜好选择合适的方案进行进一步调整和实施。

1.2.2 创意激发与灵感来源

设计师只需输入关键词或描述性文本，AIGC便能迅速生成与之相关的图形、图案或设计元素。这一功能不仅激发了设计师的无限创意，还为他们提供了多样化的设计思路。例如，当输入"复古风手绘插画，咖啡馆场景"时，AIGC会即时展现出多个新颖独特、充满复古韵味的手绘插画设计方案，如图1-22所示。此外，设计师还可以对这些生成的初步方案进行进一步调整和优化，以满足更具体的设计需求或实现更个性化的创意表达，如图1-23所示。

图 1-22　手绘插画设计方案

图 1-23　优化插画设计方案

1.2.3 风格迁移

AIGC支持将各种艺术风格应用于设计中，通过分析重现这些风格的精髓元素，帮助设计师轻松实现独特的视觉效果。这一功能极大地拓展了创作的边界，使得设计师能够轻松驾驭多种艺术风格，满足不同项目的需求。例如，AIGC允许设计师将已有的插画作品无缝转换为其他风格，无论是复古风情、未来主义还是波普艺术，都能在短时间内完成风格的转变，为作品注入全新的生命力和视觉冲击力。图1-24～图1-26分别为原图、波普风格、未来主义风格。

模块1 CorelDRAW矢量绘图入门

图1-24　原图

图1-25　波普风格

图1-26　未来主义风格

■1.2.4　图像处理与优化

AIGC在图像处理方面同样表现出色，能够自动调整图像的亮度、对比度、饱和度等关键参数，显著提升图像质量。这个功能极大地减轻了设计师在图像编辑上的工作负担，能够将更多精力投入到创意构思上。例如，在处理照片时，AIGC可以自动识别图像中的主要元素，并进行优化，使图像更具吸引力。图1-27～图1-29分别为优化前后效果。

图1-27　原图

图1-28　优化效果（1）

图1-29　优化效果（2）

1.3　图像基础知识

图像基础知识涉及多个方面，包括像素和分辨率、矢量图和位图、图像色彩模式和常见图像文件格式。以下分别详细介绍。

■1.3.1　像素和分辨率

像素（pixel）是图像中最小的颜色单位，一般用px表示。像素的数量决定了图像的清晰度和细节程度。每平方英寸所含像素越多，图像越清晰，颜色之间的混和也越平滑，如图1-30所示。当把一张图像放大多倍时，会发现原本看似连续的色调其实是由许多色彩相近的小色块组成的，这些小色块就是像素，如图1-31所示。

图 1-30　图像

图 1-31　放大图像

　　分辨率是指图像中像素的数量，通常用每英寸像素数（PPI）或每英寸点数（DPI）来表示。它会影响图像的清晰度和细节。一般情况下，分辨率分为图像分辨率、屏幕分辨率和打印分辨率。

1. 图像分辨率

　　图像分辨率通常以"像素/英寸"来表示，是指图像中每单位长度含有的像素数目，如图1-32所示。分辨率高的图像比相同打印尺寸的低分辨率图像包含更多的像素，因而图像会更加清楚、细腻。分辨率越大，图像文件越大，在进行处理时所需的内存和CPU处理时间也就越多。

2. 屏幕分辨率

　　屏幕分辨率是指屏幕显示的分辨率，即屏幕上显示的像素个数，常见的屏幕分辨率类型有 1 920×1 080、1 600×1 200、640×480。在屏幕尺寸相同的情况下，分辨率越高，显示效果就越精细和细腻。在计算机的显示设置中会显示推荐的显示器分辨率，如图1-33所示。

图 1-32　图像分辨率

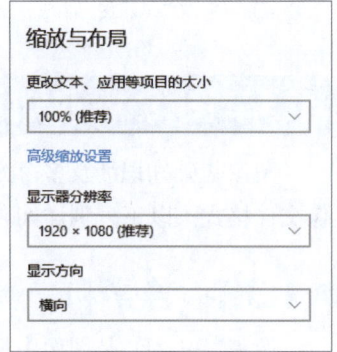
图 1-33　屏幕分辨率

3. 打印分辨率

　　打印分辨率是指在打印输出时每英寸能够打印的点数，单位是DPI（dots per inch），即点每英寸。它决定了打印图像的精细程度和质量。打印分辨率越高，打印出来的图像越清晰，细节越丰富。在打印高质量的图片或文档时，需要选择较高的打印分辨率以确保输出效果。

■1.3.2 矢量图形和位图图像

矢量图形又称为向量图形，是一种使用数学方法描述图像中元素（如点、线、曲线、多边形等）的图形表示方式。矢量图形的核心优势在于其与分辨率无关，无论图形被放大到何种尺寸，其边缘都将保持平滑清晰，不会出现像素化或模糊的现象，如图1-34和图1-35所示。由于矢量图形中的每个元素都是独立且可编辑的，因此可以很容易地调整图形的大小、形状、颜色等属性，而无须重新绘制整个图形。

图 1-34　矢量图形

图 1-35　放大矢量图形

位图图像又称为栅格图像，是由像素组成的图形表示方式。每个像素都有特定的颜色值，整个图像通过这些像素组合形成。位图图像能够捕捉细腻的细节和复杂的色彩渐变，适合处理复杂的图像和照片。位图图像的质量与其分辨率密切相关，分辨率越高，图像越清晰，如图1-36和图1-37所示。当位图图像被放大时，由于像素数量的增加，图像会失去原有的清晰度，出现锯齿状边缘和模糊现象。

图 1-36　位置图像质量与分辨率密切相关（1）

图 1-37　位置图像质量与分辨率密切相关（2）

■1.3.3 图像色彩模式

图像的色彩模式决定了图像在显示和印刷时的色彩数目，同时影响图像文件的大小。本节介绍常见的色彩模式。

1. RGB模式

RGB模式是基于红、绿、蓝三种颜色的加色模型。通过不同强度的红、绿、蓝光混合，可以生成各种颜色，主要用于屏幕显示、网页设计和数字图像。计算机和电视屏幕使用RGB模式来显示颜色。在RGB模式中，R（Red）代表红色，G（Green）代表绿色，B（Blue）代表蓝色，如图1-38所示。

2. CMYK模式

CMYK模式是一种减色模式，主要用于印刷领域。在CMYK模式中，C（Cyan）代表青色，M（Magenta）代表品红色，Y（Yellow）代表黄色，K（Black）代表黑色，如图1-39所示。C、M、Y分别是红、绿、蓝的互补色。由于Black中的B也可以代表Blue（蓝色），所以为了避免歧义，黑色用K代表。新建的CorelDRAW文档的默认色彩模式为CMYK模式。

3. Lab模式

Lab模式是最接近真实世界颜色的一种色彩模式。其中，L表示亮度，亮度范围是0~100，a表示由绿色到红色的范围，b代表由蓝色到黄色的范围，a、b范围是-128~+127，如图1-40所示。该模式解决了由不同的显示器和打印设备所造成的颜色差异，这种模式不依赖于设备，它是一种独立于设备存在的颜色模式，不受任何硬件性能的影响。

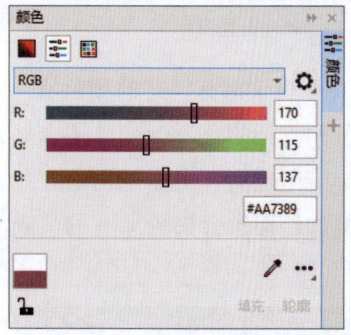 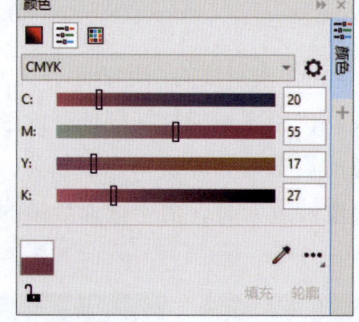 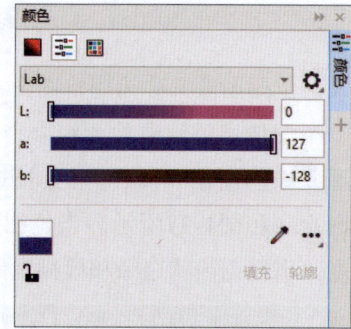

图 1-38　RGB 模式　　　　　图 1-39　CMYK 模式　　　　　图 1-40　Lab 模式

4. 灰度模式

灰度模式的图像中只存在灰度，而没有色度、饱和度等色彩信息。灰度模式共有256个灰度级。灰度模式的应用十分广泛，在成本相对低廉的黑白印刷中，所有图像都采用了灰度模式。

5. 其他模式

除了上述常用的色彩模式外，CorelDRAW还支持其他色彩模式，如黑白模式、双色调模式、调色板色模式等。这些色彩模式各有其特定的应用场景和优势，用户可以根据具体的设计需求进行选择。

1.3.4　常见的图像文件格式

在 CorelDRAW 中，常用的图像格式有多种，适用于不同的设计需求和输出要求。具体如表1-2所示。

表 1-2 常见的图像文件格式

格式	说明	后缀
CDR	CorelDRAW软件默认格式，只能在CorelDRAW中打开和编辑，用于保存所有矢量图形、位图图像和文本对象	.cdr
AI	Illustrator软件默认格式，可以保存所有编辑信息，包括图层、矢量路径、文本、蒙版、透明度设置等，便于后期继续编辑和修改	.ai
PDF	通用的文件格式，可以保存矢量图形、位图图像和文本等内容，便于共享和打印	.pdf
EPS	一种可缩放矢量图形格式，适用于高分辨率印刷品质输出，可以在排版软件中以低分辨率预览，打印时以高分辨率输出，效果与图像输出质量两不误	.eps
SVG	一种可缩放矢量图形格式，可以在Web浏览器中显示，可以修改和重新发布。文件体积较小，且图像质量不会因为缩放而改变	.svg
TIFF	一种无损压缩格式，能存储多个通道，适用于高质量图像输出。在CorelDRAW中，TIFF格式经常被用于印刷输出的场合	.tif
JPEG	一种高压缩比的、有损压缩、真彩色图像文件格式。压缩比越大，品质就越低；反之，压缩比越小，品质就越好。主要用于图像预览及超文本文档	.jpg .jpeg
PNG	一种采用无损压缩算法的位图格式，具有高质量的图像压缩和透明度的支持，因此在网页设计和图标制作等领域有着广泛的应用	.png
GIF	一种位图图像格式，支持动画和透明度，但仅支持256种颜色。用于简单动画和图像，适用于网页设计，但不适用于高质量图像	.gif

知识点拨 在CorelDRAW中选择何种图像格式取决于设计需求和最终输出目标。例如：
- 矢量图形设计：使用CDR、AI、EPS或SVG。
- 打印输出：使用PDF或TIFF。
- 网页设计：使用PNG、JPEG或GIF。

1.4 设计软件协同办公

CorelDRAW作为一款专业的矢量图形设计软件，在设计和制作过程中，常常需要与其他软件协同工作以提高效率和效果。下面介绍一些CorelDRAW常用的搭配软件。

1.4.1 Adobe Photoshop

Adobe Photoshop是一款专业的图像处理软件，擅长位图图像的编辑与处理。设计师可以在Photoshop中进行照片编辑和图像合成，然后将处理好的位图导入CorelDRAW进行进一步设计。同时，也可以将设计好的矢量图形导出为位图格式（如JPEG、PNG等），在Photoshop中添加复杂的图像效果或进行精细处理。图1-41为Photoshop 2024图标和启动界面。

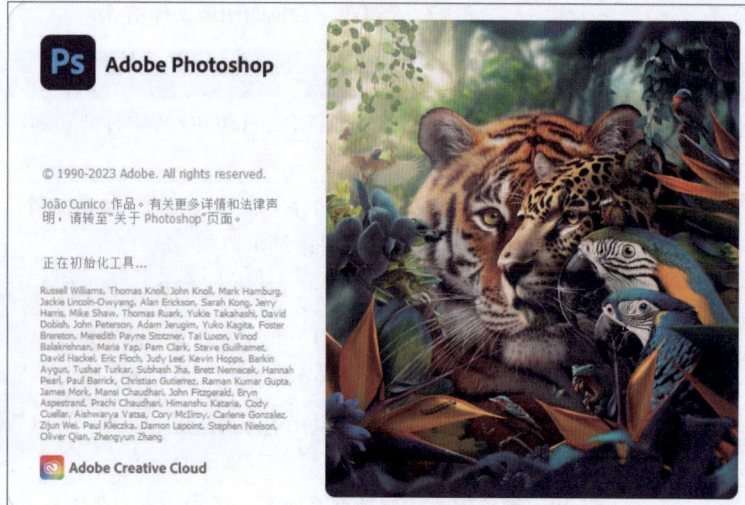

图 1-41　Photoshop 2024 图标和启动界面

1.4.2　Adobe Illustrator

Adobe Illustrator是一款同样强大的矢量图形设计软件，与CorelDRAW在功能上有许多相似之处，但各自也有独特的优势。设计师可以在CorelDRAW中完成初步的设计后，将文件导出为AI格式，以便在Adobe Illustrator中进行进一步的编辑和优化。反之亦然，Adobe Illustrator中的设计也可以导入到CorelDRAW中进行处理。图1-42为Illustrator 2024图标和启动界面。

图 1-42　Illustrator 2024 图标和启动界面

1.4.3　Adobe InDesign

Adobe InDesign是一款专业的排版设计软件，用于创建印刷品和数字出版物的布局和设计。在CorelDRAW中设计的矢量图形和文本可以轻松地导入到InDesign中进行整体的排版和设计。InDesign提供了强大的页面布局和排版功能，能够确保设计作品在印刷或数字发布时保持最佳的视觉效果。图1-43为InDesign 2024图标和启动界面。

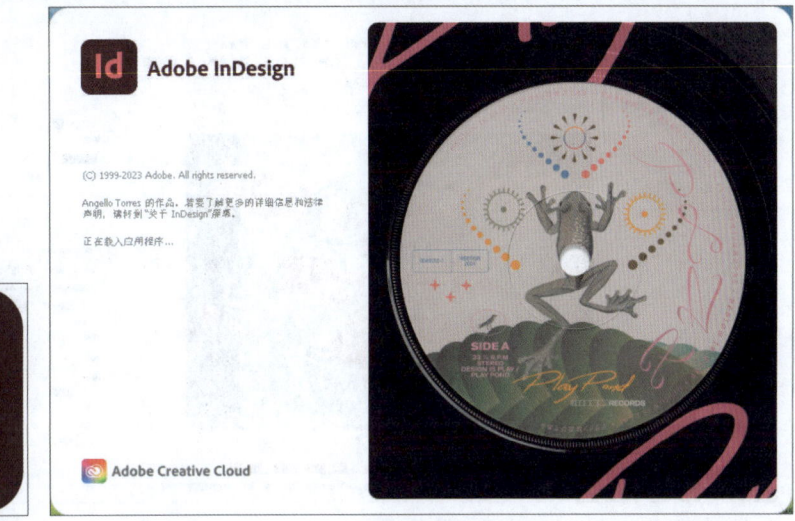

图 1-43　InDesign 2024 图标和启动界面

除了上述提到的软件外，CorelDRAW还可以与许多其他设计软件协同工作，如SketchUp、Figma等UI/UX设计软件，以及3D建模和渲染软件等。这些软件的协同使用可以进一步拓展CorelDRAW的应用领域。

1.5　认识CorelDRAW

安装CorelDRAW后，在桌面上双击如图1-44所示的快捷方式图标，待程序进入到如图1-45所示的欢迎屏幕界面，即表示正常启动。单击右上角的"关闭"按钮，或者执行"文件"→"退出"命令即可退出软件。

图 1-44　CorelDRAW
　　　　快捷方式

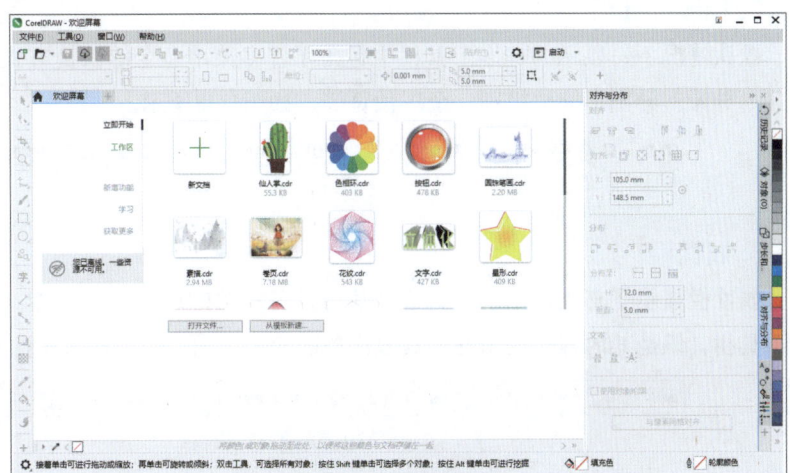

图 1-45　欢迎屏幕界面

1.5.1 CorelDRAW的工作界面

新建文档或者打开已有文档，即可进入到CorelDRAW的工作界面，如图1-46所示。

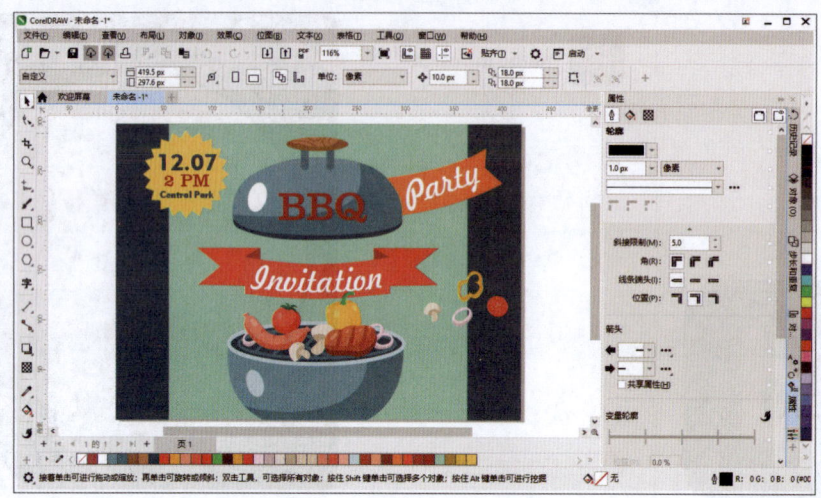

图1-46 CorelDRAW的工作界面

1. 菜单栏

菜单栏提供了访问CorelDRAW所有功能的途径，包括文件、编辑、查看、布局、对象、效果、位图、文本等。单击相应的主菜单按钮，在打开的子菜单中单击某一项菜单命令即可执行该操作，如图1-47所示。

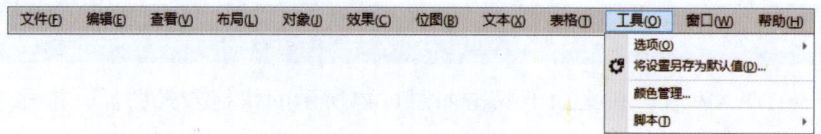

图1-47 菜单栏

2. 标准工具栏

默认情况下，显示的标准工具栏中包含了许多菜单命令的快捷方式按钮和控件，如新建、打开、导入、导出、缩放级别、全屏预览等，如图1-48所示。

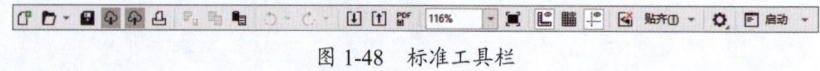

图1-48 标准工具栏

3. 属性栏

属性栏显示了与当前活动工具或所执行任务相关的最常用的功能。尽管属性栏外观看起来像工具栏，但是其内容随使用的工具或任务而变化。图1-49为默认属性栏。

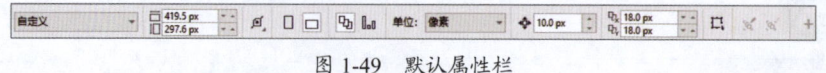

图1-49 默认属性栏

4. 工具箱

工具箱包含了用于绘制和编辑图像的工具。一些工具默认可见，而其他工具则以展开工具栏的形式分组。工具箱中各按钮右下角的展开工具栏小箭头表示这是一个展开工具栏，如图1-50所示。单击展开工具栏箭头可访问展开工具栏中的工具。

图 1-50　展开工具栏

5. 应用程序窗口

应用程序窗口是CorelDRAW的核心部分，也是设计师进行创作的主要舞台。应用程序窗口包括绘图页面与绘图窗口两个区域，设计师可以在绘图页面中绘制矢量图形、编辑对象、应用效果等。

6. 状态栏

状态栏显示了关于选定对象的信息，如颜色、填充类型、轮廓、光标位置和相关命令，还显示了文档颜色信息，如文档颜色预置文件和颜色校样状态，如图1-51所示。

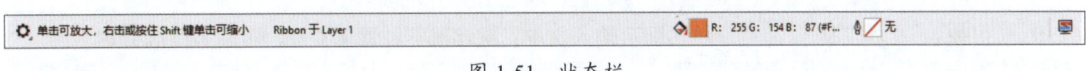

图 1-51　状态栏

7. 泊坞窗

泊坞窗显示了与对话框类型相同的控件，如命令按钮、选项和列表框，可以更有效地管理和编辑图形。泊坞窗既可以停放，也可以浮动。停放的泊坞窗被附加到应用程序窗口、调色板的边缘。

8. 调色板

调色板通常位于屏幕的右侧，从中可以快速访问不同的颜色和渐变填充。用户可以从色板中选择颜色应用到图形对象上。

■ 1.5.2　工具箱和工具组

默认状态下，工具箱以竖直的形式放置在工作界面的左侧，包含了所有用于绘制或编辑对象的工具。部分工具右下角显示有黑色箭头，用于表示该工具下包含了相关系列的隐藏工具。关于各工具的使用及功能介绍如表1-3所示。

表 1-3　各工具的使用及功能介绍

序号	图标	名称	功能描述
01		选择工具	用于选择一个或多个对象并进行任意的移动或大小调整，可在文件空白处拖动鼠标以框选指定对象
02		形状工具	用于调整对象轮廓的形态。当对象为扭曲后的图形时，可利用该工具对图形轮廓进行任意调整
03		裁剪工具	用于裁剪对象不需要的部分图像。选择某一对象后，拖动鼠标可调整裁剪尺寸，完成后在选区内双击，即可裁剪该对象选取外的图像

(续表)

序号	图标	名称	功能描述
04		缩放工具	用于放大或缩小页面图像，选择该工具后，在页面中单击可放大图像，右击可缩小图像
05		手绘工具	使用该工具在页面中单击，移动光标至任意点再次单击可绘制曲线和直线线段；按住鼠标左键不放，可绘制随意线条
06		艺术笔工具	具有固定或可变宽度及形状的画笔，在实际操作中可使用艺术笔工具绘制出具有不同线条或图案效果的图形
07		矩形工具	用于绘制矩形和正方形，按住Ctrl键可绘制正方形，按住Shift键可以以起始点为中心绘制矩形
08		椭圆形工具	用于绘制椭圆形和正圆，设置其属性栏可绘制饼图和弧形
09		多边形工具	用于绘制多边形对象，设置其属性栏中的边数可调整多边形的形状
10		文本工具	单击即可输入文本；拖动鼠标设置文本框，可输入段落文本
11		平行度量工具	用于度量对象的尺寸或角度
12		连接器工具	用于连接对象的锚点
13		阴影工具	可为页面中的图形添加阴影
14		透明度工具	可调整图片及形状的明暗程度，并具备4种透明度的设置
15		颜色滴管工具	主要用于取样对象中的颜色，取样后的颜色可利用填充工具填充指定对象
16		交互式填充工具	用于对对象进行任意角度的渐变填充，并可进行调整
17		智能填充工具	可对任何封闭的对象包括位图图像进行填充，也可对重叠对象的可视性区域进行填充，填充后的对象将根据原对象轮廓形成新的对象

■ 1.5.3 图像显示模式

CorelDRAW图像显示模式为用户提供了多种预览和观察图像的方式，这些模式适用于不同的工作场景和需求。

- **线框**：通过隐藏填充、拉伸、轮廓和阴影来显示绘图的轮廓，也可以单色显示位图。使用此模式可以快速预览绘图的基本元素。
- **正常**：显示绘图时不显示PostScript填充或高分辨率位图，如图1-52所示。
- **增强**：默认模式。显示绘图时显示PostScript填充、高分辨率位图及光滑处理的矢量图形，效果如图1-53所示。
- **像素**：显示基于像素的绘图，允许放大对象的某个区域以便更准确地确定对象的位置和大小。此视图还可查看导出为位图文件格式的绘图。

模块1 CorelDRAW矢量绘图入门

图 1-52　正常显示模式

图 1-53　增强显示模式

■1.5.4　文档窗口显示模式

在CorelDRAW中，可以同时打开多个文档，默认情况下，文档窗口是合并在一起的，如图1-54所示。在"窗口"菜单中提供了多种排列模式。执行"窗口"→"层叠"命令，可以将多个窗口层叠排列，使其重叠且标题栏可见，如图1-55所示。执行"窗口"→"停靠窗口"命令，可以将层叠排列的窗口垂直排列。

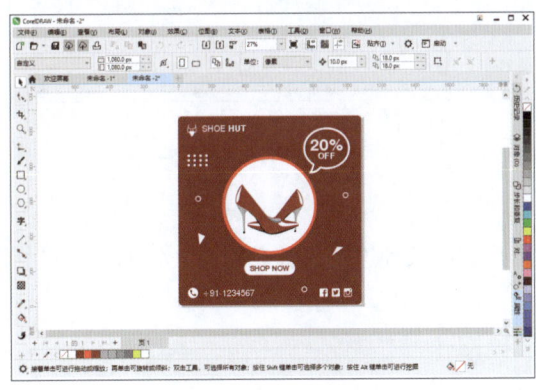
图 1-54　默认窗口模式

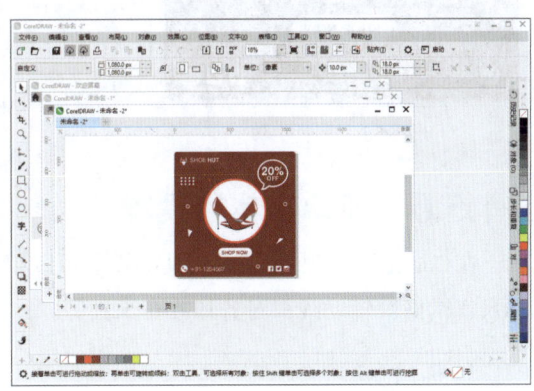
图 1-55　停靠窗口模式

执行"窗口"→"水平平铺"命令，可以将多个窗口并排排列，如图1-56所示。执行"窗口"→"垂直平铺"命令，可以将多个窗口垂直排列，如图1-57所示。执行"窗口"→"合并窗口"命令，即可恢复到默认窗口模式。

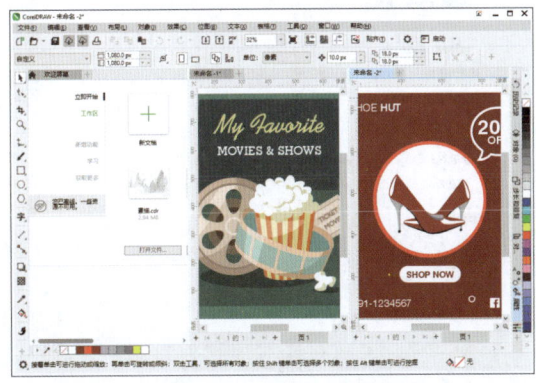
图 1-56　水平平铺模式

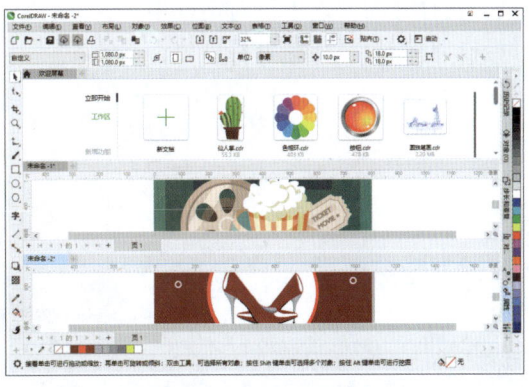
图 1-57　垂直平铺模式

■1.5.5 预览显示

在CorelDRAW中，预览显示功能允许用户在设计过程中实时查看和评估其作品的外观。CorelDRAW提供了多种预览模式，帮助用户在不同的视图下检查设计效果。执行"查看"→"全屏预览"命令，或按F9键，显示器上将会显示预览的效果。单击屏幕上的任意位置或按任意键，可以返回到应用程序窗口。

如果在绘制图像时，想观察某一个绘制图像，可以先将图像选中，如图1-58所示，执行"查看"→"只预览选定对象"命令，显示器上将会显示选中对象的预览效果，如图1-59所示。

图1-58　选中对象　　　　　　　　　　图1-59　只预览选定对象

■1.5.6 辅助工具的设置

在CorelDRAW中，辅助工具的设置可以帮助用户更高效地进行设计和绘图。辅助工具包括标尺、网格、辅助线、对齐和分布工具等。

1. 标尺

标尺在页面绘图时可以显示对象精确的大小与位置。执行"查看"→"标尺"命令，可在工作区中显示或隐藏标尺。双击标尺，在打开的"选项"对话框中可对标尺的相关选项进行设置，如图1-60所示。

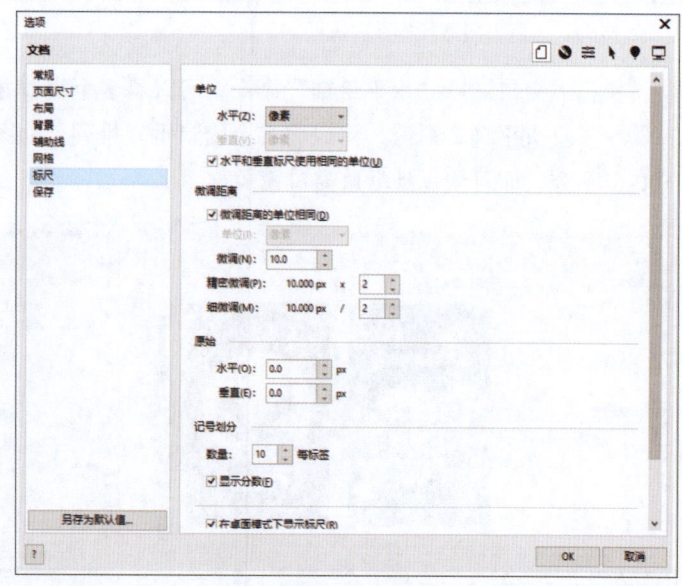

图1-60　标尺"选项"对话框

2. 网格

网格是在页面中均匀分布的小方格辅助线，可以精确定位对象的位置。执行"查看"→"网格"命令即可显示网格。在标尺上右击，在弹出的快捷菜单中选择"网格设置"选项，打开"选项"对话框，从中可对网格的样式、间隔、属性等进行设置，如图1-61所示。

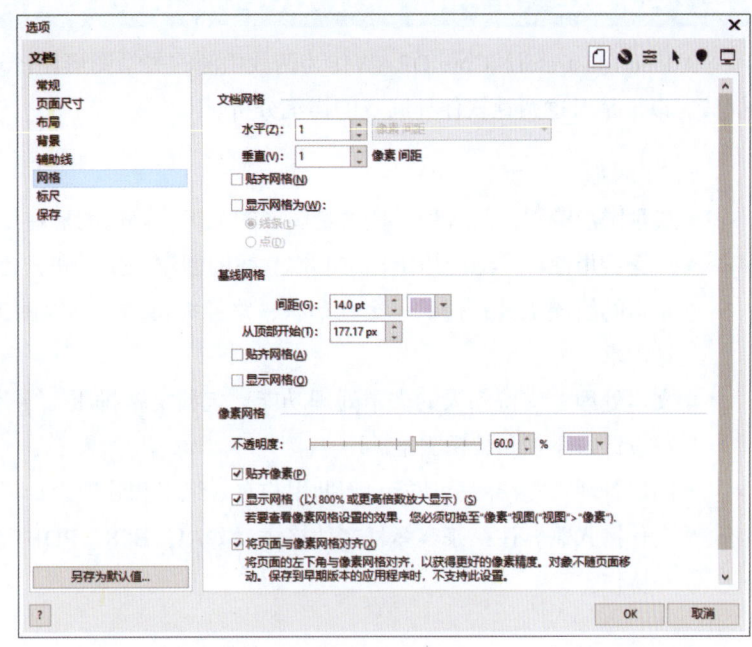

图1-61 网格"选项"对话框

3. 辅助线

辅助线主要用于辅助确定对象的位置或形状，常用于对齐对象。执行"查看"→"辅助线"命令，可显示或隐藏辅助线（显示的辅助线不会被导出或打印）。在标尺上右击，在弹出的快捷菜单中选择"准线设置"选项，打开"选项"对话框，即可对辅助线的显示情况和颜色等进行设置，如图1-62所示。

将鼠标的光标放置在标尺上方，按住鼠标左键往下拖曳，此时会拖曳出一条蓝色的虚线，将该虚线放置到合适位置后松开鼠标，即可创建一条辅助线。使用选择工具置于辅助线上方，但当出现↕形状时，可调整辅助线的位置，如图1-63所示。按Delete键即可将其删除，或执行"查看"→"辅助线"命令将其隐藏。

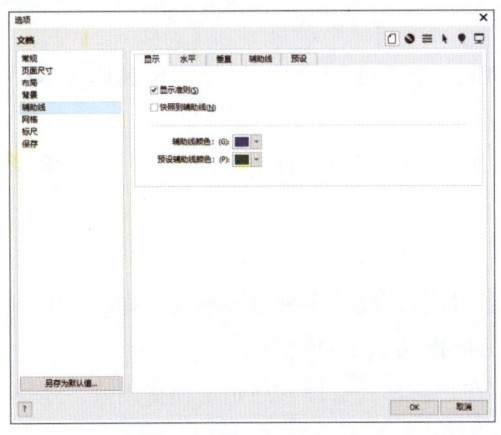

图1-62 辅助线"选项"对话框

图1-63 调整辅助线

课堂演练：分析Illustrator和CorelDRAW异同

Adobe Illustrator和CorelDRAW作为两款主流的矢量图形设计软件，各自拥有独特的功能和优势。以下是对这两款软件异同点的详细分析。

1. 相同点

- **矢量图形编辑**：两者均支持矢量图形的编辑，确保图形在缩放时保持清晰无损。
- **广泛适用性**：广泛应用于标志制作、插图创作、排版和分色输出等领域。
- **丰富的绘图工具**：提供钢笔、形状、路径编辑等多种绘图工具，满足复杂图形和插图设计需求。
- **文本处理**：支持强大的文本处理功能，包括文本排版、字体管理和文本效果，方便用户在设计中添加和编辑文本。
- **图层管理**：支持图层功能，帮助用户有效组织和管理设计元素，提升工作效率。
- **文件格式兼容性**：兼容多种文件格式（如AI、EPS、PDF），便于与其他软件平台的交互与协作。

2. 不同点

（1）应用领域侧重点

- **Illustrator**：专注于插图、图形设计、品牌标识、网页及印刷设计，尤其在插图、图标、排版和图形艺术方面表现突出，适合专业设计师、插画师及品牌设计师。
- **CorelDRAW**：侧重于平面设计、印刷、广告及产品包装设计，擅长多页面设计与排版，适合批量处理项目，广泛应用于印刷行业、广告公司及小型设计工作室。

（2）用户界面与工作流程

- **Illustrator**：界面风格与Adobe系列保持一致，学习成本低，工作流程灵活，支持复杂的图层管理和设计元素处理。
- **CorelDRAW**：界面直观易用，对新用户友好，工作流程注重效率，提供快速设计工具，加速设计进程。

（3）文件兼容性

- **Illustrator**：支持广泛文件格式，特别是Adobe格式（AI、EPS），与Adobe其他应用程序（如Photoshop、InDesign）集成度高。
- **CorelDRAW**：同样支持多种文件格式，但在非Corel产品兼容性上可能稍逊一筹，但在导出常见格式（如PDF、JPG）时表现优异。

（4）色彩真实度与效果

- **Illustrator**：在色彩管理和色彩真实度方面表现优秀，支持多种色彩模式（如CMYK、RGB、灰度等），并且在色彩校正和打印准备方面提供了强大的工具。
- **CorelDRAW**：色彩管理功能同样出色，尤其在色彩样式管理和应用上便捷高效，还提供色彩调整工具，助力设计师创作视觉协调的设计作品。

课后作业

一、选择题

1. CorelDRAW的应用领域不包括（　　）。
   A. 平面设计　　　　　　　　　　B. 动画制作
   C. 插图绘制　　　　　　　　　　D. 排版设计

2. 不属于CorelDRAW的常用功能的是（　　）。
   A. 文本编辑　　　　　　　　　　B. 矢量图形绘制
   C. 视频剪辑　　　　　　　　　　D. 图像导入与导出

3. 在CorelDRAW中，若要将设计作品用于印刷，通常应选择（　　）色彩模式。
   A. RGB　　　　　　　　　　　　B. CMYK
   C. Lab　　　　　　　　　　　　D. HSB

4. 要将多个窗口并排排列，应执行"窗口"→"（　　）"命令。
   A. 层叠　　　　　　　　　　　　B. 停靠窗口
   C. 水平平铺　　　　　　　　　　D. 垂直平铺

二、填空题

1. 像素是图像中最小的_____单位，一般用_____表示。

2. 分辨率是指图像中像素的_____，通常用每英寸像素数（PPI）或每英寸点数（DPI）来表示。它会影响图像的_____。

3. 若将文档保存为矢量图形格式，可以选择_____、_____、_____和_____格式。

4. 若将文档保存为位图图像格式，可以选择_____、_____、_____和_____格式。

三、上机题

上机实操1：探索CorelDRAW新版本功能

探索CorelDRAW 2024版本的新功能，旨在帮助用户了解并掌握新版本的特性，以便更高效地进行设计工作。图1-64~图1-66为新增的画笔笔刷应用前后效果对比。

图1-64　绘制形状

图1-65　更改笔触

图1-66　更改轮廓与填色

思路提示：

- 使用形状工具绘制形状。
- 切换至画笔工具，更改画笔笔触与参数。
- 更改轮廓与填色参数。

上机实操2：图像色彩模式转换与应用

分析图像色彩模式转换前后的变化，图1-67～图1-69分别为RGB模式、CMYK模式、灰度模式图像显示效果。

图 1-67　RGB 模式图像

图 1-68　CMYK 模式图像

图 1-69　灰度模式图像

思路提示：

- 导入RGB模式图像至CorelDRAW。
- RGB模式图像转换为CMYK模式图像，部分鲜艳的颜色将变得暗淡或失去饱和度。
- RGB模式图像转换为灰度模式图像，图像将失去所有颜色信息，仅保留不同亮度的灰色调。

模块 2　CorelDRAW 的基础操作

内容概要　本模块从CorelDRAW的基础操作入手,首先引导读者熟悉软件工作界面,并掌握文档的新建、保存和关闭等基本功能。随后,逐步深入讨论页面设置、打印选项、网络输出等内容。本模块旨在为读者提供CorelDRAW在图像处理、文档交互设计和专业打印准备等方面的实用技巧。

知识要点
- CorelDRAW基本操作。
- 页面设置与调整。
- 打印设置。
- Web图像优化与PDF的输出。

数字资源
【本模块素材】
"素材文件\模块2"目录下
【本模块课堂演练最终文件】
"素材文件\模块2\课堂演练"目录下

2.1 软件基本操作

新建文档、打开和关闭文档、导入和导出图像和保存文档等操作是使用CorelDRAW进行图形设计和图像处理的基础。

2.1.1 新建文档

在CorelDRAW中，要进行绘图制作，需创建一个空白文档。执行"文件"→"新建"命令，或按Ctrl+N组合键，打开"创建新文档"对话框，默认为"文档设置"选项界面，如图2-1所示，单击"OK"按钮即可完成文档的创建。如需使用预设模板建立新文档，可在"创建新文档"对话框中单击"模板"按钮，可以切换至预设模板界面，如图2-2所示。

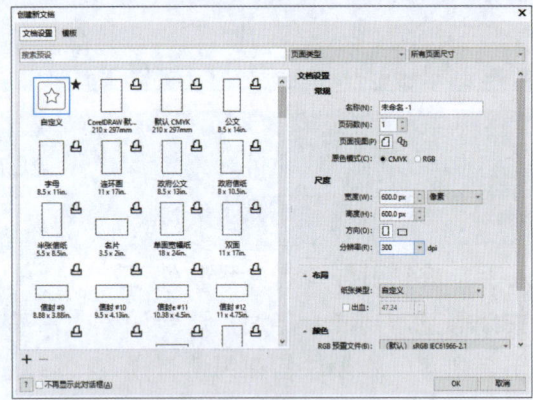 

图 2-1 "创建新文档"对话框　　　　　图 2-2 预设模板界面

在该对话框中，部分选项的功能介绍如下：

- **预设缩览图**：单击对话框左侧的预设缩览图，可以从预设缩览图创建文档。
- **名称**：设置当前文档的名称。
- **页码数**：设置新建文档的页数。
- **页面视图**：选择页面的查看方式。选择"单页视图"可一次查看一个页面，选择"多页视图"可查看所有页面。
- **原色模式**：在下拉列表框中可以选择文档的原色模式，默认的颜色模式会影响一些效果中的颜色混合方式，如填充、混合等。
- **宽度/高度**：设置文档的宽度和高度，在"宽度"数值框后面的下拉列表中可以进行单位设置。使用"高度"数值框后面的微调按钮可以为文档选择纵向或横向。
- **方向**：设置页面方向，横向或纵向。
- **分辨率**：设置页面分辨率。在下拉列表框中包含一些常用的分辨率。
- **纸张类型**：在下拉列表框中可选择常用的尺寸，如A4、A3等。
- **出血**：勾选"出血"复选框，在出血限制框中可输入出血值。
- **颜色选项组**：对文档的各种颜色参数进行设置。

■2.1.2 打开/关闭文档

打开已有的文档或位图素材可以执行"文件"→"打开"命令，或按Ctrl+O组合键，在弹出的"打开绘图"对话框中选择目标文件，如图2-3所示，单击"打开"按钮即可，如图2-4所示。

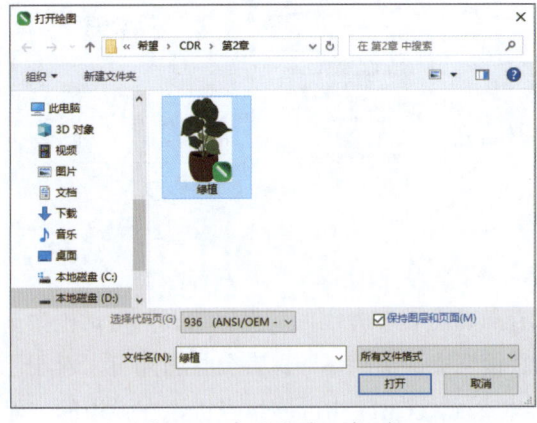

图 2-3 "打开绘图"对话框

图 2-4 打开文档

若打开的图像文件不需要时，可对其进行关闭操作。单击绘图区右上方的"关闭"按钮⊠，或按Ctrl+F4组合键，即可关闭文件窗口。直接单击工作界面右上角的"关闭"按钮，则可退出程序。

■2.1.3 导入/导出图像

执行"文件"→"导入"命令，或按Ctrl+I组合键，在弹出的"导入"对话框中选择需要导入的文件并单击"导入"按钮，此时光标转换为导入光标，单击鼠标左键可直接将位图以原大小状态放置在该文档区域。也可以在单击"导入"按钮后，当光标会变为□后，如图2-5所示，单击并拖动设置尺寸，如图2-6所示，释放鼠标后即可填充该区域，如图2-7所示。

图 2-5 导入光标

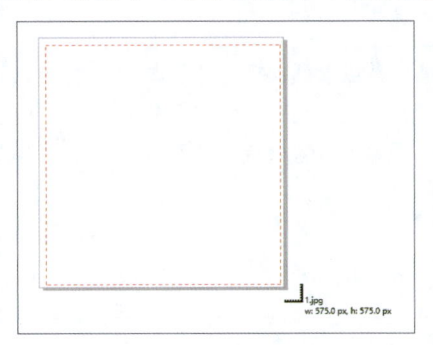

图 2-6 拖动设置尺寸

图 2-7 填充目标尺寸区域

导出经过编辑处理后的图像时，执行"文件"→"导出"命令，或按Ctrl+E组合键，打开如图2-8所示的"导出"对话框，在弹出的对话框中选择图像存储的位置并设置文件的保存类型，如JPEG、PNG、AI等格式，如图2-9所示。设置完成后单击"导出"按钮即可。

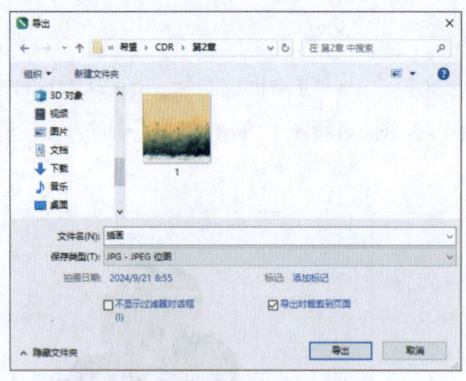

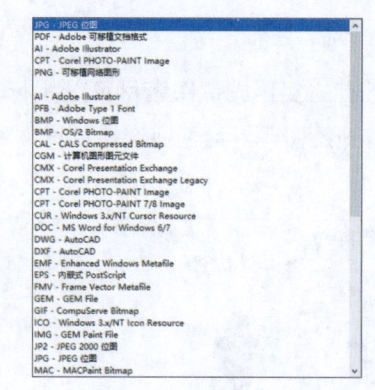

图 2-8 "导出"对话框　　　　图 2-9 保存类型列表

2.1.4 保存文档

文档编辑完成后，执行"文件"→"保存"命令，在弹出的"保存绘图"对话框中选择目标路径、设置参数，如图2-10和图2-11所示。设置完成后单击"保存"按钮即可。对于已经保存过的文档，可执行"文件"→"另存为"命令或按Ctrl+Shift+S组合键，在弹出的"保存绘图"对话框中重新设置参数。

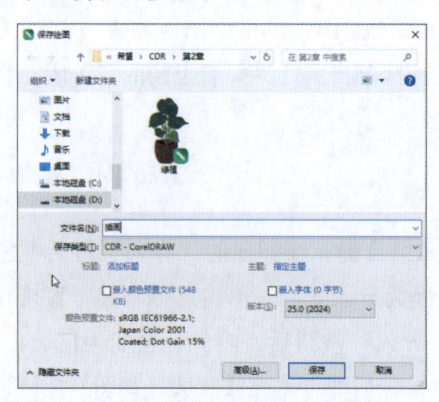

图 2-10 "保存绘图"对话框　　　　图 2-11 保存类型列表

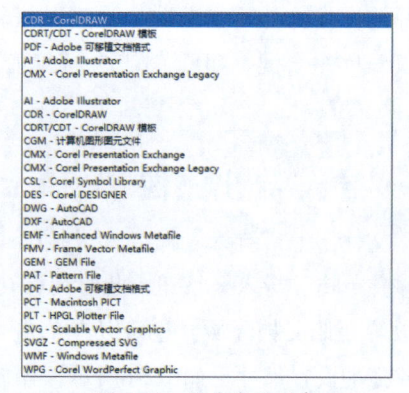

知识点拨 随着版本的不断升级，高版本可以打开低版本的文档，但是低版本的打不开高版本的文档，所以在保存文档时，可以通过更改"版本"参数设置软件版本，如图2-12所示。

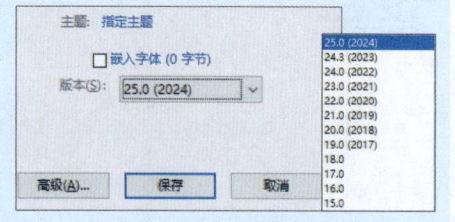

图 2-12 设置版本

实例 制作双景图像效果

本案例展示如何通过"新建"命令、创建参考线、置入图像等操作，实现双景图像效果。

步骤 01 执行"文件"→"新建"命令，设置参数，如图2-13所示。

扫码观看视频

步骤 02 单击"OK"按钮,效果如图2-14所示。

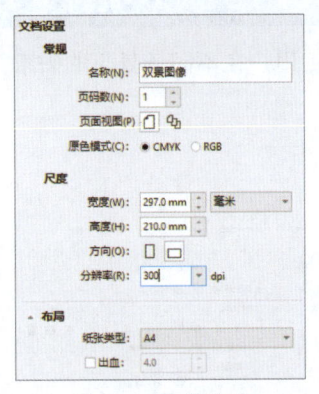

图 2-13　文档设置

图 2-14　空白文档

步骤 03 自左向右创建参考线,单击"OK"按钮,效果如图2-15所示。

步骤 04 执行"文件"→"导入"命令,在弹出的"导入"对话框中,按住Shift键加选两个图像,如图2-16所示。

图 2-15　创建参考线

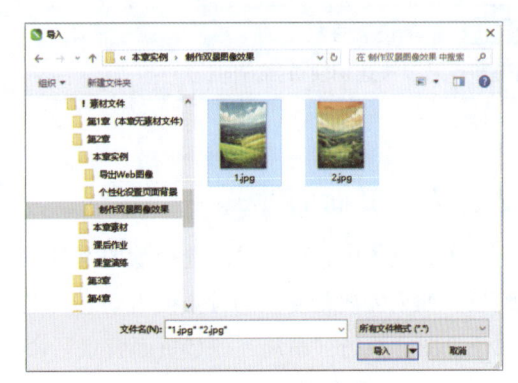

图 2-16　选择导入图像

步骤 05 单击"导入"按钮后,拖动置入图像,如图2-17所示。

步骤 06 移动图像位置,使其居中对齐,效果如图2-18所示。

图 2-17　导入图像

图 2-18　调整图像

至此,完成双景图像的置入。

2.2 页面属性的设置

CorelDRAW提供了丰富的页面属性设置选项，以满足用户在不同场景下的需求。通过灵活运用这些设置项，用户可以轻松创建出符合要求的作品。

2.2.1 页面尺寸和方向

新建空白文档后，双击绘图页面的阴影，打开可以设置"页面尺寸"的选项对话框，或者执行"布局"→"页面大小"命令，打开"选项"对话框，均可对页面的纸张类型、页面尺寸、方向、分辨率和出血等选项进行设置，如图2-19所示。

知识点拨 单击属性栏中的"纵向"或"横向"按钮可以快速切换页面方向。

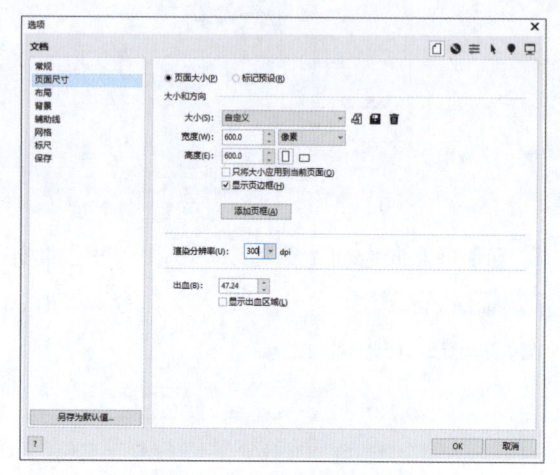

图 2-19 页面尺寸设置

2.2.2 页面背景

在实际应用中，用户可以选择绘图背景的颜色和类型。例如，如果要使背景均匀，可以使用纯色。如果需要更复杂的背景或者动态背景，可以使用位图。底纹式设计、相片和剪贴画等都属于位图。执行"布局"→"页面背景"命令，打开相应对话框，各选项作用如下：

- **无背景**：默认的背景模式。
- **纯色**：勾选该复选框，在弹出的颜色挑选器中可选择所需的纯色作为背景，如图2-20所示。
- **位图**：勾选该复选框，激活"浏览"选项，可设置导入位图的路径，如图2-21所示。

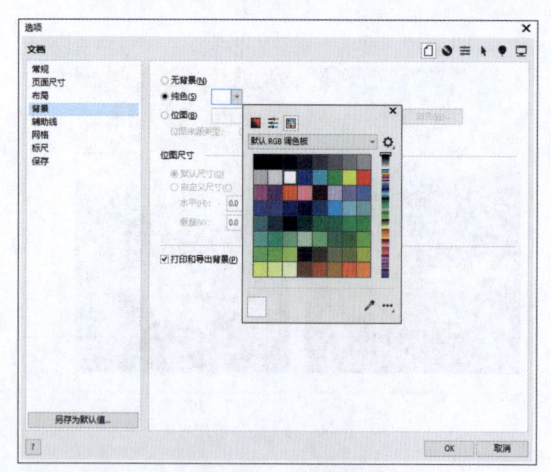

图 2-20 纯色设置　　图 2-21 位图设置

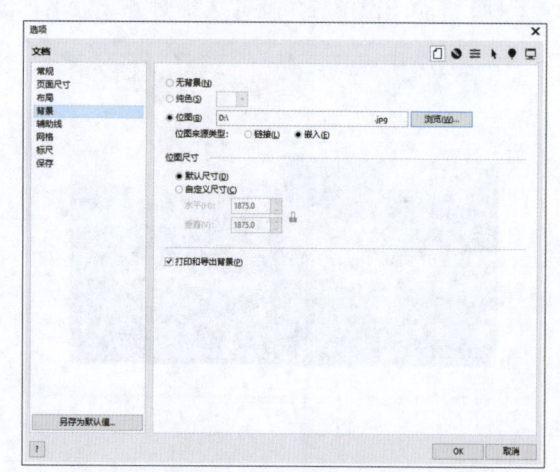

- **位图来源类型**：默认情况下位图被嵌入绘图中。选择"链接"选项，对源文件所做的更改将反映到位图背景中。若选择"嵌入"选项，对源文件所作的修改不会反映到位图背景中。
- **位图尺寸**：设置位图尺寸，"默认尺寸"使用位图的当前大小。"自定义尺寸"用于通过在"水平"和"垂直"数值框中输入指定大小值。若单击禁用"保持纵横比"按钮，则可以实现不成比例的输入。
- **打印和导出背景**：勾选该复选框，背景与绘图一起打印和导出。

2.2.3 页面布局

CorelDRAW默认情况下以单页布局显示页面。但用户可以通过设置来创建多页面文档，以便在同一文件中处理多个页面。执行"布局"→"页面布局"命令，打开如图2-22所示的对话框。在"布局"选项后的下拉列表框中，可选择不同的布局选项。若勾选"对开页"复选框，将激活"起始于"选项，可将内容合并于一页。

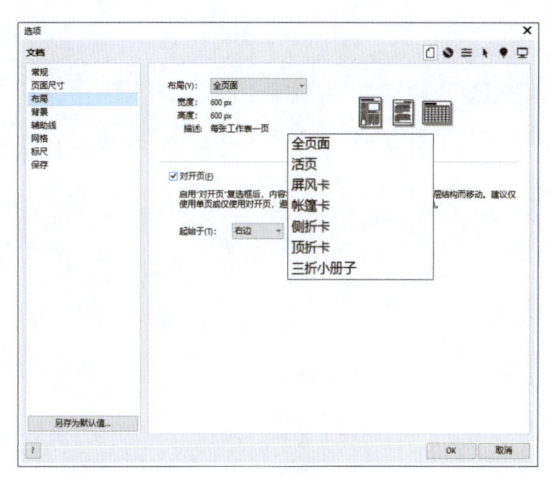

图 2-22　页面布局设置

实例　个性化设置页面背景

本案例将展示如何通过"新建"命令、"页面背景"等操作，实现个性化位图背景的界面设置。

扫码观看视频

步骤01 在AIGC平台输入关键词（浅色系纹理背景，-ar 4:3）生成图像，如图2-23所示。保存右上角的图片至目标文档中。

步骤02 创建A4大小的文档，如图2-24所示。

图 2-23　素材生成　　　　　　图 2-24　新建文档

步骤 03 执行"布局"→"页面背景"命令，打开"选项"对话框，参数如图2-25所示，设置完成后单击"OK"按钮。

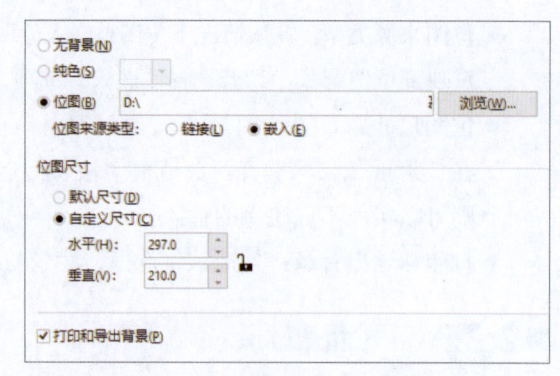

图 2-25　位图设置

步骤 04 创建完成的文档效果如图2-26所示。

图 2-26　应用位图背景

至此，完成个性化页面背景的设置。

2.3　打印选项的设置

打印选项的设置通常涉及多个方面，包括常规设置、颜色设置和布局设置等。用户可以根据需要灵活调整这些设置，以满足不同的打印需求。

■2.3.1　常规设置

常规打印选项是打印任务中最常见的设置之一，包括打印类型、页面范围和打印份数等。执行"文件"→"打印"命令或按Ctrl+P组合键，打开"打印"对话框，默认显示为"常规"选项上，如图2-27所示。

- **打印机**：在下拉列表框中选择已连接和安装的打印机。
- **方向**：从下拉列表框中选择页面大小和方向选项。
- **打印范围**：设置打印当前页面、选定的页面或是整个文档。
- **份数**：设置需要打印的份数。

某些打印机支持自动匹配页面尺寸和方向。要启用此选项,可以执行"工具"→"选项"→"全局"命令,在"选项"对话框中选择"打印"选项,切换至"驱动程序兼容性"选项卡,勾选"打印以适合纸张大小"复选框即可,如图2-28所示。

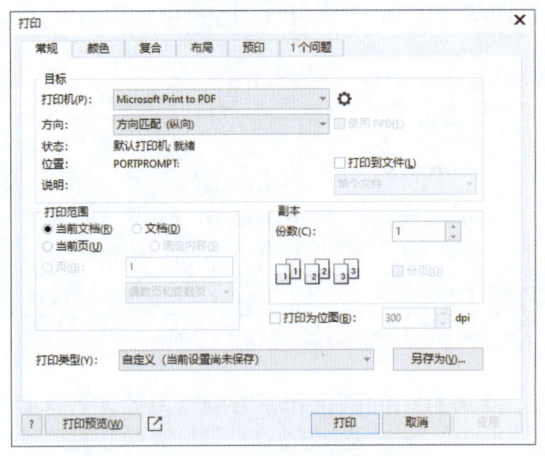

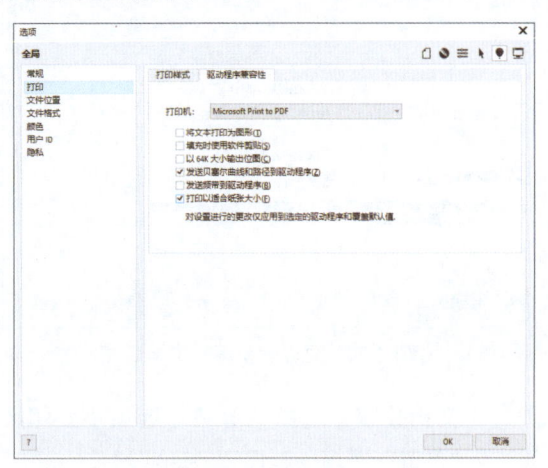

图 2-27 "常规"选项卡

图 2-28 设置打印选项

■2.3.2 颜色设置

颜色设置主要用于调整打印内容的颜色模式,以满足不同的打印需求。在"打印"对话框中,单击"颜色"标签,切换至"颜色"选项卡如图2-29所示。

- **颜色**:"复合"选项为默认选项,通常用于处理打印作业中的颜色补漏和叠印设置。"分隔"选项则主要用于处理打印作业中的颜色分离。
- **设置**:可选择"文档颜色"或"颜色校样"选项,选择"颜色校样"选项可以应用"颜色校样"泊坞窗中定义的颜色设置。
- **颜色转换**:选择"文档颜色"选项激活该选项,可以选择"CorelDRAW"选项让软件执行颜色转换,或选择"与设备无关的PostScript文件"选项(仅适用于PostScript打印机)。

图 2-29 "颜色"选项卡

- **输出颜色**:从列表框中选择一种颜色模式,打印时可以将所有文档颜色合并为选定的颜色模式。
- **颜色配置文件**:可以从列表框中选择一种颜色预置文件。
- **匹配类型**:指定打印的匹配类型。

如果在"颜色"选项中选择"分隔"选项,将激活"分色"选项卡,如图2-30和图2-31所示。其中各选项的功能介绍如下:

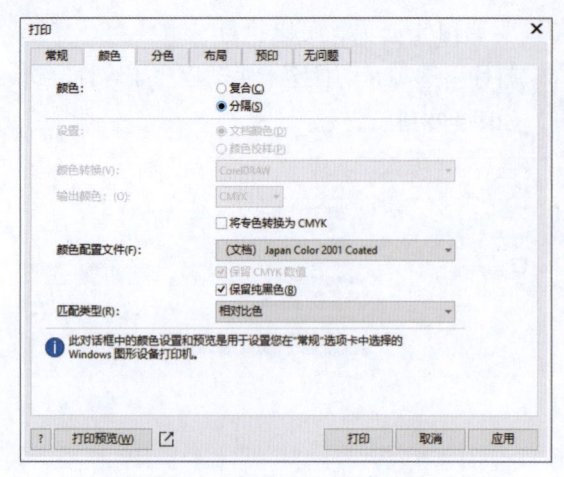

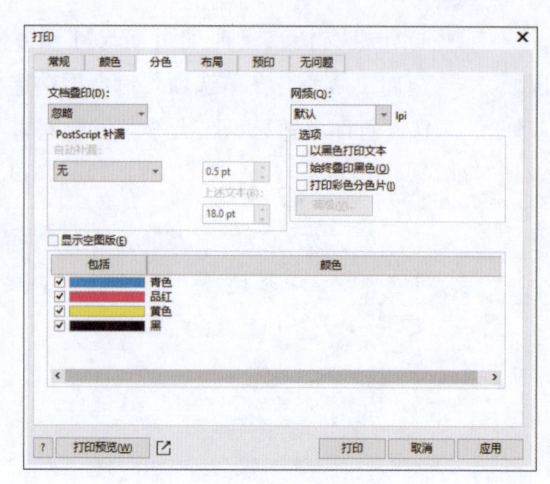

图 2-30 勾选"分隔"复选框　　　　　图 2-31 "分色"选项卡

- **文档叠印**：选择"忽略"选项不叠印区域，上方打印的颜色和下方颜色无效。若选择"保留"选项，则保留叠印区域。
- **自动补漏**：选择"自动伸展"选项，可在"最大值"数值框中输入参数。选择"固定宽度"选项，可在"宽度"数值框中输入参数。
- **上述文本**：该框中输入的值表示应用自动伸展时的最小大小。如果该值设置得太小，在应用自动伸展时，小文字会被渲染得看不清楚。
- **高级**：单击该按钮，在弹出的"高级分色片设置"对话框中可以更改分色打印顺序。

2.3.3 布局设置

使用布局可以设置打印作业的大小、位置和比例。在打开的"打印"对话框中切换至"布局"卡，如图2-32所示。

- **与文档相同**：保持图像大小与其在文档中相同。
- **调整到页面大小**：调整打印作业的大小和位置，以适合打印页面。
- **重新定位插图至**：可以从列表框中选择一个位置来重定位打印作品，例如，页面中心、顶部中心、底部中心、左上角、右下角等。
- **拼贴页面**：勾选该复选框后，"平铺重叠"选项可以指定要重叠平铺的数量，"页宽"选项可以指定平铺要占用的页宽的百分比。勾选"包括平铺标记"复选框后将包含平铺对齐标记。
- **出血限制**：设置出血值。超出出血限制的任何对象都会造成不必要的内存损耗，而且如

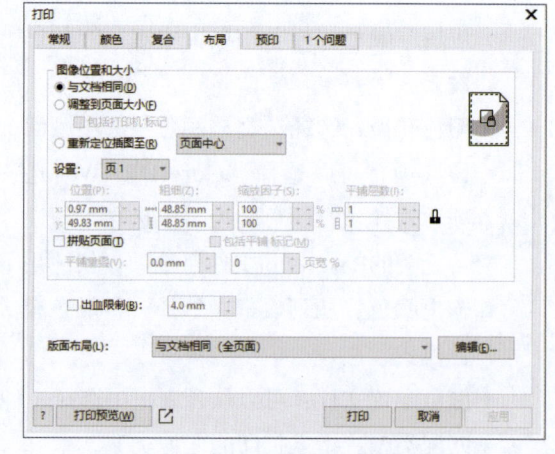

图 2-32 "布局"选项

果在打印多个页面时在单张纸上有多个出血，将会引发问题。

- **版面布局**：可以从列表框中选择一种版面布局，如图2-33所示。选择的布局不影响原始文档，仅影响打印方式。

■ 2.3.4 印前检查

印前检查是确保设计稿在打印或印刷前达到最佳质量和兼容性的重要步骤。如果没有出现任何打印作业问题，在"打印"对话框中标签名称会显示为"无问题"。如果有问题，标签名称会显示找到的问题数量，如图2-34所示。

■ 2.3.5 预览设置

打印预览功能允许用户在打印前查看打印作业在纸张上的布局、颜色、大小和方向等效果，确保打印结果符合预期。在"打印"对话框左下角单击"打印预览"按钮，或执行"文件"→"打印预览"命令，跳转到打印预览界面，如图2-35所示。在属性栏上先单击"启用分色"按钮，然后单击应用程序窗口底部的分色标签（如青色、品红、黄色、黑色），可以分别查看各个分色的打印效果，如图2-36所示为品红效果。

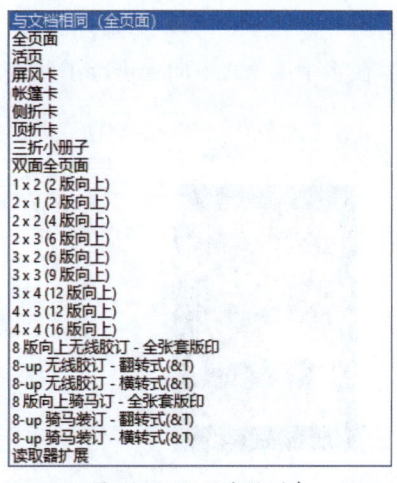

图 2-33 版面布局列表

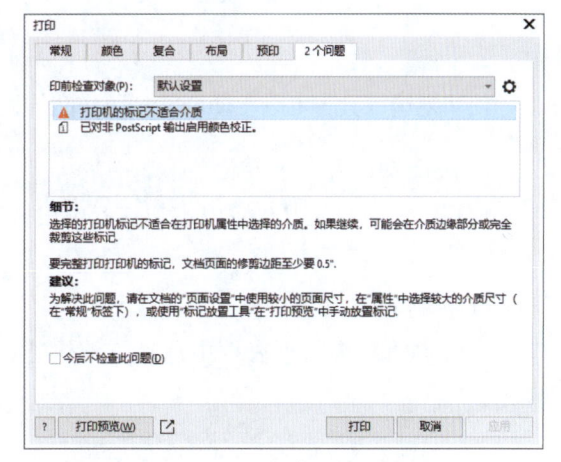

图 2-34 印前检查功能

图 2-35 打印预览

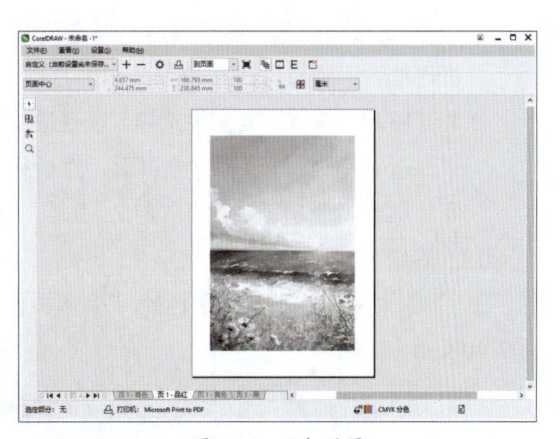

图 2-36 品红效果

单击"反转"按钮，可以将图像打印成底片的效果，效果如图2-37所示。单击"镜像"按钮，内容在水平或垂直方向上进行了翻转，效果如图2-38所示。

图 2-37　反转效果　　　　　　　　　　图 2-38　镜像效果

1. 挑选工具

使用挑选工具可以手动调整打印作品的显示位置。

2. 版面布局工具

使用版面布局工具可以在属性栏中根据选定的编辑内容设置装订方式、页面排列和页边距。

（1）编辑基本设置

在"编辑内容"列表框中选择"编辑基本设置"选项，可以选择装订方式，如图2-39所示。

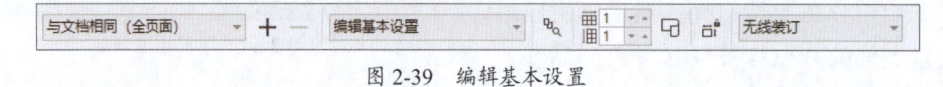

图 2-39　编辑基本设置

- **交叉/向下页数**：设置交叉或向下的页数。
- **单面/双面**：选择该选项后，在非双面打印设备上打印时，向导会自动指导如何向打印机送纸，以便可以进行页面的双面打印。
- **装订模式**：在该列表框中选择"无线装订"可将各个页面分隔开，然后在书脊处粘合起来；选择"鞍状订"可折叠页面，然后相互插入；选择"校对和剪切"可校对所有拼版并将其堆叠到一起；选择"自定义装订"可排列每一个拼版中打印的页面。

（2）编辑页面位置

在"编辑内容"列表框中选择"编辑页面位置"选项，可以对页面的排列进行设置，如图2-40所示。

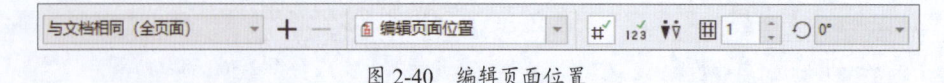

图 2-40　编辑页面位置

- **智能自动排序**：在拼版上自动排列页面。
- **连续自动排序**：从左至右、从上至下排列页面。
- **克隆自动排序**：将工作页面放入可打印页面的每个框中。
- **页面序号**：手动排列页码，在该数值框中可以指定页码。
- **页面翻转**：设置旋转角度。

（3）编辑页边距

在"编辑内容"列表框中选择"编辑页边距"选项，可以调整页边距，如图2-41所示。只有当已选定了具有两页或两页以上的横向和纵向页面版面布局时，才能编辑装订线。

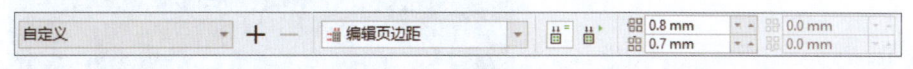

图 2-41　编辑页边距

- **等页边距**：设置右侧的页边距等于左侧的页边距，底部的页边距等于顶部的页边距。若选择该选项，必须设置页边距。
- **自动设定页边距**：软件将自动设置页边距。

3. 标记放置工具

选择版面布局工具，在属性栏中可以指定打印机标记在页面上的位置，如图2-42所示。

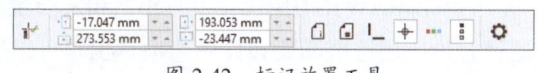

图 2-42　标记放置工具

- **自动位置标记方阵**：单击该按钮自动定位打印机标记。
- **打印文件信息**：单击选中该选项，将打印文件信息，如颜色预置文件、半色调设置、名称、创建图像的日期和时间、图版号码和作业名称。
- **打印页码**：对不包含任何页码或与实际页码不对应的页码的图像进行分页。
- **打印裁剪标记**：打印在页角，表示纸张大小。可以打印裁剪/折叠标记，以作为修剪纸张的辅助线来使用。
- **打印套准标记**：对齐彩色打印机上的胶片，以对打印图版进行校样。套准标记会打印在每张分色片上。
- **颜色调校栏**：用于在每张分色片上确保精确颜色再现的颜色刻度。
- **密度计刻度**：是一系列由浅到深的灰色框。测试半色调图像的浓度时需要用到这些框。可以将浓度计刻度放置在页面的任何位置，也可以自定义灰度级，使浓度计刻度中有7个方块，每个方块表示一个灰度级。
- **预印**：单击该按钮跳转至"打印选项"对话框中的"预印"选项卡，如

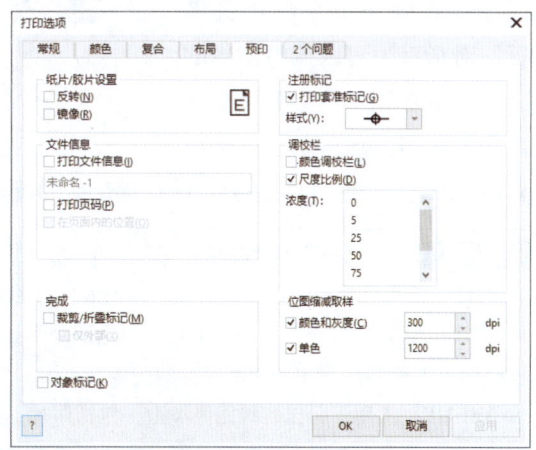

图 2-43　"预印"选项卡

图2-43所示，可以对文件信息、裁剪/折叠标记、注册标记、调校栏等参数进行设置。

4. 缩放工具

选择缩放工具 🔍，在属性栏中可以调整页面显示，如放大、缩小、缩放1∶1、缩放选定对象、按窗口大小显示、显示页面、按页宽显示、按页高显示等方式，图2-44为按页宽显示的效果。

图 2-44　按页宽显示的效果

2.4　网络输出

CorelDRAW在图像优化（Web）和发布至PDF方面提供了丰富的功能和灵活的设置选项。通过合理使用这些功能和设置选项，用户可以轻松地将设计作品优化为适合网络展示或打印出版的格式。

■2.4.1　图像优化

图像优化可以在不影响画质的基础上进行适当的压缩，调整图像大小，从而提高在网络上的传输速度。执行"文件"→"导出为"→"Web"命令，在弹出的"导出到网页"对话框中可以调整图像的大小、质量和其他参数来优化图像，如图2-45所示。优化设置后，单击"另存为"按钮可保存优化后的图像。

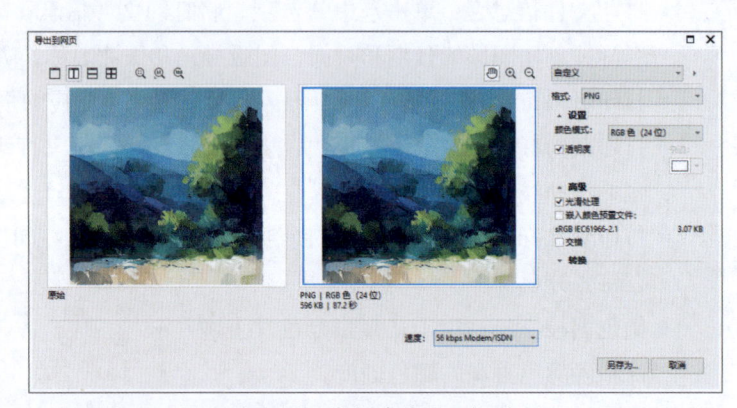

图 2-45　"导出到网页"对话框

> **知识链接**　与Web兼容的文件格式有GIF、PNG、JPEG和WEBP。
> - **GIF**：适用于导出线条图、文本、颜色很少的图像或具有锐利边缘的图像。
> - **PNG**：适用于导出各种图像类型，包括照片和线条画。
> - **JPEG**：适用于导出照片和扫描的图像。
> - **WEBP**：适用于导出各种图像类型，包括照片、线条图、图标、带文本的图像。
>
> 当文件导出为以上格式时，可以将插图裁剪至绘图页面的边界，以删除不需要的对象并减小文件大小。对象中不在页面上的部分在导出的文件中都将被裁剪掉。

■2.4.2 发布至PDF

在CorelDRAW中可以将图形文件发布为PDF格式，用以保存原始文档的字体、图像、图形及格式。执行"文件"→"发布为PDF"命令，在弹出的"发布为PDF（H）"对话框中设置参数即可。在"PDF预设"下拉列表中可以选择不同的PDF预设，这些预设针对不同的使用场景进行优化，如预印、Web、文档发布等，如图2-46所示。单击"设置"按钮，在打开的"PDF设置"对话框中可以设置导出范围、页面尺寸、输出颜色、文档信息、压缩类型等参数，如图2-47所示。设置完成后，单击"OK"按钮即可发布。

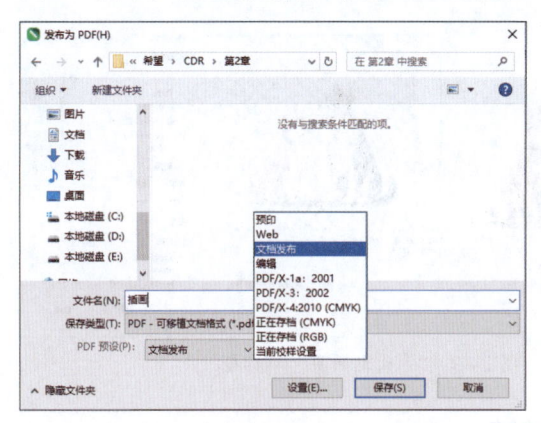

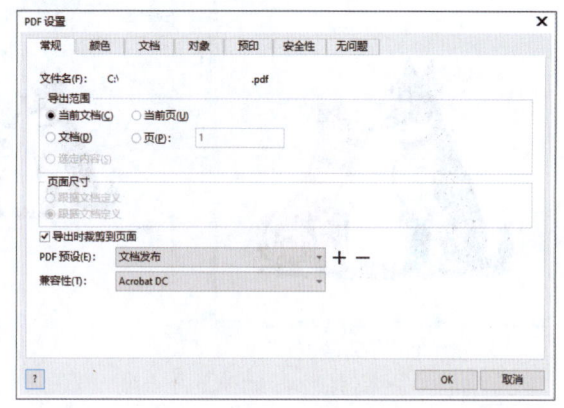

图2-46 "发布为PDF（H）"对话框　　　　图2-47 "常规"选项

在"PDF预设"下拉列表中各选项的功能介绍如下：

- **预印**：启用ZIP位图图像压缩，嵌入字体并且保留专为高端质量打印设计的专色选项。
- **Web**：用于联机查看的PDF文件。该样式启用JPEG位图图像压缩、压缩文本，并且包含超链接。
- **文档发布**：创建可以在激光打印机或桌面打印机上打印的PDF文件，该选项适合于常规的文档传送。
- **编辑**：显示的PDF文件中包含所有字体、最高分辨率的所有图像和超链接，便于编辑此文件。
- **PDF/X-1a:2001**：启用ZIP位图图像压缩，将所有对象转换为目标CMYK颜色空间。
- **PDF/X-3:2002**：允许PDF文件中同时存在CMYK数据和非CMYK数据（如Lab或灰度等）。
- **PDF/X-4:2010（CMYK）**：该样式确保文件在印刷过程中的兼容性和准确性，要求文件包含所有必要的字体、图像和颜色信息，以便在不同的印刷设备和工作流程中都能保持一致性。
- **正在存档（CMYK）**：这种PDF样式将保留原始文档中包括的任何专色或Lab色，但是会将所有其他的颜色（如灰度或RGB等）转换为CMYK颜色模式，该文件适用于存档。
- **正在存档（RGB）**：与正在存档（CMYK）相似，但所有其他颜色将转换为RGB颜色模式。
- **当前校样设置**：将校样颜色预置文件应用到PDF。

实例 导出Web图像

本案例展示如何通过执行"打开"命令、"导出为"命令、"保存"命令等操作，实现Web图像的导出。

步骤01 执行"文件"→"打开"命令，打开素材文档，如图2-48所示。

步骤02 执行"文件"→"导出为"→"Web"命令，在弹出的"导出到网页"对话框中设置参数，如图2-49所示。

扫码观看视频

图 2-48 打开素材

图 2-49 "导出到网页"对话框

步骤03 单击"另存为"按钮，在弹出的"另存为"对话框中设置参数，如图2-50所示。

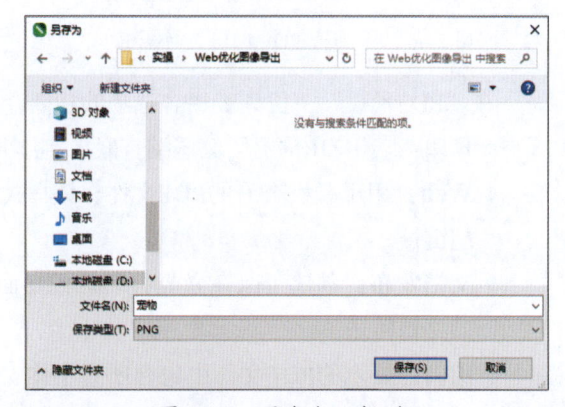

图 2-50 "另存为"对话框

步骤04 单击"保存"按钮，双击打开保存的图像查看效果，如图2-51所示。

至此，完成Web图像的导出。

图 2-51 导出的 PNG 图像

课堂演练：预设模板的创建与编辑

本课堂演练将综合应用模板创建、页面方向更改、等比例缩放、对齐与分布和文档的保存等操作。

步骤01 执行"文件"→"从模板新建"命令，在弹出的"创建新文档"对话框中选择模板"Breakfast Restaurant-Advertisement"，如图2-52所示。

图 2-52　选择模板

步骤02 单击"打开"按钮，效果如图2-53所示。

图 2-53　打开模板

步骤03 在属性栏中设置页面尺寸为A4，如图2-54所示。

图 2-54　设置页面尺寸

步骤04 按Ctrl+A组合键全选，按Ctrl+G组合键编组，效果如图2-55所示。

步骤05 将光标放置右上角，向左下拖动调整大小，效果如图2-56所示。

图 2-55　全选并编组　　　　　　　　　　图 2-56　调整大小

步骤 06 移动至页面中，按住Shift键等比例调整大小并设置居中对齐后的效果如图2-57所示。

步骤 07 在标准工具栏中的"缩放级别"下拉列表中选择"到页高"选项，效果如图2-58所示。

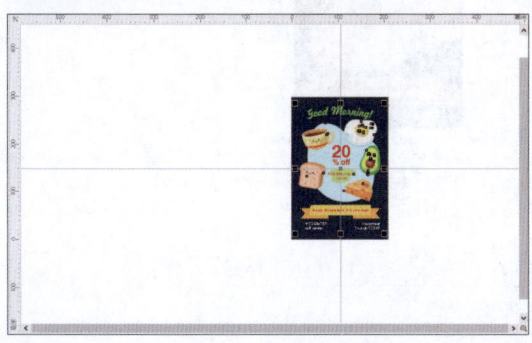

图 2-57　居中对齐　　　　　　　　　　图 2-58　调整为"到页高"

步骤 08 执行"文件"→"保存"命令，在弹出的"保存绘图"对话框中设置参数，如图2-59所示。

步骤 09 单击"保存"按钮后的效果如图2-60所示。

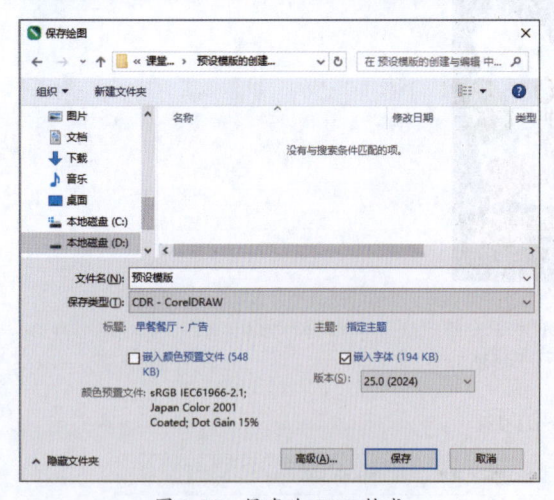

图 2-59　保存为 CDR 格式　　　　　　　　图 2-60　保存效果

至此，预设模板的创建与编辑。

课后作业

一、选择题

1. 在CorelDRAW中，如果想要更改当前文档的页面尺寸，应使用（　　）命令进行操作。
   A."文件"→"新建"　　　　　　　　　　B."编辑"→"首选项"
   C."布局"→"页面大小"　　　　　　　　D."窗口"→"工作区"

2. 不能在新建文档时设置的属性是（　　）。
   A. 页面尺寸　　　　B. 分辨率　　　　C. 出血线　　　　D. 网格线间距

3. 在进行网络图像设计时，为了确保图像的颜色在不同设备和浏览器上保持一致，应使用（　　）颜色模式。
   A. RGB　　　　　　B. CMYK　　　　　C. Lab　　　　　　D. HSB

4. CorelDRAW中的"打印选项"设置允许调整（　　）。
   A. 打印份数　　　　B. 字体大小　　　C. 页面方向　　　　D. 保存位置

二、填空题

1. CorelDRAW提供了丰富的模板库，用户可以通过"＿＿＿＿"对话框中的"模板"选项卡访问和使用这些模板。

2. 在CorelDRAW中，可以使用＿＿＿＿、＿＿＿＿和＿＿＿＿3种方式填充页面背景。

3. 在CorelDRAW中，新建文档后，可以通过"＿＿＿＿"→"＿＿＿＿"命令设置页面的尺寸和方向。

4. 在打印预览中，若启用分色预览，可以查看＿＿＿＿、＿＿＿＿、＿＿＿＿、＿＿＿＿4种分色效果。

三、上机题

上机实操1：创建并设置文档属性

创建一个新文档，并对该文档进行一系列属性设置，包括但不限于文档名称、页面方向、出血线、背景等。设置完成后，保存文档并验证属性是否已正确设置。图2-61～图2-63为分步演示效果。

图 2-61　新建文档　　　　图 2-62　更改页参数　　　　图 2-63　保存文档

思路提示：

- 创建默认尺寸的文档，更改其页面方向与出血设置。
- 执行"布局"→"页面背景"命令，设置纯色背景设置。
- 应用效果并保存。

上机实操2：提取模板中的图形并保存

在预设模板中提取图形，调整至合适大小后保存。图2-64～图2-66为分步演示效果。

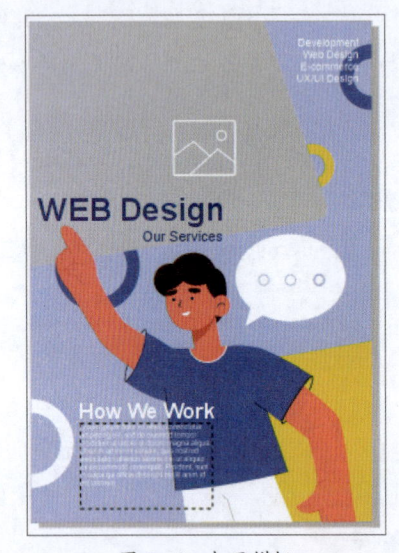

图 2-64　打开模板　　　　　图 2-65　提取图形

图 2-66　调整显示

思路提示：

- 在预设模板中选择目标模板并打开。
- 删除模板中多余的图形元素。
- 调整至合适大小后保存。

模块 3 图形绘制

内容概要

本模块从常用绘制工具的使用方法入手，全面讲述手绘工具、贝塞尔工具和钢笔工具等常用工具的功能与操作技巧。随后，逐步深入讨论矩形、椭圆形和多边形等几何图形绘制工具的应用与技巧，最后对画笔、艺术笔等高级绘图工具的使用方法进行介绍。本模块旨在帮助读者从理论到实践，全面掌握绘图软件的应用技巧，提升设计能力和艺术表现力。

知识要点

- 基础绘图工具的使用方法。
- 几何图形绘制工具的使用方法。
- 画笔笔触的设置方法。
- 高级绘图工具的使用方法。

数字资源

【本模块素材】
"素材文件\模块3"目录下
【本模块课堂演练最终文件】
"素材文件\模块3\课堂演练"目录下

3.1 常用的绘制工具

在CorelDRAW中,手绘工具、2点线工具、贝塞尔工具、钢笔工具、B样条工具、折线工具和3点曲线工具是常用的绘制工具,它们各有其独特的功能和使用方法,能够满足不同的设计和绘图需求。

■ 3.1.1 手绘工具

手绘工具模拟了手绘笔触的感觉,允许用户自由地在画布上绘制线条和图形,适用于需要个性化和自由风格的绘图。

1. 绘制曲线

选择手绘工具 或按F5键,将鼠标光标移动到工作区中,此时光标变为 形状,在绘图页面单击并拖动鼠标可绘制曲线,如图3-1所示。释放鼠标后,软件会自动去掉绘制过程中的不光滑曲线,将其替换为光滑的曲线效果,如图3-2所示。

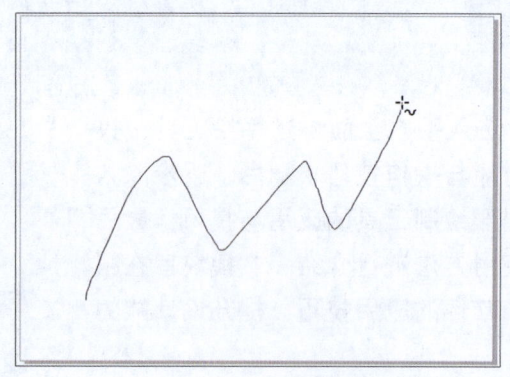

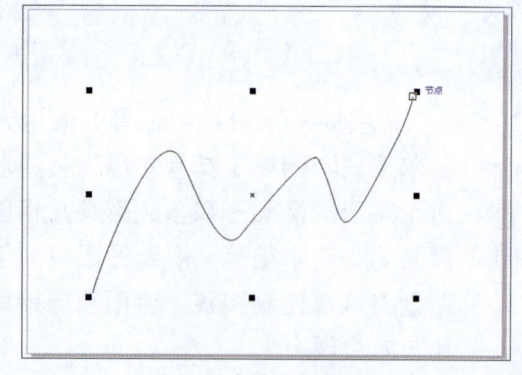

图 3-1 绘制曲线　　　　　　　　图 3-2 光滑的曲线效果

2. 绘制直线

使用手绘工具在起点处单击,此时光标变为 形状,将光标移动到下一个目标点处单击,即可绘制出直线,如图3-3所示。绘制直线后,当光标变为 形状时,单击并拖动即可绘制出折线。按住Ctrl键可画水平、垂直及15°倍数的直线,效果如图3-4所示。

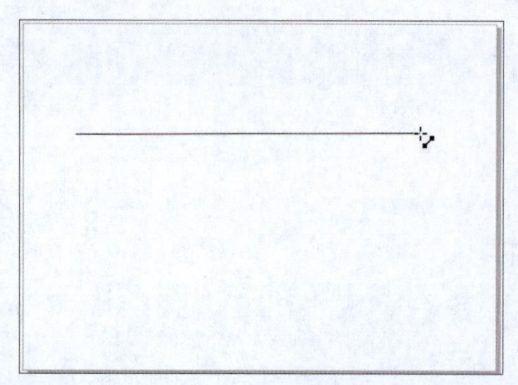

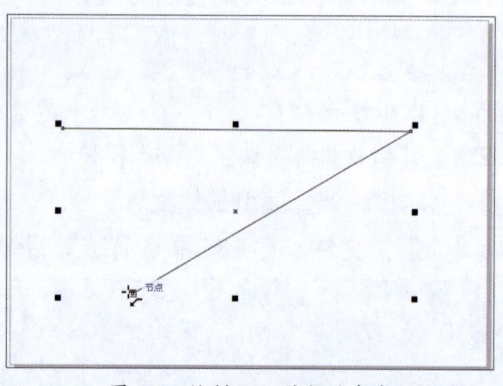

图 3-3 绘制直线　　　　　　　　图 3-4 绘制 15° 倍数的直线

3.1.2 2点线工具

使用2点线工具可以快速地绘制相切的直线和相互垂直的直线。长按手绘工具，在弹出的工具列表中选择2点线工具，在属性栏中会出现"2点线工具""垂直2点线"和"相切的2点线"3种模式，单击相应的按钮即可进行切换，如图3-5所示。

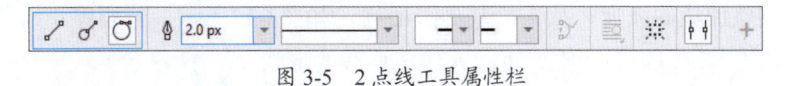

图 3-5 2点线工具属性栏

选择2点线工具，光标变为形状，按住鼠标左键将光标移动到下一个目标点处单击，即可绘制出水平直线，如图3-6所示。单击属性栏中的"垂直2点线"按钮，光标变成形状，将光标移动至已有的直线线段上，按住鼠标左键拖动即可绘制出垂直直线，如图3-7所示。

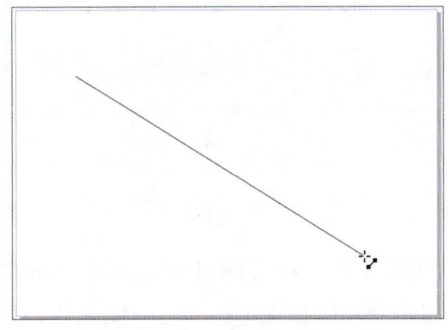

图 3-6 绘制水平直线

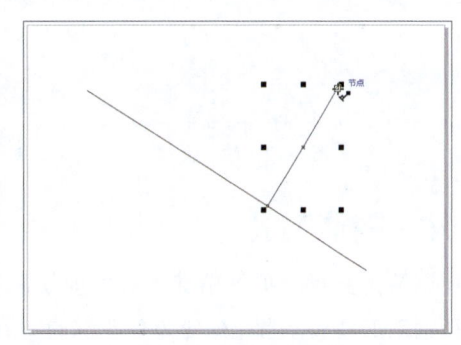

图 3-7 绘制垂直直线

选择椭圆形工具，绘制一个椭圆形，如图3-8所示。选择2点线工具，单击属性栏中的"相切的2点线"按钮，光标变成形状，将光标移动到对象边缘处按住鼠标左键拖动，绘制的2点线始终与现有的对象相切，如图3-9所示。

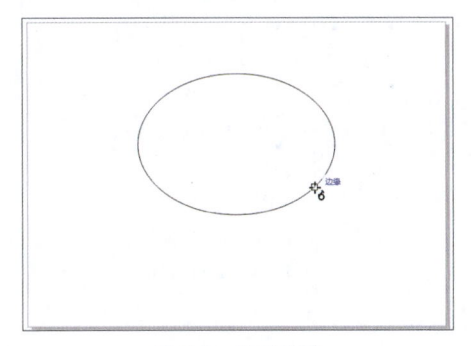

图 3-8 绘制椭圆

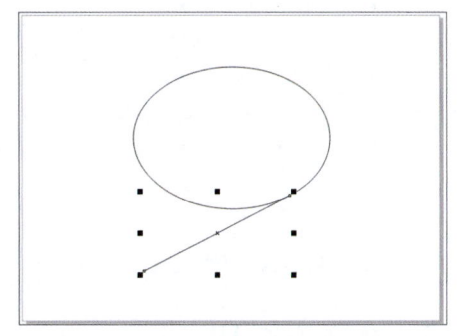

图 3-9 相切的2点线

单击"平行绘图"按钮，显示"平行绘图"属性栏，如图3-10所示，在该属性栏中设置参数后，可绘制相应数量与距离的平行线条，如图3-11所示。

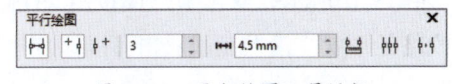

图 3-10 "平行绘图"属性栏

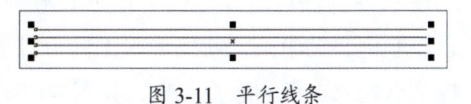

图 3-11 平行线条

3.1.3 贝塞尔工具

使用贝塞尔工具可以相对精确地绘制直线，同时还能对曲线上的节点进行拖动，实现一边绘制曲线一边调整曲线圆滑度的操作。选择贝塞尔工具，光标变为形状，在起始点和结束点单击即可绘制直线，如图3-12所示。若要绘制曲线，需要在起始位置单击并按住左键不放，拖动控制手柄调整曲线的弧度，从而绘制平滑曲线，如图3-13所示。若要停止绘制，可以按空格键。使用形状工具可以调整节点，更改直线或曲线的形状。

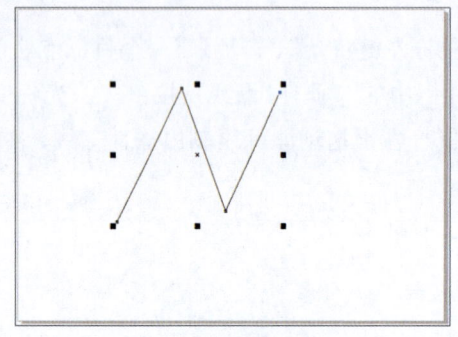

图 3-12　绘制直线　　　　　　　图 3-13　绘制曲线

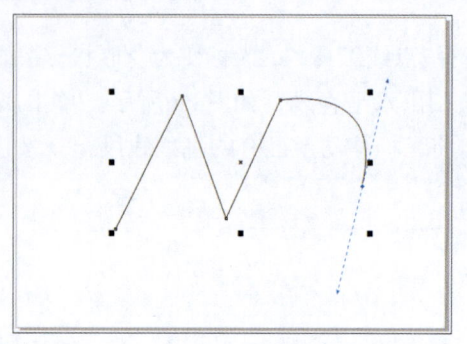

3.1.4 钢笔工具

使用钢笔工具可以更加精准、灵活地绘制直线和曲线，在绘制时可以预览正在绘制的线段。选择钢笔工具，当光标变为形状时，在起始点和结束点单击即可绘制直线，如图3-14所示。若要绘制曲线，在第1个节点的位置单击，然后将控制手柄拖至要放置下一个节点的位置，松开鼠标，拖动手柄以创建所需的曲线，如图3-15所示，双击节点即可完成绘制。

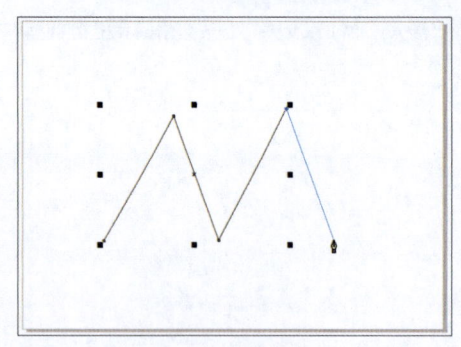

图 3-14　绘制直线　　　　　　　图 3-15　绘制曲线

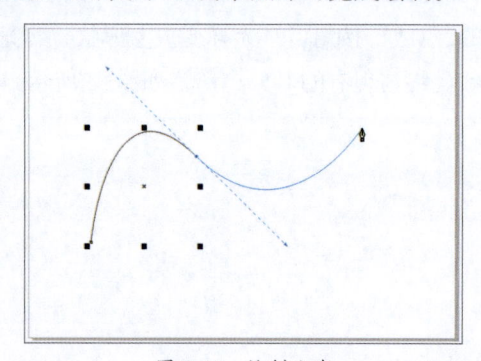

3.1.5 B样条工具

使用B样条工具可以通过调整"控制点"的方式绘制平滑曲线。控制点与控制点之间形成的夹角度数会影响曲线的弧度。选择B样条工具，单击并拖动绘制出曲线轨迹，此时可看到线条外的蓝色控制框对曲线进行了相应的限制，如图3-16所示，双击节点或按Enter键结束绘制，蓝色控制框自动隐蔽。使用形状工具可以更改路径形状，沿控制线双击可以添加控制点，在已有控制点处双击可删除控制点，如图3-17所示。

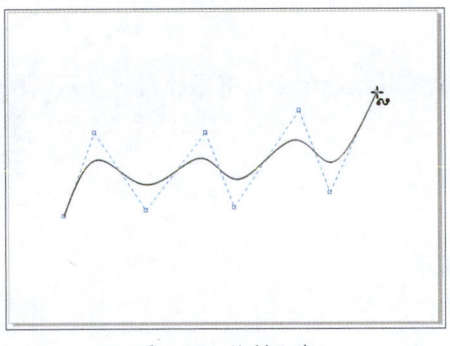

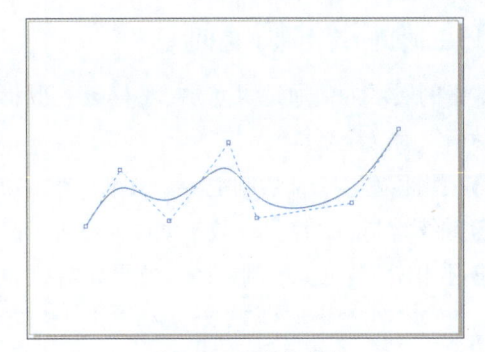

图 3-16　绘制曲线　　　　　　　　　　　图 3-17　调整控制点

■3.1.6　折线工具

使用折线工具可以绘制折线、弧线和曲线。选择折线工具，在起始点和结束点单击即可绘制折线，如图3-18所示。在绘制过程中，按住Alt键并移动光标可绘制曲线，如图3-19所示。双击即可结束绘制。

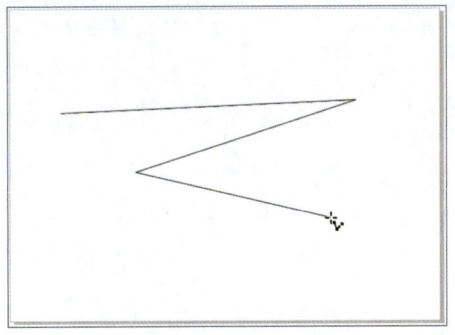

图 3-18　绘制折线　　　　　　　　　　　图 3-19　绘制曲线

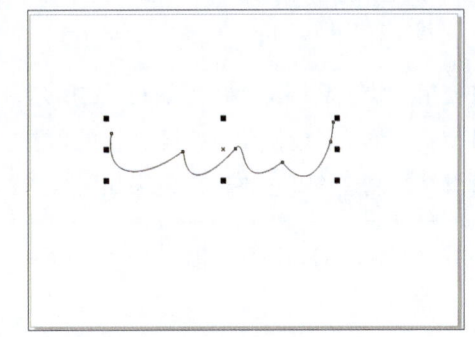

■3.1.7　3点曲线工具

使用3点曲线工具通过指定曲线的宽度和高度可以绘制简单曲线。使用此工具可以快速创建弧形，而无须使用控制节点。选择3点曲线工具，在要开始绘制曲线的位置单击，然后拖至要让曲线结束的位置，如图3-20所示。释放鼠标，拖动鼠标即可调整曲线的弧度，如图3-21所示。拖动鼠标时按住Ctrl键可绘制圆形曲线，按住Shift键的同时拖动鼠标，可绘制对称曲线。

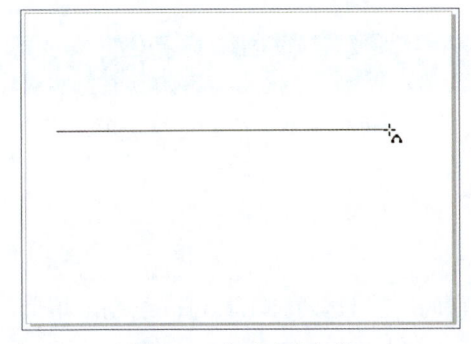

图 3-20　定义曲线宽度　　　　　　　　　图 3-21　调整曲线弧度

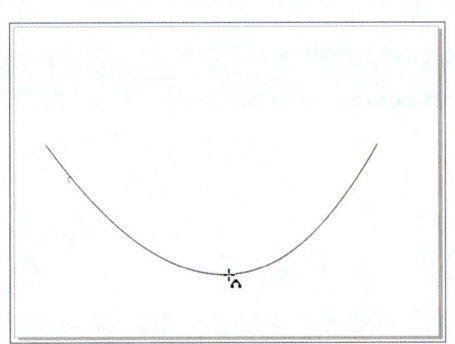

实例 绘制冰淇淋简笔画

本案例展示如何通过贝塞尔、B样条、形状等工具绘制闭合与开放路径，实现冰淇淋简笔画的绘制。

步骤01 使用贝塞尔工具绘制主体，效果如图3-22所示。
步骤02 继续绘制闭合路径，效果如图3-23所示。
步骤03 使用B样条工具绘制路径，效果如图3-24所示。

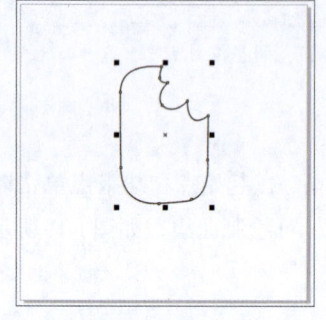

图3-22 绘制主体　　图3-23 绘制闭合路径　　图3-24 绘制路径

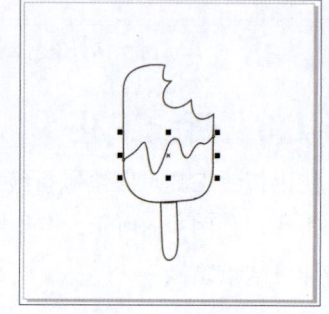

步骤04 使用形状工具调整路径，如图3-25所示。
步骤05 使用手绘工具绘制闭合路径，效果如图3-26所示。
步骤06 继续绘制装饰开放路径，效果如图3-27所示。

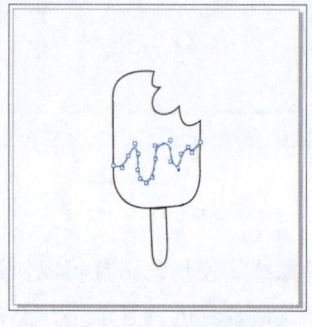

图3-25 调整路径　　图3-26 绘制闭合路径　　图3-27 绘制装饰路径

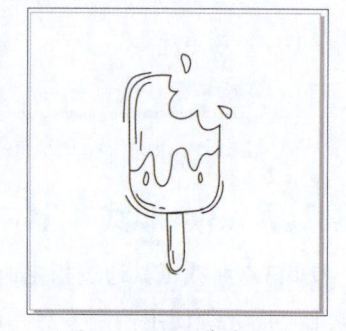

至此，完成冰淇淋简笔画的绘制。

3.2 几何图形绘制工具

CorelDRAW的几何图形绘制工具组涵盖了从基本形状到复杂图形的广泛选项，用户可以根据设计需求选择合适的工具进行绘制。

3.2.1 矩形工具组

矩形工具组包括矩形工具和3点矩形工具两种。使用这两种工具可以绘制出矩形、正方形、圆角矩形和倒菱角矩形。

1. 矩形工具

选择矩形工具▢，单击并拖动鼠标绘制任意大小的矩形，如图3-28所示。按住Shift+Ctrl键的同时拖动鼠标，可绘制以起始点为中心的正方形，如图3-29所示。双击矩形工具，可绘制覆盖绘图页面的矩形。

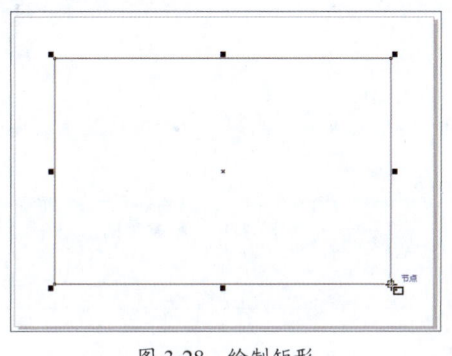

图 3-28　绘制矩形 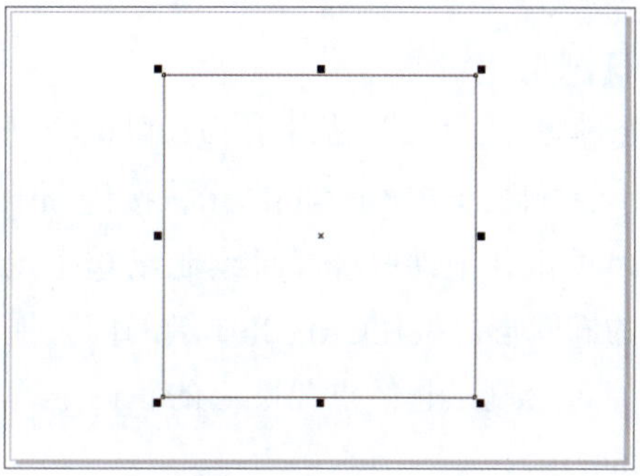　　　　　　　　　图 3-29　绘制正方形

若要绘制带有角度的矩形，可以在属性栏中将转角样式更改为圆角▢、扇形角▢或倒棱角▢。图3-30～图3-32分别为圆角半径50 mm的圆角矩形、扇形角矩形和倒棱角矩形。

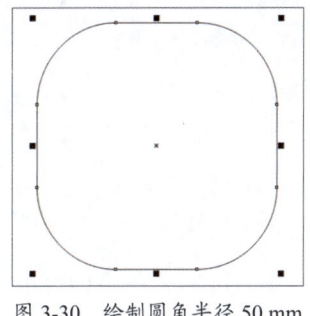

图 3-30　绘制圆角半径 50 mm 的圆角矩形 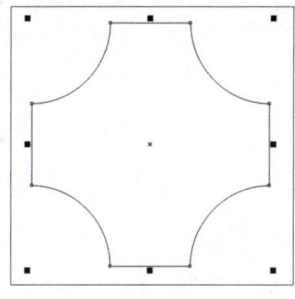　　图 3-31　绘制扇形角矩形 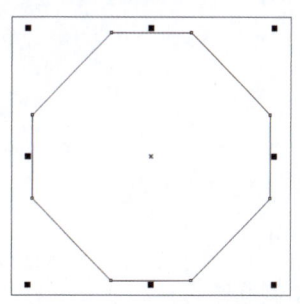　　图 3-32　绘制倒棱角矩形

2. 3点矩形工具

使用3点矩形工具可以通过指定宽度和高度的方式绘制矩形。选择3点矩形工具▢，需要先定义矩形的基线，如图3-33所示，拖动绘制矩形的宽度，释放鼠标后，通过拖动确定矩形的高度，单击即可生成矩形，如图3-34所示。

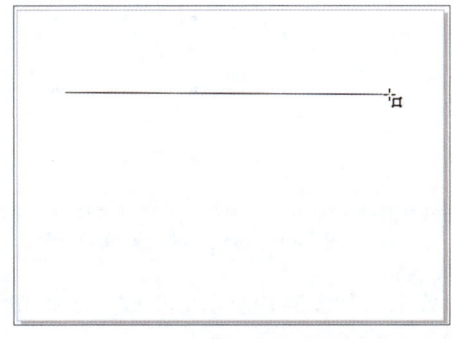

图 3-33　定义矩形基线 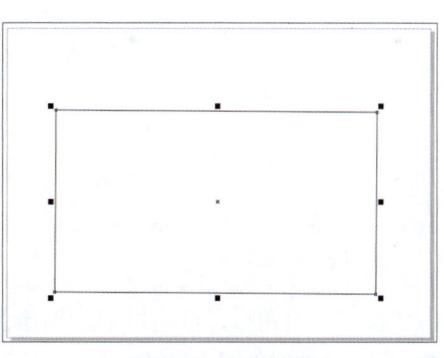　　　　　　　　图 3-34　绘制矩形

■3.2.2 椭圆形工具组

椭圆形工具组包括椭圆形工具和3点椭圆形工具两种。使用这两种工具可以绘制出椭圆形、正圆形、饼形和弧形。

1. 椭圆形工具

选择椭圆形工具◯，单击并拖动鼠标绘制任意大小的椭圆形，如图3-35所示，按住Shift键的同时单击并拖动鼠标，可绘制以起始点为圆心的椭圆形。按住Ctrl+Shift键的同时拖动鼠标，可绘制以起始点为圆心的正圆形，如图3-36所示。

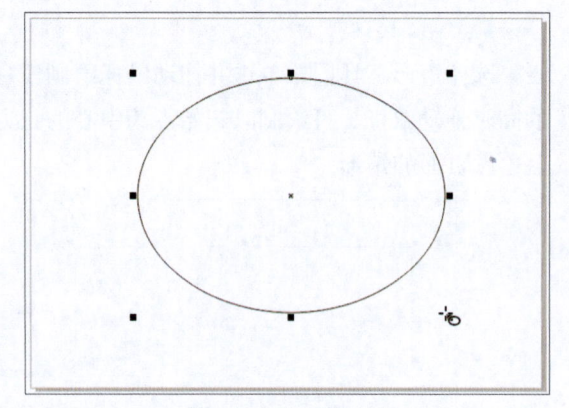

图 3-35 绘制椭圆形

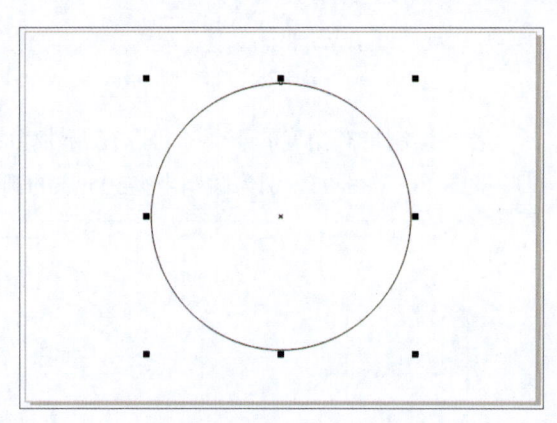

图 3-36 绘制以起点为圆心的正圆形

绘制椭圆形后，在属性栏中单击"饼形"按钮◯，正圆形变为饼形，在"起始和结束角度"框中可设置角度，如图3-37所示。单击"更改方向"按钮◯，可切换至缺失部分的饼形，如图3-38所示。

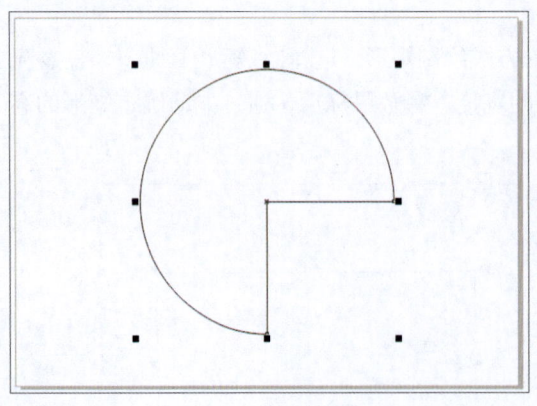

图 3-37 绘制饼形

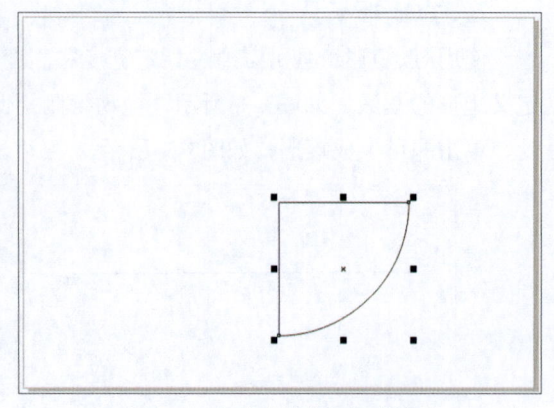

图 3-38 切换至缺失部分的饼形

单击"弧形"按钮◯，可将饼形切换至弧形效果，如图3-39所示。更改"起始和结束角度"参数，可自定义弧线的起点与终点，效果如图3-40所示。

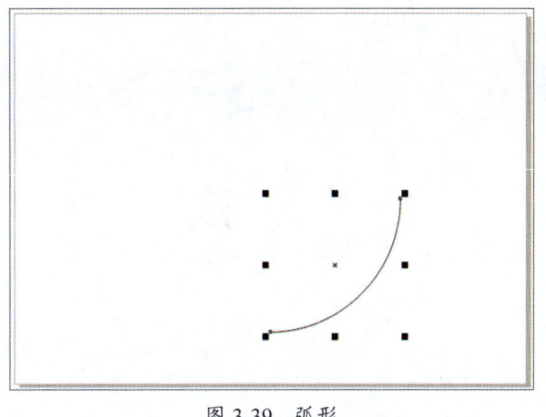

图 3-39　弧形　　　　　　　　　　　　　图 3-40　自定义弧线

2. 3点椭圆工具

使用3点椭圆工具可以通过指定宽度和高度的方式绘制椭圆。选择3点椭圆形工具，拖动鼠标以所需角度绘制椭圆形的中心线，如图3-41所示，中心线横穿椭圆形中心，并且决定椭圆形的宽度。释放鼠标后，通过拖动确定椭圆的高度，单击即可生成椭圆形，如图3-42所示。

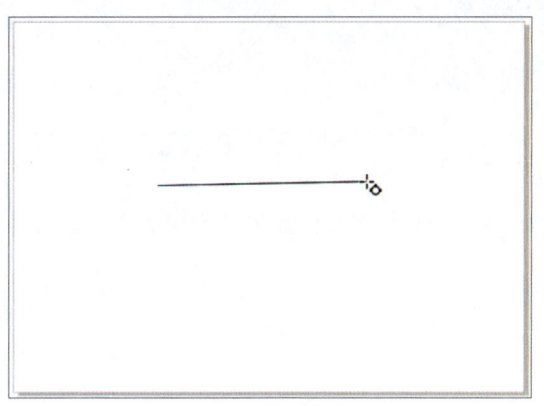

图 3-41　定义椭圆宽度　　　　　　　　图 3-42　定义椭圆高度

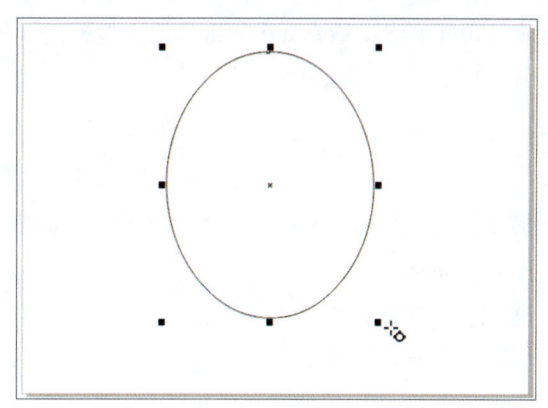

实例　绘制纽扣简笔画

本案例展示如何通过椭圆形工具、矩形工具、复制粘贴与移动等操作，实现纽扣简笔画的绘制。

步骤 01 选择椭圆形工具，绘制直径为400 px的正圆，效果如图3-43所示。

步骤 02 继续绘制直径为340 px的正圆，效果如图3-44所示。

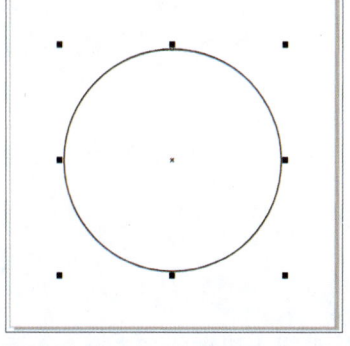

图 3-43　直径为 400 px 的正圆　　　　图 3-44　直径为 340 px 的正圆

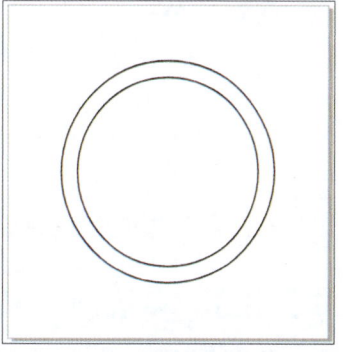

扫码观看视频

步骤 03 绘制直径为50 px的正圆，效果如图3-45所示。

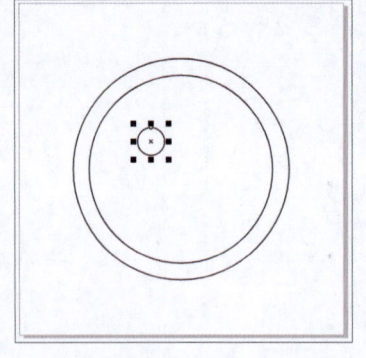

步骤 04 在选择工具的属性栏中设置微调距离为100 px，选中小的正圆，按Ctrl+C组合键复制，按Ctrl+V组合键粘贴，按键盘上的↓方向键，效果如图3-46所示。

图 3-45　直径为 50 px 的正圆

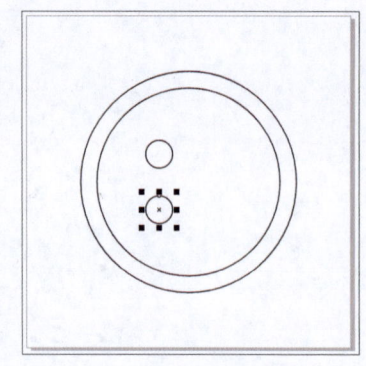

图 3-46　复制粘贴正圆

步骤 05 框选上下两个正圆，复制粘贴后向右移动，效果如图3-47所示。

步骤 06 框选4个正圆，按Ctrl+G组合键编组，在属性栏中设置旋转角度为45°，效果如图3-48所示。

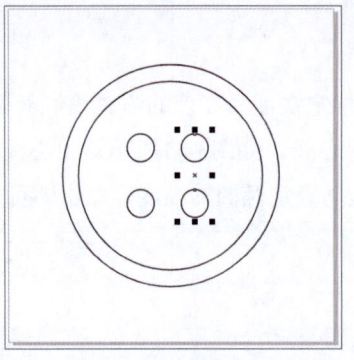

图 3-47　复制粘贴正圆

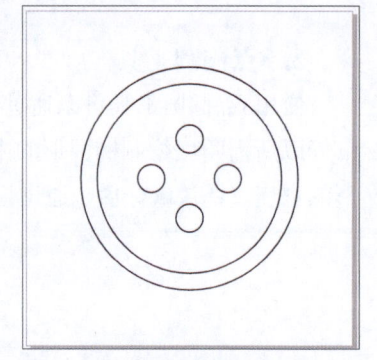

图 3-48　设置旋转角度

步骤 07 使用矩形工具绘制高度为150 px、宽度为25 px的圆角矩形（圆角半径为15 px），效果如图3-49所示。

步骤 08 设置填充为白色，效果如图3-50所示。

步骤 09 复制粘贴后旋转90°，最终效果如图3-51所示。

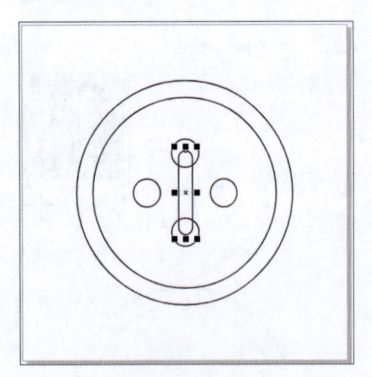

图 3-49　绘制圆角矩形

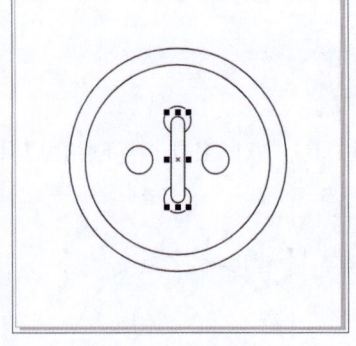

图 3-50　填充颜色

图 3-51　最终效果

至此，完成纽扣简笔画的绘制。

■3.2.3　多边形工具

使用多边形工具可以绘制3个及以上边数的多边形。选择多边形工具，按住Shift键可从中心绘制多边形，按住Ctrl键可绘制对称多边形，如图3-52所示。在属性栏上的"点数或边数"

框中可更改多边形边数，图3-53所示为六边形效果。

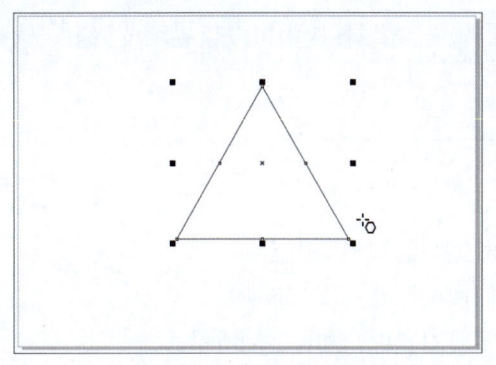

图 3-52　对称多边形　　　　　　　　图 3-53　六边形效果

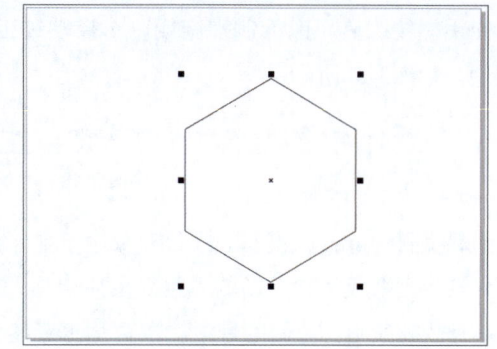

■3.2.4　星形工具

使用星形工具可以绘制出完美星形和复杂星形。选择星形工具☆，在绘图窗口中拖动鼠标，直至星形达到所需大小。按住Ctrl键可绘制等边对称的完美星形，如图3-54所示。在属性栏中可更改星形的点数、锐化星形的点，图3-55为锐化45°的效果。

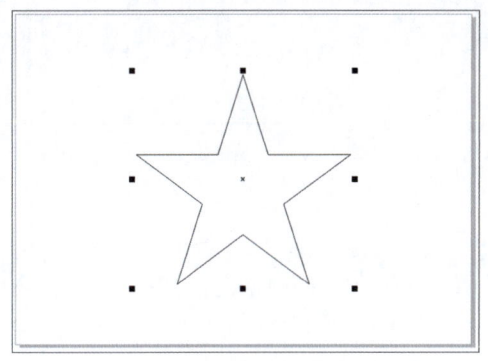

图 3-54　完美星形　　　　　　　　图 3-55　锐化 45°

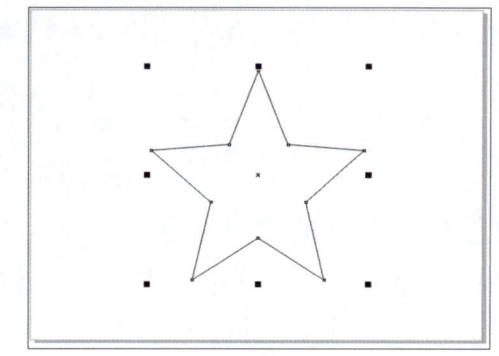

在属性栏中单击"复杂星形"按钮✡可切换至复杂星形模式。复杂星形是带有交叉的星形。按住Shift和Ctrl键的同时拖动鼠标，可绘制以起始点为中心的复杂星形，如图3-56所示。更改复杂星形的点数并锐化复杂星形的点数，效果如图3-57所示。

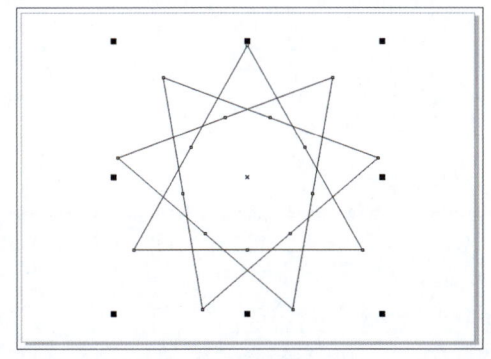

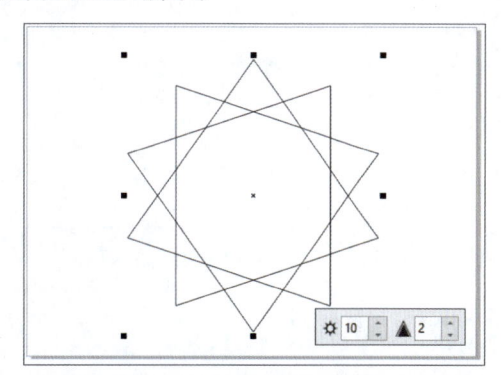

图 3-56　复杂星形　　　　　　　　图 3-57　调整复杂星形点数

3.2.5 螺纹工具

使用螺纹工具可以绘制螺旋线。选择螺纹工具，在属性栏中可以设置螺纹圈数，选择螺纹类型，如图3-58所示。

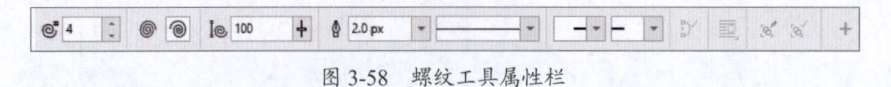

图 3-58 螺纹工具属性栏

- **螺纹回圈**：设置新的螺纹对象中要显示的完整的圆形回圈。
- **对称式螺纹**：为新的螺纹对象应用均匀回圈间距，如图3-59所示。
- **对数螺纹**：为新的螺纹对象应用更紧凑的回圈间距，如图3-60所示。
- **螺纹扩展参数**：选择"对数螺纹"类型，激活该选项，可设置螺纹向外扩展的速率。

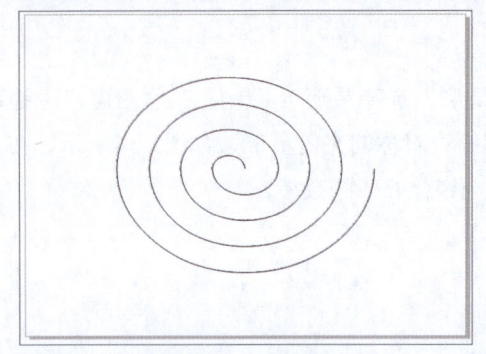

图 3-59 对称式螺纹　　　　图 3-60 对数螺纹

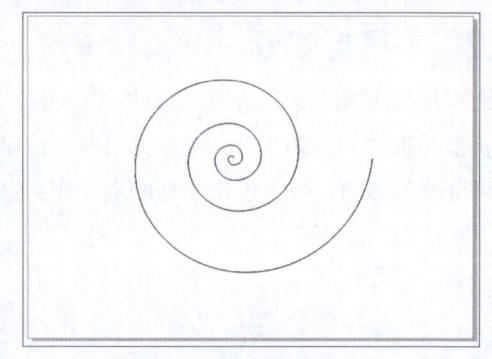

3.2.6 常见的形状工具

常见的形状工具可以快速绘制预设形状，如基本形状、箭头形状、流程图形状、条幅形状、标注形状等。选择常用的形状工具，在属性栏中单击"常用形状"按钮如图3-61所示，从中选择一个形状即可进行绘制，如图3-62所示。绘制的形状中有一个红色的节点，使用形状工具拖动节点可以对当前形状进行调整，效果如图3-63所示。

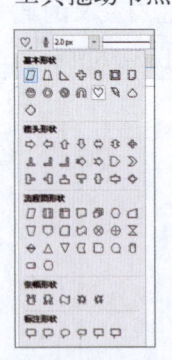

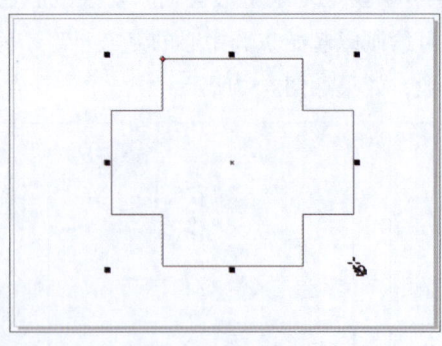

图 3-61 常用形状　　　图 3-62 基本形状　　　　　图 3-63 调整节点

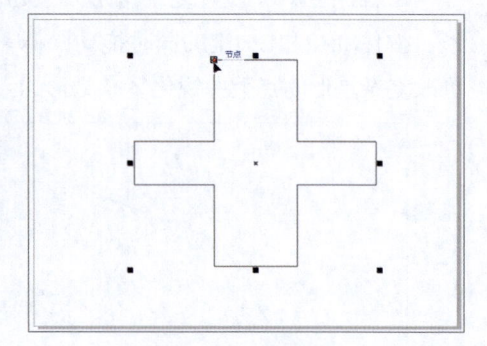

3.2.7 冲击效果工具

使用冲击效果工具可以创建具有冲击力和动感的图形效果。选择冲击效果工具，在属性栏中可以选择"平行"或"辐射"样式。其中，平行效果可用于增添活力或表示动态，如图3-64所示；辐射效果可用于添加透视或聚焦设计元素，如图3-65所示。

图 3-64　平行效果　　　　　　　　图 3-65　辐射效果

3.2.8　图纸工具

使用图纸工具可以绘制网格并设置行数和列数。网格由一组矩形组合而成，这些矩形可以拆分。选择图纸工具，在属性栏的"列数和行数"数值框中设置参数，单击并拖动鼠标即可绘制出网格，如图3-66所示。绘制网格后，按Ctrl+U组合键取消组合对象，此时网格中的每个格子成为一个独立的图形，可分别对其填充颜色，也可使用选择工具调整格子的位置，如图3-67所示。

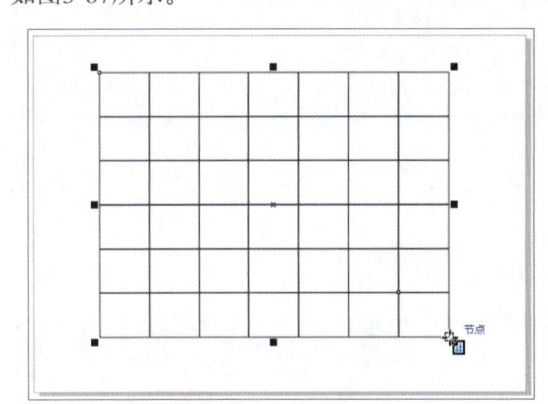

图 3-66　绘制网格　　　　　　　　图 3-67　拆分网格

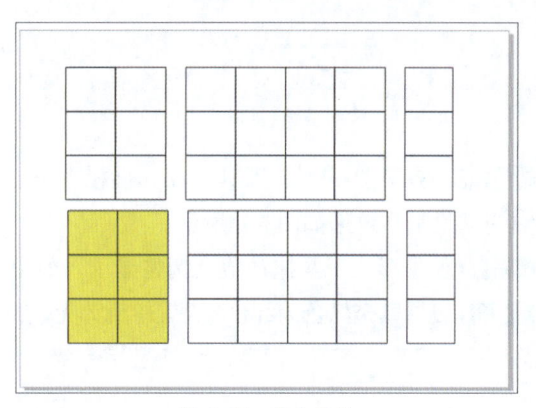

实例　绘制禁止吸烟标志

本案例展示如何通过矩形、钢笔、平滑和常见的形状等工具，实现禁止吸烟标志的绘制。

步骤01 使用矩形工具绘制宽为258 px、高为46 px的矩形，在控制栏中单击"同时编辑所有角"按钮，设置左侧圆角半径为40 px，填充黑色，效果如图3-68所示。

步骤02 继续绘制宽为16 px、高为46 px的矩形，填充黑色，效果如图3-69所示。

步骤03 设置微调距离为23 px，复制粘贴矩形，在键盘上按→键移动，效果如图3-70所示。

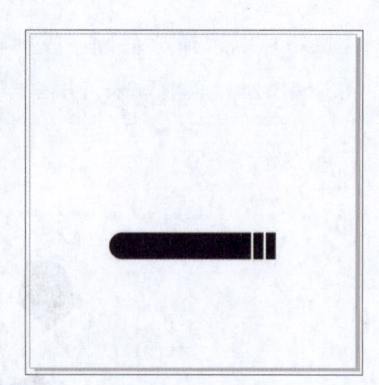

图 3-68 绘制宽为 258 px 的矩形　　图 3-69 绘制宽为 16 px 的矩形　　图 3-70 复制矩形

步骤 04 使用钢笔工具绘制闭合路径并填充黑色，效果如图3-71所示。
步骤 05 使用平滑工具涂抹调整，效果如图3-72所示。
步骤 06 复制粘贴后调整高度与宽度，效果如图3-73所示。

图 3-71 绘制路径　　图 3-72 平滑路径　　图 3-73 复制粘贴路径

步骤 07 选择常见的形状工具，在属性栏中单击"常用形状"按钮，从中选择形状 ⊘，按住Ctrl键拖动绘制，效果如图3-74所示。
步骤 08 使用形状工具拖动节点调整显示，如图3-75所示。
步骤 09 设置填充颜色为红色，设置轮廓为无，效果如图3-76所示。

图 3-74 绘制形状　　图 3-75 调整显示　　图 3-76 更改填充和轮廓

至此，完成禁止吸烟标志的绘制。

3.3 高级绘图工具

CorelDRAW的画笔工具、艺术笔工具、LiveSketch工具、智能绘图工具等高级绘图工具各具特色且功能强大,能够满足不同设计师在不同设计场景下的需求。

■ 3.3.1 画笔工具

画笔工具提供了基本的线条绘制功能,可以根据需要调整线条的粗细、颜色和样式,为艺术轮廓的创作提供基础支持。选择画笔工具,在属性栏中选择画笔笔刷样式,如图3-77和图3-78所示。

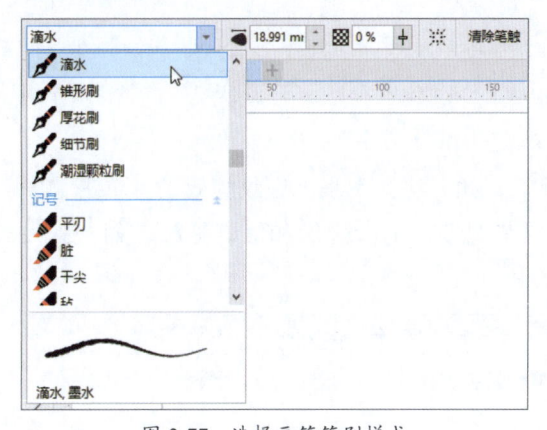

图 3-77 选择画笔笔刷样式

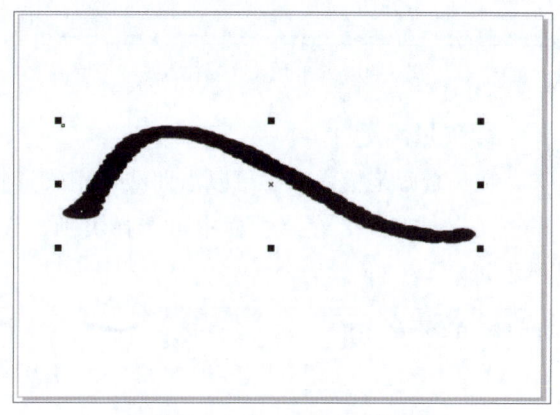

图 3-78 应用画笔笔刷样式

■ 3.3.2 艺术笔工具

艺术笔工具是一种具有固定或可变宽度及形状的画笔,可以绘制出具有不同线条或图案效果的图形。选择艺术笔工具,在该工具的属性栏中单击不同的选项按钮,即可切换至相应的绘制模式。

1. 预设

在预设模式中,可以沿曲线应用预设线条。单击"预设"按钮,在属性栏中可选择预设线条,设置其平滑程度和笔触宽度,如图3-79所示。

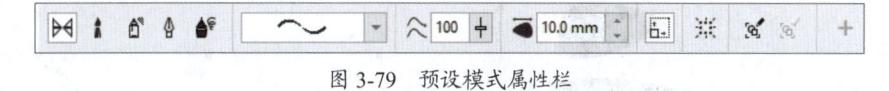

图 3-79 预设模式属性栏

- **预设笔触**:选择笔触的线条模式。
- **手绘平滑**:在创建手绘曲线时,调整其平滑程度。
- **笔触宽度**:输入数值以设置绘制出线条的宽度。
- **随对象一起缩放笔触**:将变换应用到笔触宽度。

在"预设笔触"下拉列表框中选择一个画笔预设样式,当光标变为画笔形状时,单击并拖动鼠标,释放鼠标即可应用预设画笔样式,如图3-80所示。若要更改画笔样式,在"预设笔

59

触"下拉列表框中更换即可，如图3-81所示。

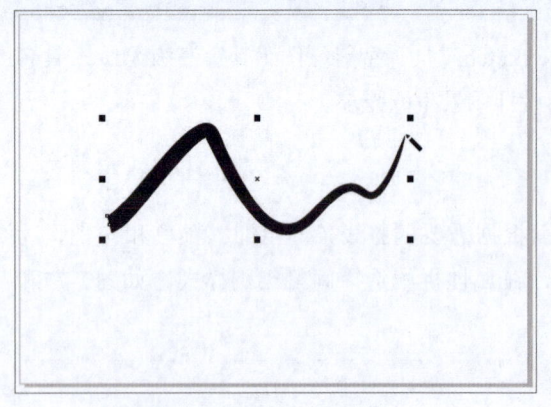

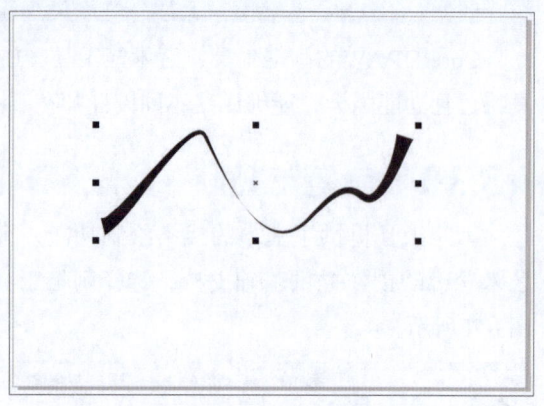

图3-80　应用预设画笔样式　　　　　　　图3-81　更改画笔笔触

2. 矢量画笔

在矢量画笔模式中，可以沿曲线应用矢量画笔，如书法、飞溅、底纹等效果。单击"矢量画笔"按钮，在属性栏中可选择类别，设置其宽度、平滑边缘和笔刷笔触，如图3-82所示。

图3-82　矢量画笔模式属性栏

- 类别：在列表中选择笔刷模式，如图3-83所示。选择不同的类别，其后的"笔触笔刷"列表的内容也不同。
- 笔触笔刷：选择要应用的笔触笔刷，如图3-84所示。
- 浏览：单击该按钮可以载入自定义的笔触笔刷。
- 保存艺术笔触：将艺术笔触另存为自定义笔触。
- 删除：删除自定义艺术笔触。

在属性栏中设置完参数后，在绘图页面中，当光标变为画笔形状时，单击并拖动鼠标进行绘制，释放鼠标即可应用画笔样式，效果如图3-85所示。

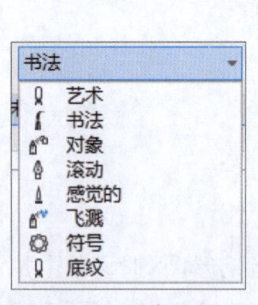

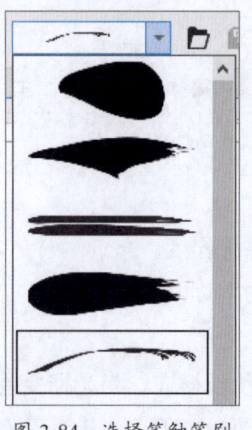

图3-83　选择类别　　　　图3-84　选择笔触笔刷　　　　图3-85　应用画笔样式

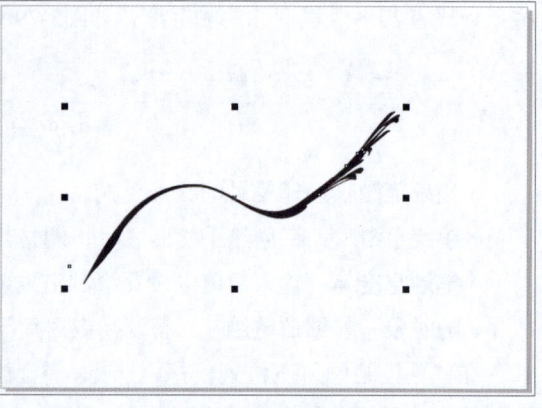

3. 喷涂

在喷涂模式中，可以沿曲线喷涂对象。单击"喷涂"按钮，在属性栏中可选择喷涂图样，设置其大小、顺序、间距等参数，如图3-86所示。

图 3-86 喷涂模式属性栏

- **类别**：在列表中选择笔刷模式，如图3-87所示。
- **喷射图样**：选择需要应用的喷射图案，如图3-88所示。
- **喷涂列表选项**：单击该按钮即可打开"创建播放列表"对话框，如图3-89所示，在其中可通过添加、移除和重新排列喷射对象来编辑喷涂列表。

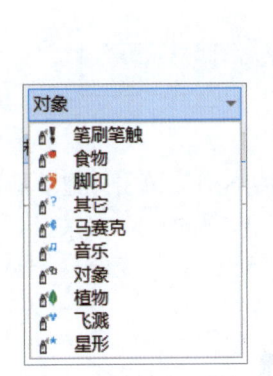

图 3-87 选择笔刷模式 　　图 3-88 选择喷射图样 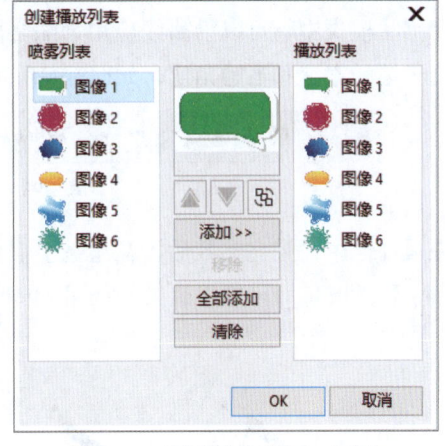　　图 3-89 "创建播放列表"对话框

- **喷涂对象大小**：（上方框）将喷涂对象的大小统一调整为原始大小的某一特定百分比；（下方框）将每一个喷涂对象的大小调整为前面对象大小的某一特定百分比。
- **递增按比例缩放**：允许喷涂对象沿笔触移动过程中放大或缩小。
- **喷涂顺序**：选择喷涂对象沿笔触显示的顺序，有"随机""顺序"和"按方向"3种喷涂顺序。
- **每个色块中图像数和图像间距**：设置每个色块中图像数和调整每个笔触长度色块间的间距。
- **旋转**：单击该按钮，打开喷涂对象的旋转选项，如图3-90所示，可设置喷涂对象旋转角度和旋转对象的方式。
- **偏移**：单击该按钮即可打开喷涂对象的偏移选项，如图3-91所示，可设置偏移距离和方向。

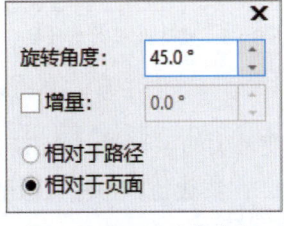

图 3-90 设置旋转角度 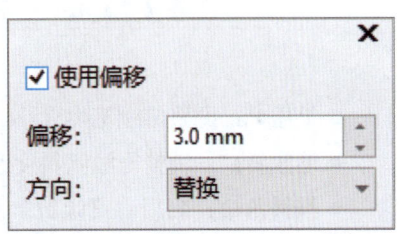　　图 3-91 设置偏移角度

在属性栏中设置完参数后，在绘图页面中，当光标变为画笔形状时，单击并拖动鼠标进行绘制，释放鼠标即可应用喷涂效果，如图3-92所示。

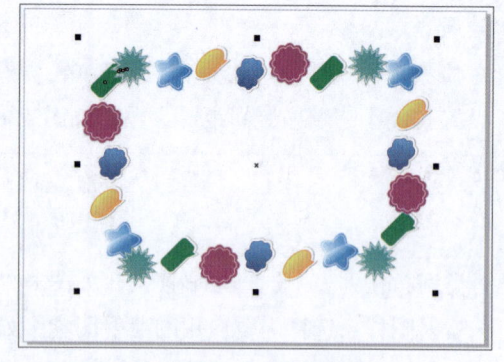

图 3-92　应用喷涂效果

4. 书法

在书法模式中，可以沿曲线应用书法笔触。单击"书法"按钮，在属性栏中可设置其平滑程度、笔触宽度和笔触角度，如图3-93所示。

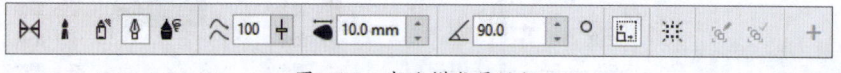

图 3-93　书法模式属性栏

在属性栏中设置完参数后，在绘图页面中，当光标变为画笔形状时，单击并拖动鼠标进行绘制，释放鼠标即可应用效果，如图3-94所示。更改角度为45°，效果如图3-95所示。

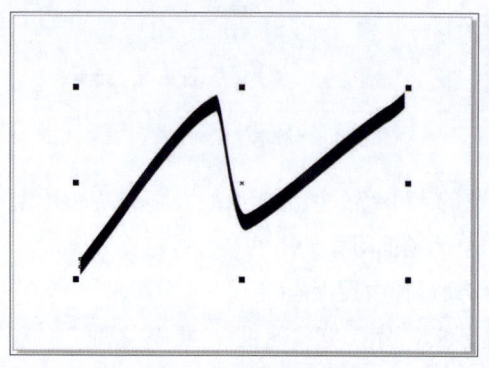

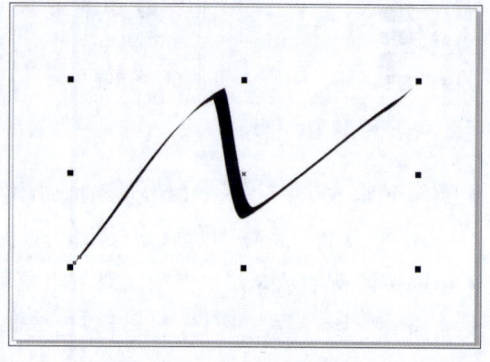

图 3-94　应用书法笔触　　　　　　　图 3-95　更改角度为45°

5. 表达式

在表达式模式中，可以使用触笔的压力、倾斜和方位来改变笔刷笔触。单击"表达式"按钮，在属性栏中可设置笔触压力、平滑度和倾斜角度等参数，如图3-96所示。

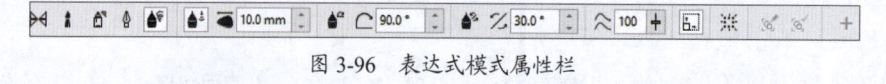

图 3-96　表达式模式属性栏

- **笔压**：调整笔刷笔尖大小。
- **笔倾斜**：调整笔触倾斜度改变笔尖的平滑度。单击启用，再次单击禁用。
- **倾斜角**：启用"笔倾斜"后，在该数值框中输入数值可设置笔尖的平滑度，数值的设置范围为15°～90°。

- **笔方位**：使用触笔方位改变笔尖旋转。
- **方位角**：设置固定的笔方位值来决定笔尖旋转。

在属性栏中设置完参数后，在绘图页面中，当光标变为画笔形状时，单击并拖动鼠标进行绘制，释放鼠标即可应用效果，如图3-97所示。更改宽度为15 mm，效果如图3-98所示。

图 3-97　应用表达式笔触

图 3-98　更改宽度

3.3.3　LiveSketch工具

LiveSketch工具是一种快速捕捉创意和想法的工具，允许用户以更自由、更直观的方式绘制艺术轮廓，无须担心线条的精细度。该工具适用于初步构思和草图阶段，能够帮助设计师快速捕捉灵感并将其转化为视觉形式。选择LiveSketch工具，在属性栏中可设置计时器、与曲线的距离、曲线平滑等参数，如图3-99所示。

- **定时器**：设置调整笔触并生成曲线前的延迟。默认情况下，延迟为1 000 ms（1 s）。最短延迟为0 ms，最长延迟为5 s。

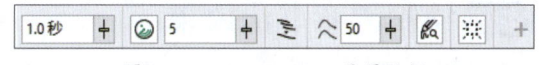

图 3-99　LiveSketch工具属性栏

- **包括曲线**：单击该按钮启用，可以将现有曲线添加至草图中。
- **与曲线的距离**：设置何种距离的现有曲线会被作为新的输入笔触包含到草图中。
- **创建单条曲线**：通过在指定时间范围内绘制的笔触创建单条曲线。
- **预览模式**：在绘制草图时可预览生成的曲线。

在属性栏中设置完参数后，在绘图页面中，当光标变为形状时，单击并拖动鼠标进行绘制，如图3-100所示，释放鼠标即可应用效果。沿边缘涂抹可调整曲线，如图3-101所示。

图 3-100　绘制曲线

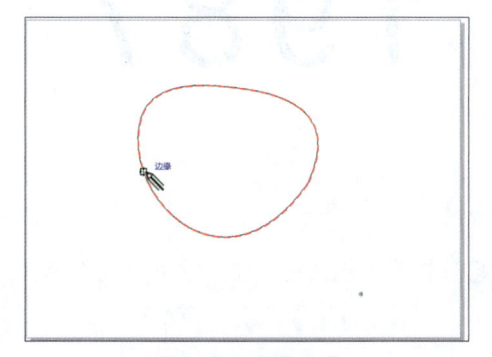

图 3-101　调整曲线

3.3.4 智能绘图工具

智能绘图工具具有智能识别和转换功能，可以自动将手绘的艺术轮廓线条转换成更精确的矢量图形。选择智能绘图工具，在属性栏中可设置形状识别等级、智能平滑等级、轮廓宽度和线条样式，如图3-102所示。

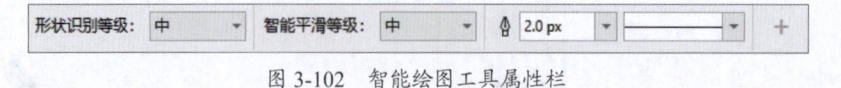

图 3-102 智能绘图工具属性栏

在属性栏中设置完参数后，在绘图页面中，当光标变为形状时，单击并拖动鼠标进行绘制轮廓线，如图3-103所示，释放鼠标即可转换为基本形状或平滑曲线，如图3-104所示。

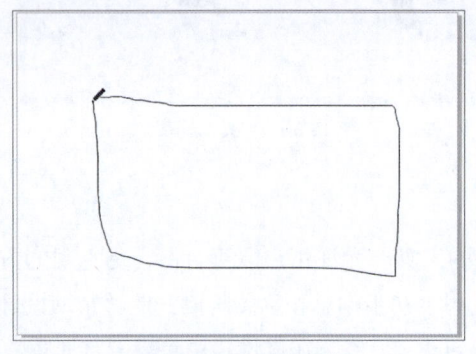

图 3-103 绘制轮廓线

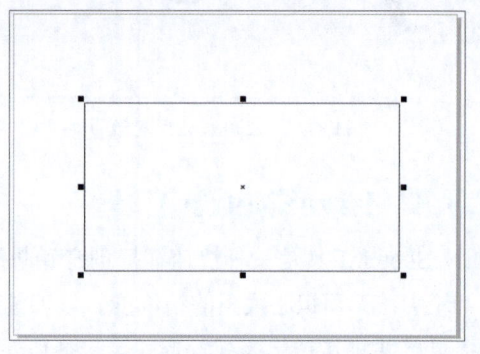

图 3-104 转换为形状

实例 绘制创意书法效果

本案例展示如何通过创建文本、转换曲线、设置画笔笔刷等操作，实现创意书法效果的绘制。

步骤 01 使用文本工具输入文本，效果如图3-105所示。

步骤 02 按Ctrl+Q组合键转换为曲线，效果如图3-106所示。

扫码观看视频

图 3-105 输入文本

图 3-106 转换为曲线

步骤 03 选择艺术笔工具，在属性栏中设置参数，如图3-107所示，效果如图3-108所示。

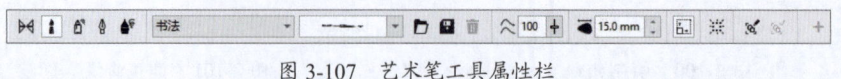

图 3-107 艺术笔工具属性栏

步骤 04 更改填充颜色，效果如图3-109所示。

图3-108 应用艺术笔笔触　　　　图3-109 更改填充颜色

至此，完成创意书法效果的绘制。

课堂演练：绘制水彩笔触喇叭

本课堂演练综合应用矩形、钢笔、3点曲线、2点线、手绘、画笔等工具绘制水彩笔触喇叭。

步骤 01 使用矩形工具绘制宽度为156 px、高度为130 px、左侧圆角半径为40 px的圆角矩形，效果如图3-110所示。

步骤 02 继续绘制宽度为34 px、高度为330 px、圆角半径为17 px的圆角矩形，效果如图3-111所示。

步骤 03 使用钢笔工具绘制闭合路径，效果如图3-112所示。

扫码观看视频

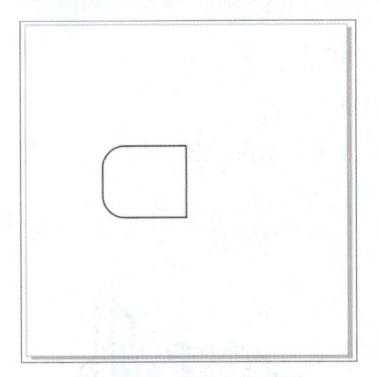

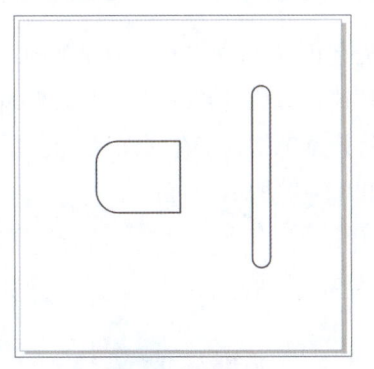

图3-110 绘制圆角矩形　　　图3-111 绘制圆角矩形　　　图3-112 绘制闭合路径

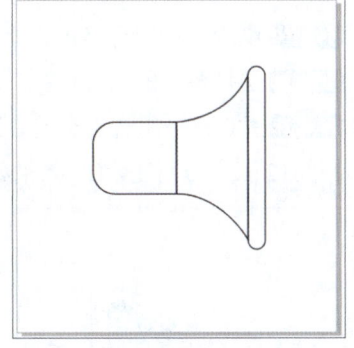

步骤 04 继续绘制闭合路径，效果如图3-113所示。

步骤 05 选择3点曲线工具，按住Ctrl键拖动绘制圆形曲线，在属性栏中单击"闭合曲线"按钮，效果如图3-114所示。

步骤 06 使用2点线工具绘制多个路径，效果如图3-115所示。

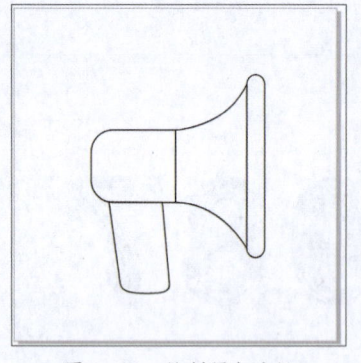

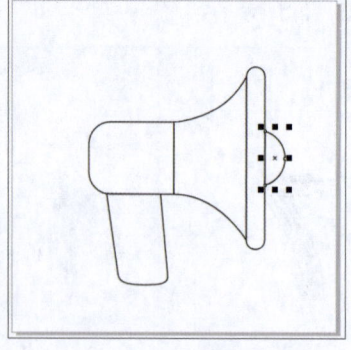

图 3-113 绘制闭合路径　　　图 3-114 绘制圆形曲线　　　图 3-115 绘制开放路径

步骤 07 使用矩形工具绘制矩形，设置左侧圆角半径为5 px，效果如图3-116所示。
步骤 08 使用手绘工具绘制路径，效果如图3-117所示。
步骤 09 使用两个圆角矩形，填充橙色（#F08519），效果如图3-118所示。

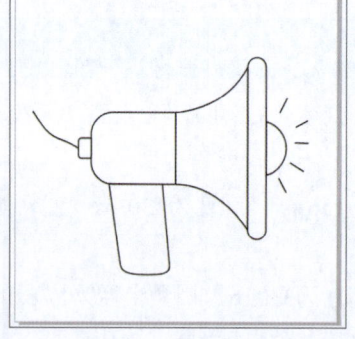

图 3-116 绘制圆角矩形　　　图 3-117 绘制开放路径　　　图 3-118 填充橙色

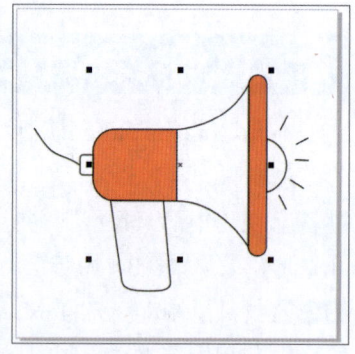

步骤 10 继续选择闭合路径，填充蓝色（#00A2E9），效果如图3-119所示。
步骤 11 选择剩下的闭合路径，填充浅橙色（#F6B775），效果如图3-120所示。
步骤 12 按Ctrl+A组合键全选，选择画笔工具，在属性栏中选择"天空"画笔笔刷，设置画笔大小为12 px、透明度为0，效果如图3-121所示。

图 3-119 填充蓝色　　　图 3-120 填充浅橙色　　　图 3-121 调整画笔笔刷

至此，完成水彩笔触喇叭的绘制。

课后作业

一、选择题

1. 在绘图软件中，用于绘制自由曲线，类似于手绘效果的工具是（　　）。
   A. 手绘工具　　　　　　　　　　　　B. 钢笔工具
   C. 折线工具　　　　　　　　　　　　D. 2点线工具

2. 使用（　　）工具可以创建相互垂直的直线。
   A. 2点线工具　　　　　　　　　　　　B. 钢笔工具
   C. 贝塞尔工具　　　　　　　　　　　　D. 折线工具

3. 在绘图软件的几何图形绘制工具中，（　　）可以用来绘制圆形或椭圆形。
   A. 矩形工具　　　　　　　　　　　　B. 椭圆形工具
   C. 钢笔工具　　　　　　　　　　　　D. 3点曲线工具

4. 如果需要绘制一个五角星，应该使用（　　）。
   A. 钢笔工具　　　　　　　　　　　　B. 3点线工具
   C. 星形工具　　　　　　　　　　　　D. 多边形工具

二、填空题

1. 手绘工具在绘图软件中常用于绘制_____或涂鸦。

2. 贝塞尔工具允许用户通过拖动控制点来创建_____线条。

3. 使用几何图形绘制工具绘制形状时，按住_____的同时拖动鼠标，可以绘制以起始点为中心的正几何形。

4. 使用多边形工具可以绘制_____的多边形。

三、上机题

上机实操1：绘制仙人掌图形

绘制仙人掌图形，图3-122～图3-124分别为绘制仙人掌图形的过程展示图。

图 3-122　绘制路径　　　　图 3-123　绘制线条纹路　　　　图 3-124　绘制花朵效果

思路提示：
- 使用钢笔工具绘制仙人掌主体。
- 使用手绘工具绘制线条纹路。
- 使用手绘工具和椭圆形工具绘制花朵效果。

上机实操2：绘制播放器图形

绘制扁平化播放器图形，图3-125～图3-127分别为绘制播放器图形的过程展示图。

图 3-125　绘制路径　　　　图 3-126　绘制线条纹路　　　　图 3-127　绘制花朵效果

思路提示：
- 使用矩形工具、椭圆形工具、常见的形状工具绘制播放器主体。
- 使用椭圆形工具和矩形工具绘制耳机主体。
- 使用钢笔工具绘制耳机线。

模块 4　颜色填充

内容概要

本模块从基础对象的颜色填充入手,详细讲解了颜色选择、填充工具和轮廓颜色填充的操作步骤和技巧,逐步深入讨论这些技巧在图像设计中的具体应用。本模块旨在帮助读者提升设计水平和创作能力。

知识要点

- 对象颜色填充的技巧。
- 颜色的拾取与应用。
- 多种交互式填充的技巧。
- 填充对象轮廓颜色的方法。

数字资源

【本模块素材】
"素材文件\模块4"目录下
【本模块课堂演练最终文件】
"素材文件\模块4\课堂演练"目录下

4.1 填充对象颜色

CorelDRAW提供了多种工具和泊坞窗帮助对象进行颜色填充，用户可以根据具体需求选择合适的工具实现设计效果。

4.1.1 调色板

调色板位于CorelDRAW工作界面的右侧，如果初始时没有看到调色板，可以通过执行"窗口"→"调色板"→"默认调色板"命令，或选择其他已创建的调色板，以在界面右侧显示调色板，如图4-1所示。点击调色板最下方的 按钮，可以展开调色板中的所有色块，以便用户更全面地浏览和选择颜色，如图4-2所示。

将鼠标光标放置在调色板顶部的边缘位置，当光标变为 时，按住鼠标左键并拖动即可移动调色板。调整调色板显示后，将光标放置在色块处可展示该色块的颜色及其色值，如图4-3所示。单击调色板中的颜色并按住鼠标，将显示弹出式颜色挑选器，从中可以选择更多颜色方案，如图4-4所示。

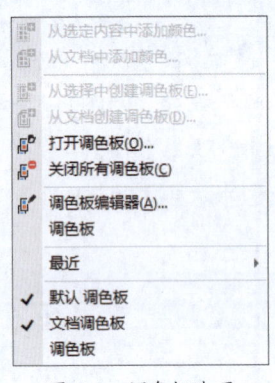

图 4-1 调色板选项 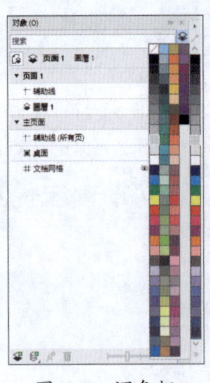　　图 4-2 调色板 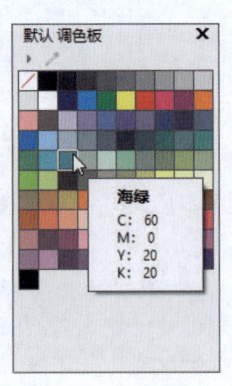　　图 4-3 颜色色值 　　图 4-4 颜色挑选器

在调色板中，用户可以快速更换对象的填充颜色。只需点击调色板中的新颜色，当前选中的对象就会自动应用该颜色，如图4-5和图4-6所示。右击调色板中的颜色，将更改图像轮廓颜色，如图4-7所示。

图 4-5 选择对象 　　图 4-6 更改填充颜色 　　图 4-7 更改轮廓颜色

知识点拨 在CorelDRAW中，默认调色板取决于文档的原色模式。

4.1.2 "颜色"泊坞窗

"颜色"泊坞窗是CorelDRAW中用于设置和管理颜色的重要工具窗口。它提供了丰富的颜色选择功能，包括颜色轮、颜色滑块、颜色样本等，用户可以在此选择或自定义颜色，并将其应用于对象的填充或轮廓。执行"窗口"→"泊坞窗"→"颜色"命令，打开"颜色"泊坞窗，如图4-8所示。其中各选项的功能介绍如下：

- **显示按钮组**：该组按钮从左到右依次为"显示颜色查看器"按钮、"显示颜色滑块"按钮和"显示调色板"按钮。单击相应的按钮，即可将泊坞窗切换到相应的显示状态，如图4-8～图4-10所示。

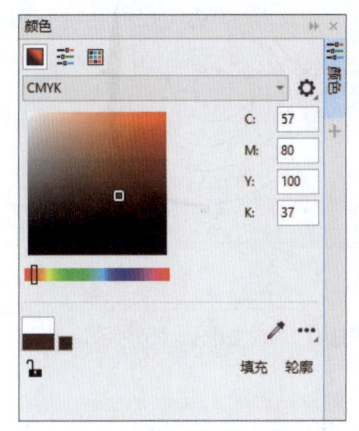

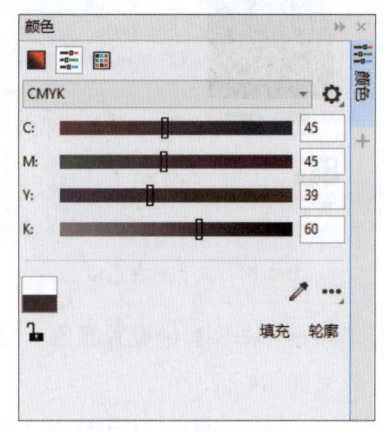

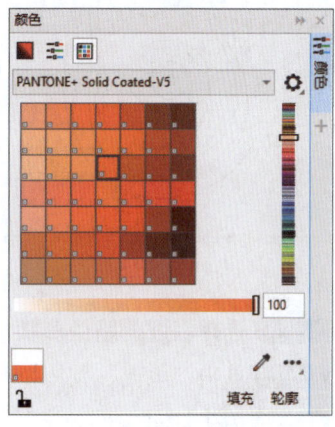

图4-8 显示颜色查看器　　图4-9 显示颜色滑块　　图4-10 显示调色板

- **颜色模式**：默认情况下显示CMYK模式，该下列表框将CorelDRAW的9种颜色模式收录其中，如图4-11所示，选择即可显示该颜色模式的滑块图像。
- **参考颜色和新颜色**：显示参考颜色（上）和新选定的颜色（下）。
- **将新颜色应用于所选对象**：该按钮默认为状态，表示未激活。单击激活后，按钮变为状态，此时在页面中绘制图形，拖动滑块将根据选择的填充或轮廓按钮，调整图形的填充或轮廓颜色。
- **颜色滴管**：对屏幕上（软件内外都可以）的颜色进行取样。
- **更多颜色选项**：选择其他颜色选项，如图4-12所示。
- **填充**：单击该按钮，可使用"颜色"泊坞窗中的当前颜色填充选中对象。
- **轮廓**：单击该按钮，可使用"颜色"泊坞窗中的当前颜色更改选中对象的轮廓色。

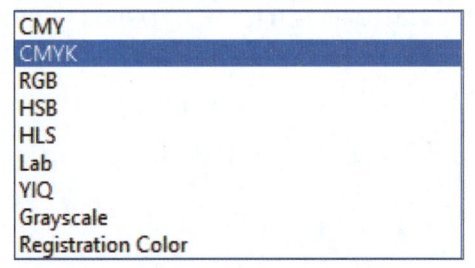

图4-11 颜色模式　　　　　　图4-12 更多颜色选项

实例 为牛油果图形上色

本案例展示如何通过"颜色"泊坞窗和轮廓宽度为线性图形填色。

步骤01 打开素材文件"牛油果原图.cdr",如图4-13所示。
步骤02 选择最底层路径形状,在"颜色"泊坞窗中设置参数,如图4-14所示。
步骤03 单击"填充"按钮填充,效果如图4-15所示。

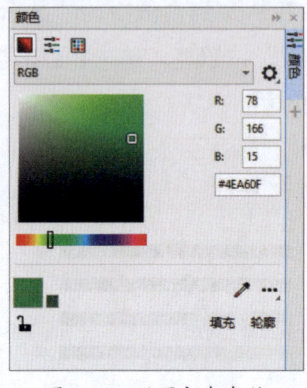

图 4-13 打开素材　　　　图 4-14 设置颜色色值　　　　图 4-15 填充颜色

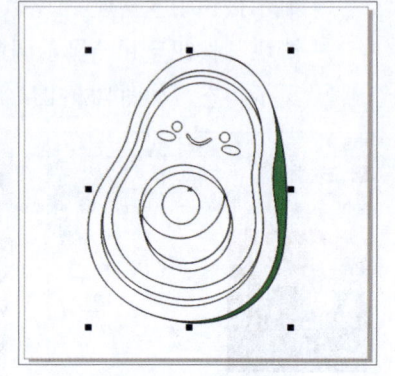

步骤04 选择临近的路径形状,在"颜色"泊坞窗中设置颜色(#79BF17),如图4-16所示。
步骤05 单击"填充"按钮填充,效果如图4-17所示。
步骤06 为牛油果肉部分进行填充填色(#6CB00E、#E3F030、#D9E627、#F5F35F),效果如图4-18所示。

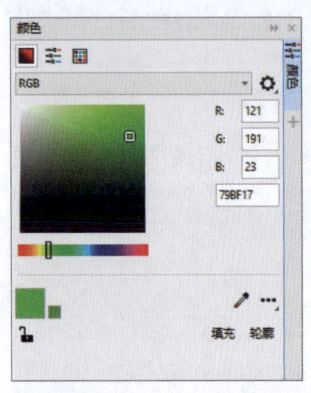

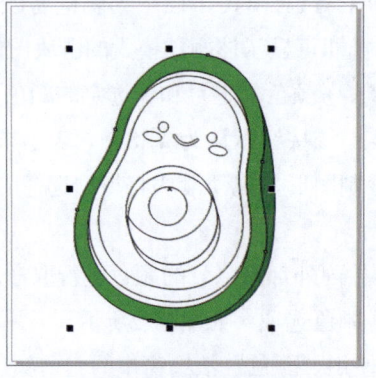

图 4-16 设置颜色色值　　　　图 4-17 继续填充颜色　　　　图 4-18 填充果肉部分

步骤07 为牛油果核部分填充颜色(#E0A16E、#CC8246、#B4611F、#D9E627、#FCFA7E),效果如图4-19所示。
步骤08 为腮红、眼睛和嘴巴填充颜色(#F7A3A3、#2C2E35),如图4-20所示。
步骤09 按Ctrl+A组合键全选,将轮廓宽度更改为无,效果如图4-21所示。

图 4-19 填充果核部分　　图 4-20 填充其他部分　　图 4-21 设置轮廓线为无

至此，完成牛油果图形的颜色设置。

4.1.3 颜色滴管工具

使用颜色滴管工具可以吸取并识别颜色。选择颜色滴管工具，在属性栏中可设置属性，如图4-22所示。

图 4-22 颜色滴管工具属性栏

其中部分常用选项作用如下：

- **选择颜色**：该按钮为默认选择状态，可从文档窗口中取样颜色。
- **1×1**：选择该按钮，表示对单像素的颜色进行取样。
- **2×2**：选择该按钮，表示对2×2像素区域中的平均颜色值进行取样。
- **5×5**：选择该按钮，表示对5×5像素区域中的平均颜色值进行取样。
- **从桌面选择**：选择该按钮，取样将不局限于应用程序，用户可对屏幕中的所有颜色进行取样。
- **应用颜色**：选择该按钮，可将所选颜色应用到对象上。取样颜色后将自动选择该按钮进行应用。
- **添加到调色板**：选择该按钮，可将取样颜色添加至文档调色板中。

选择需要填充的图形对象，选择颜色滴管工具并将光标放置于需要取样颜色处，此时将显示色值，如图4-23所示，单击即可取样。悬停在对象上直到纯色色样出现，单击可应用填充颜色，效果如图4-24所示。取样颜色后，将鼠标悬停在对象轮廓上，直到轮廓色样显示出来，单击可填充对象轮廓，效果如图4-25所示。

图 4-23 拾取颜色　　图 4-24 应用颜色　　图 4-25 填充轮廓

■ 4.1.4 属性滴管工具

属性滴管工具用于取样对象的属性、变换效果和特殊效果并将其应用到执行的对象。选择属性滴管工具 , 将会显示出该工具的属性栏，单击"属性""变换""效果"按钮，即可打开与之相对应的面板，如图4-26～图4-28所示。

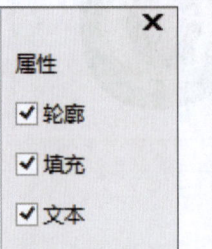

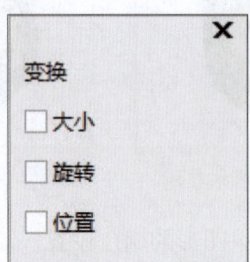

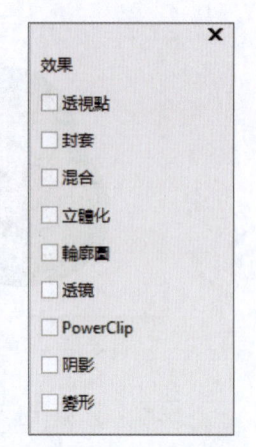

图 4-26 属性设置　　图 4-27 变换设置　　图 4-28 效果设置

绘制两个不同的图形对象，选择属性滴管工具，在图形对象上单击进行取样，如图4-29所示。将鼠标光标移动至另一图形对象上单击，该对象将根据取样属性进行变化，如图4-30所示。

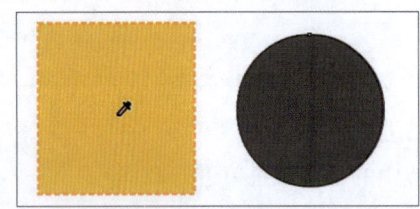

图 4-29 拾取属性　　图 4-30 应用属性

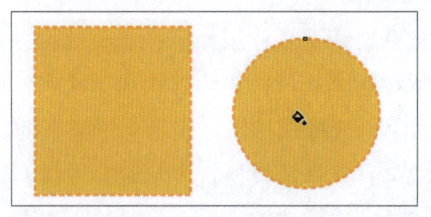

■ 4.1.5 网状填充工具

使用网状填充工具可以通过调和网状网格中的多种颜色或阴影来填充对象，以创建复杂多变的填充效果。

选择图形对象，单击网状填充工具 , 在属性栏中设置网格大小 ![], 绘图区上则显示相应的网状结构。将光标移动到节点上，可进行拖动调整，如图4-31所示。单击节点，在属性栏中单击"网状填充颜色"按钮，在下拉列表中选择合适的颜色填充，此时节点上显示所选颜色，节点周围呈现过渡颜色效果，如图4-32所示。移动鼠标至网状网格中双击，将在当前位置添加节点，双击节点或选中节点后按Delete键，可删除节点，效果如图4-33所示。

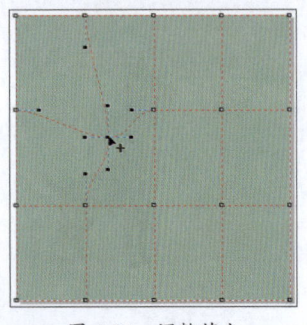

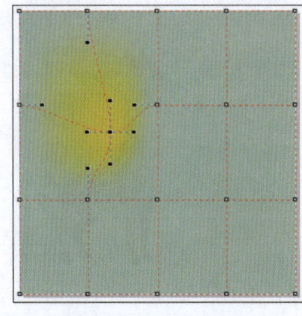

图 4-31 调整节点　　图 4-32 填充节点　　图 4-33 删除节点

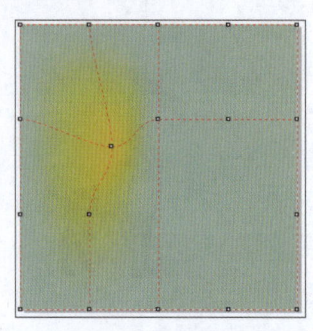

4.1.6 智能填充工具

使用智能填充工具可以在边缘重叠区域创建对象,并将填充应用到那些对象上。选择智能填充工具,其属性栏如图4-34所示。

图 4-34 智能填充工具属性栏

其中常用选项的作用介绍如下:
- **填充选项**:选择将默认或自定义填充属性应用到新对象,在该下拉列表框中有"使用默认值""指定"和"无填充"3个选项。
- **填充色**:在该下拉列表框中可设置预定的颜色,也可自定义颜色进行填充。
- **轮廓选项**:选择将默认或自定义轮廓设置应用到新对象,在该下拉列表框中有"使用默认值""指定"和"无轮廓"3个选项。
- **轮廓宽度**:在该下拉列表框中可设置填充对象时添加的轮廓宽度。
- **轮廓色**:该下拉列表框中可设置填充对象时添加的轮廓颜色。

绘制图形对象,如图4-35所示。选择智能填充工具,在属性栏中设置参数,将光标移动到要填充的区域,单击鼠标左键进行填充,如图4-36所示。选择被填充的图形将其移动,可发现被填充的图形是作为独立图形存在,原图也没有被破坏,如图4-37所示。

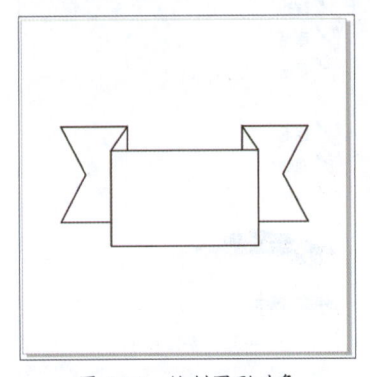

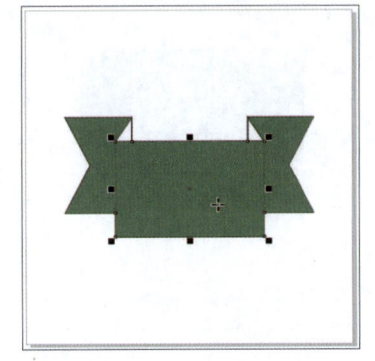

图 4-35 绘制图形对象　　图 4-36 填充颜色　　图 4-37 分离颜色

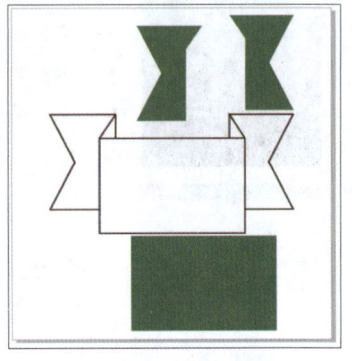

实例 绘制手绘样式对话框

本案例展示如何通过常见的形状、形状工具、智能填充工具、画笔工具,实现手绘样式对话框的绘制。

步骤01 选择常见的形状工具,选择"标注形状"组的第2个形状,如图4-38所示。

图 4-38 选择形状

75

步骤 02 拖动绘制，效果如图4-39所示。

步骤 03 使用形状工具拖动节点对当前形状进行调整，效果如图4-40所示。

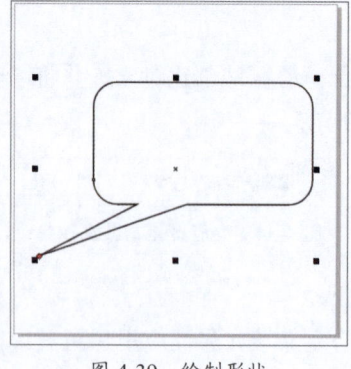

图 4-39 绘制形状　　图 4-40 调整形状

步骤 04 选择智能填充工具，在属性栏中设置颜色，如图4-41所示。

步骤 05 应用填充颜色，效果如图4-42所示。

步骤 06 选择底层的"完美形状"图层后，选择画笔工具，在属性栏中设置参数，如图4-43所示，效果如图4-44所示。

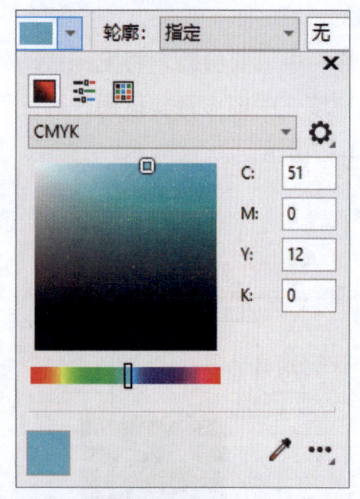

图 4-41 设置颜色　　图 4-42 应用填充颜色　　图 4-43 设置画笔参数

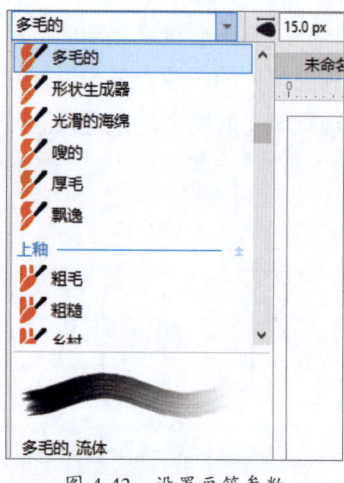

步骤 07 调整图层顺序，设置轮廓颜色为天蓝（C68、M29）、画笔大小为8 px，错位调整，效果如图4-45所示。

图 4-44 应用效果　　图 4-45 更改轮廓参数

至此，完成手绘样式对话框的绘制。

4.2 交互式填充对象颜色

在CorelDRAW中，交互式填充工具允许用户以多种方式为对象填充颜色或图案。选择交互式填充工具时，属性栏中将显示不同类型的填充方式，如图4-46所示。

图 4-46 交互式填充方式

■ 4.2.1 均匀填充

使用均匀填充可以为封闭对象填充纯色。选中要填充的图形，如图4-47所示。在属性栏中单击"均匀填充"按钮，显示均匀填充的属性，从中设置填充色，如图4-48所示，应用效果如图4-49所示。

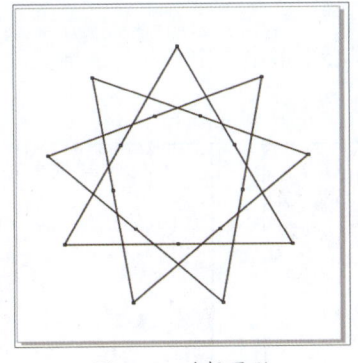

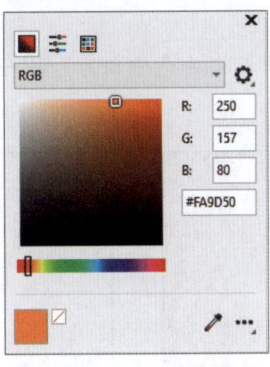

图 4-47 选择图形　　图 4-48 设置填充颜色　　图 4-49 应用填充颜色

单击属性栏中的"编辑填充"按钮，可在打开的"编辑填充"对话框中调整参数，变换填充样式，如图4-50所示。也可以在"属性"泊坞窗中进行颜色的设置，如图4-51所示。

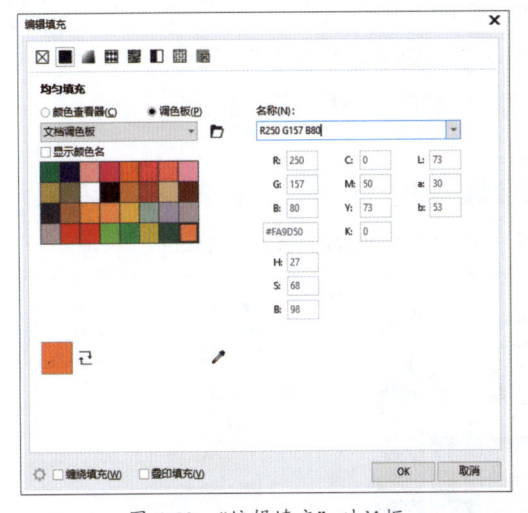

图 4-50 "编辑填充"对话框　　图 4-51 "属性"泊坞窗

■ 4.2.2 渐变填充

渐变填充是两种或两种以上颜色过渡的效果。CorelDRAW提供了线性渐变填充、椭圆形渐变填充、圆锥形渐变填充和矩形渐变填充4种不同类型的渐变填充效果，如图4-52所示。

图 4-52 渐变填充属性栏

其中部分常用选项的作用介绍如下：
- **线性渐变填充**：默认渐变类型，将为选中对象应用沿线性路径渐进改变颜色的填充，如图4-53所示。
- **椭圆形渐变填充**：单击该按钮，将为选中对象应用在同心椭圆形中由中心向外逐渐更改颜色的填充，如图4-54所示。
- **圆锥形渐变填充**：单击该按钮，将为选中对象应用沿圆锥形状渐进改变颜色的填充，如图4-55所示。
- **矩形渐变填充**：单击该按钮，将为选中对象应用在同心矩形中由中心向外逐渐更改颜色的填充，如图4-56所示。

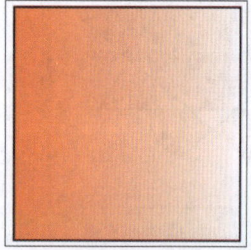

图 4-53 线性渐变填充　　图 4-54 椭圆形渐变填充　　图 4-55 圆锥形渐变填充　　图 4-56 矩形渐变填充

- **填充挑选器**：在该下拉列表框中可选择预设渐变应用，如图4-57所示。
- **节点颜色**：设置选定节点的颜色。
- **节点透明度**：设置选定节点的透明度，数值越大越透明。
- **节点位置**：指定中间节点的位置。在渐变线上双击将添加节点。
- **反转填充**：反转渐变填充的效果。
- **排列**：单击该按钮，将镜像或重复渐变填充。
- **平滑**：单击该按钮，将在渐变填充节点间创建更加平滑的颜色过渡。
- **加速**：指定渐变填充从一个颜色调和到另一个颜色的速度，数值越小，过渡越生硬。
- **自由缩放和倾斜**：单击该按钮，将允许填充不按比例倾斜或延展显示。
- **编辑填充**：单击该按钮，将打开如图4-58所示的"编辑填充"对话框，从中可以设

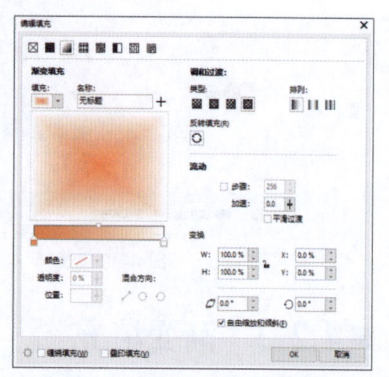

图 4-57 填充挑选器　　图 4-58 "编辑填充"对话框

置渐变的类型、排列、流动、变换等参数。

4.2.3 向量图样填充

向量图样填充是指将大量重复的图案以拼贴的方式填充至图形对象中。选中图形对象，如图4-59所示，在属性栏中单击"向量图样填充"按钮，将为对象填充默认的向量图样，如图4-60所示。拖动控制框可调整图样的显示范围，如图4-61所示。

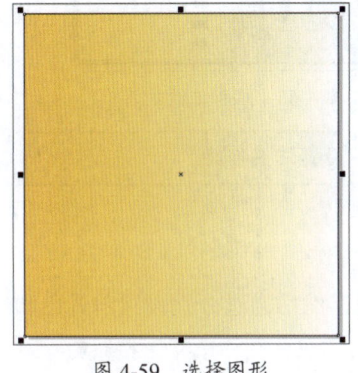

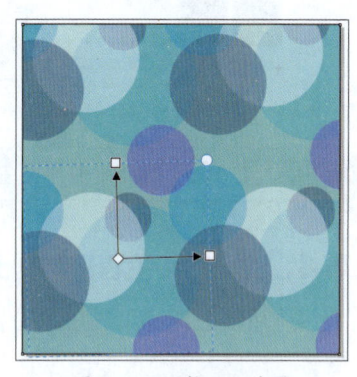

图 4-59　选择图形　　　　图 4-60　向量图样填充　　　　图 4-61　调整显示范围

在属性栏中单击"填充挑选器"按钮，在"填充挑选器"下拉列表中可以选择其他预设图样，如图4-62所示。单击"编辑填充"按钮，将打开"编辑填充"对话框，从中可以选择图样的类型、镜像、变换等参数，如图4-63所示。

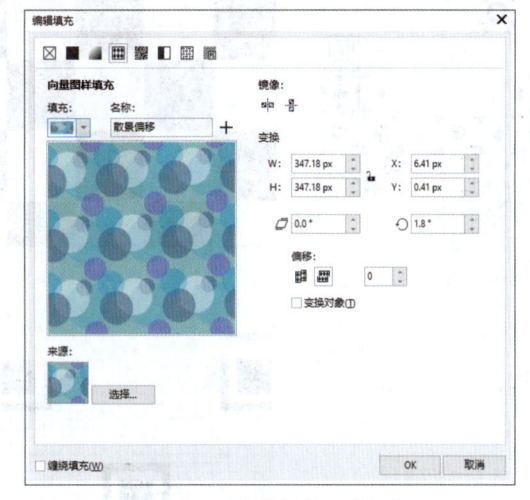

图 4-62　填充挑选器（向量图样）　　　　图 4-63　"编辑填充"对话框

4.2.4 位图图样填充

使用位图图样填充可以将位图对象作为图样填充在矢量图形中。选中图形对象，在属性栏中单击"位图图样填充"按钮，继续单击"填充挑选器"按钮，在"填充挑选器"下拉列表中选择合适的图样进行填充，如图4-64所示，拖动控制框调整图样的显示范围，效果如图4-65所示。单击属性栏中的"调和过渡"按钮，在打开的面板中可设置混合类型、边缘匹配、亮度、颜色等选项，设置调和过渡效果如图4-66所示。

CorelDRAW基础与应用案例教程

图 4-64 填充挑选器（位图图样） 　　图 4-65 位图图样填充 　　图 4-66 调和过渡效果

知识点拨 单击"编辑填充"按钮▣，在弹出的"编辑填充"对话框中可设置详细参数。

■ 4.2.5 双色图样填充

使用双色图样填充可以在预设列表中选择一种黑白双色图样，然后通过分别设置前景色和背景色区域的颜色改变图样效果。选中图形对象，在属性栏中单击"双色图样填充"按钮▣，单击"填充挑选器"下拉按钮，在"填充挑选器"下拉列表中选择合适的图样进行填充，如图4-67所示，设置前景色和背景色，如图4-68所示。拖动控制框调整显示状态，效果如图4-69所示。

图 4-67 填充挑选器（双色图样） 　　图 4-68 双色图样填充 　　图 4-69 调整显示状态

在填充挑选器中单击"更多"按钮，将打开"双色图案编辑器"对话框，从中可以自行绘制双色图案，如图4-70所示。完成后单击"OK"按钮将填充自定义的双色图样，效果如图4-71所示。

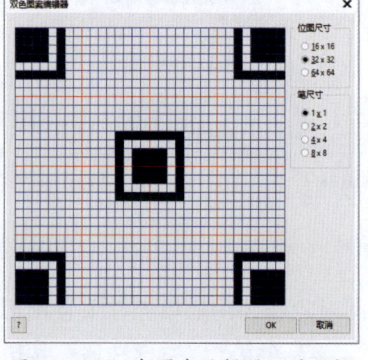

图 4-70 "双色图案编辑器"对话框 　　图 4-71 应用双色图样

知识点拨 在绘制双色图案时，鼠标左击为填充，右击则取消填充。

■4.2.6 底纹填充

底纹填充是应用预设底纹填充，创建各种纹理效果。选中要填充的对象，在属性栏中单击"底纹填充"按钮▦，单击"底纹库"按钮，在下拉列表选择合适的底纹库，如图4-72所示。单击"填充挑选器"下拉按钮，在"填充挑选器"下拉列表中选择合适的底纹进行填充，如图4-73所示，效果如图4-74所示。

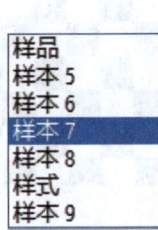

图 4-72　底纹库 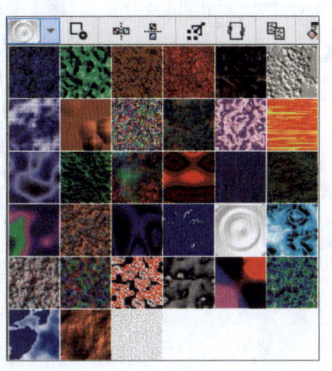　　　图 4-73　填充挑选器（底纹） 　　　图 4-74　填充效果

■4.2.7 PostScript填充

PostScript填充是一种由PostScript语言计算出来的花纹填充，这种填充纹路细腻、花样复杂，占用空间却不大，适用于较大面积的花纹设计。选中要填充的对象，在属性栏中单击"PostScript填充"按钮▦，属性栏中将显示PostScript填充的相关属性，如图4-75所示。

图 4-75　PostScript 填充属性栏

选择PostScript填充底纹后，将为选中对象填充底纹，图4-76～图4-78分别为填充不同底纹的效果。

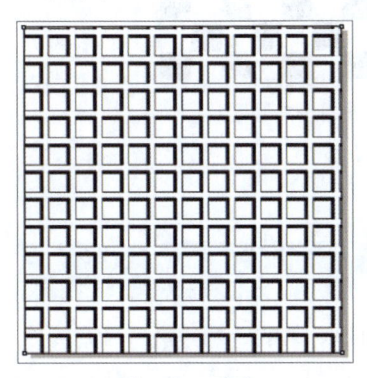

图 4-76　网眼 　　　图 4-77　蛛网 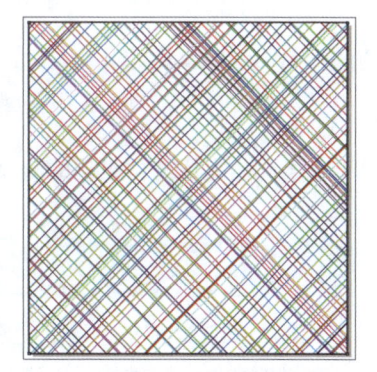　　　图 4-78　彩色交叉阴影

实例 绘制黑白棋格

本案例展示如何通过交互式填充工具中的双色图样填充，实现黑白棋格的绘制。

扫码观看视频

步骤 01 选择矩形工具，双击绘制和文档等大的矩形，如图4-79所示。

步骤 02 选择交互式填充工具，在控制栏中单击"双色图样填充"按钮，设置双色图样的样式，如图4-80所示。

步骤 03 拖动控制框调整显示状态，效果如图4-81所示。

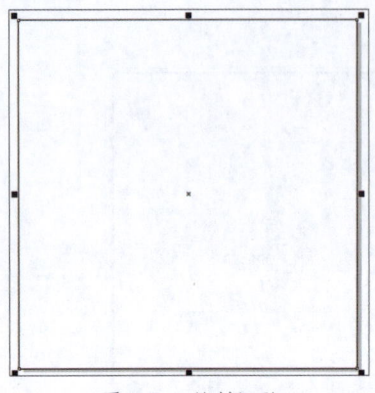

图 4-79　绘制矩形　　　　图 4-80　设置双色图样样式　　　　图 4-81　调整显示状态

步骤 04 单击"编辑填充"按钮，在弹出的"编辑填充"对话框中设置详细参数，如图4-82所示。

步骤 05 单击"OK"按钮应用效果，如图4-83所示。

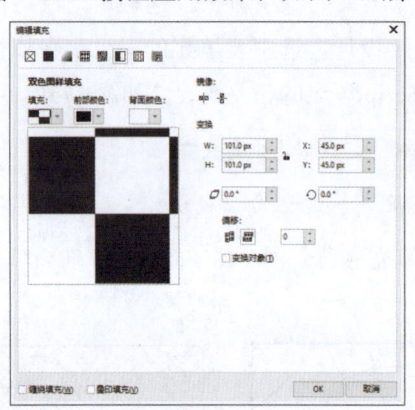

图 4-82　编辑填充参数　　　　图 4-83　应用填充效果

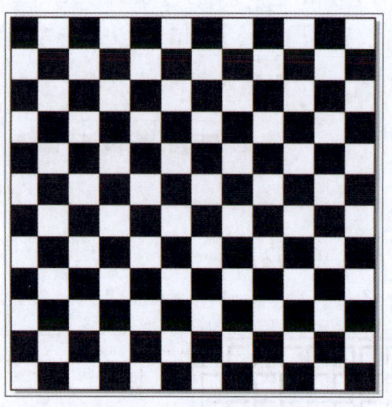

至此，完成黑白棋格的绘制。

4.3　填充对象轮廓颜色

在CorelDRAW中，通过轮廓笔的设置，用户可以轻松地对图形对象的轮廓线进行颜色、宽度和样式的自定义编辑，以满足不同的设计需求和审美偏好。

■4.3.1　轮廓笔

轮廓笔工具主要用于调整图形对象的轮廓宽度、颜色、样式等属性。按F12键，或者在状态栏双击"轮廓笔工具"按钮，打开"轮廓笔"对话框，如图4-84所示。

该对话框中部分常用选项的作用介绍如下：
- **颜色**：默认情况下，轮廓线颜色为黑色。单击该下拉按钮，在弹出的颜色面板中可以选择轮廓线的颜色。
- **宽度**：设置轮廓线的默认宽度及单位。
- **风格**：设置线条或轮廓线的样式，包括直线、虚线、点线等。单击该选项右侧的"设置"按钮，将打开"编辑线条样式"对话框，从中可以创建或编辑自定义线条样式，如图4-85所示。
- **斜接限制**：设置以锐角相交的两条线从点化（斜接）结合点向方格化（斜接修饰）结合点切换的值。
- **虚线**：设置虚线在线条或轮廓终点及边角处的样式，包括"默认虚线""对齐虚线"和"固定虚线"3种选项。

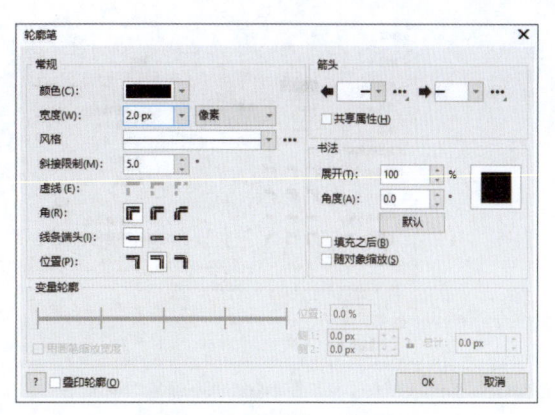

图 4-84 "轮廓笔"对话框

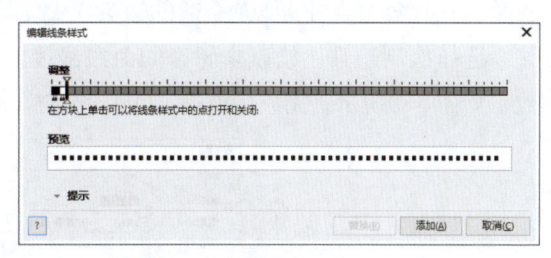

图 4-85 "编辑线条样式"对话框

- **角**：设置图形对象轮廓线拐角处的显示样式，有"斜接角""圆角"和"斜切角"3种选项。
- **线条端头**：设置图形对象轮廓线端头处的显示样式，有"方形端头""圆形端头"和"延伸方形端头"3种选项。
- **位置**：设置描边路径的相对位置，有"外部轮廓""居中的轮廓"和"内部轮廓"3种选项。
- **箭头**：单击其下拉按钮，在弹出的下拉列表中可以设置线条起点端和终点端的箭头样式。
- **书法**：在"展开"和"角度"数值框中可设置轮廓线笔尖的宽度和倾斜角度。
- **填充之后**：选择该选项后，轮廓线的显示方式将调整到当前对象的后面显示。
- **随对象缩放**：选择该选项后，轮廓厚度将随着对象大小的改变而改变。
- **变量轮廓**：当选中对象为可变轮廓时，该选项才会激活。用户可以从中设置节点的位置、线条两侧的轮廓宽度等。

■4.3.2 设置轮廓线颜色和样式

选择目标图形对象，按F12键打开"轮廓笔"对话框，对其中的"颜色""宽度""风格"选项进行设置，如图4-86所示。单击"确定"按钮，效果如图4-87所示。

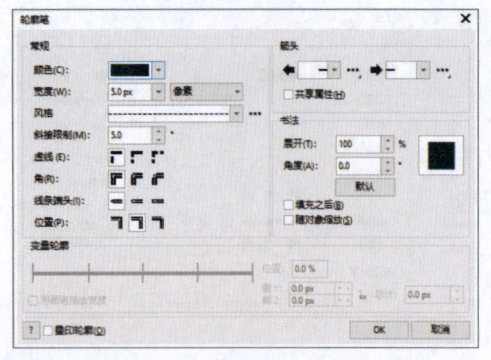

图 4-86　"轮廓笔"对话框　　　　图 4-87　应用效果

轮廓线不仅针对图形对象而存在,同时也针对绘制的曲线线条。在绘制有指向性的曲线线条时,有时会需要对其添加合适的箭头样式。

选择绘制工具,绘制未闭合的曲线线段,如图 4-88 所示。在"轮廓笔"对话框中设置参数,如图 4-89 所示。完成后单击"OK"按钮,应用效果如图 4-90 所示。

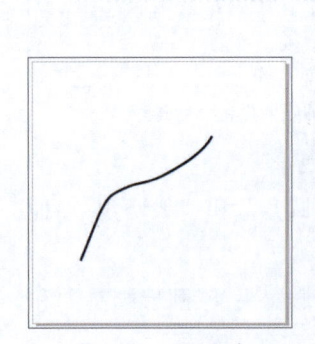

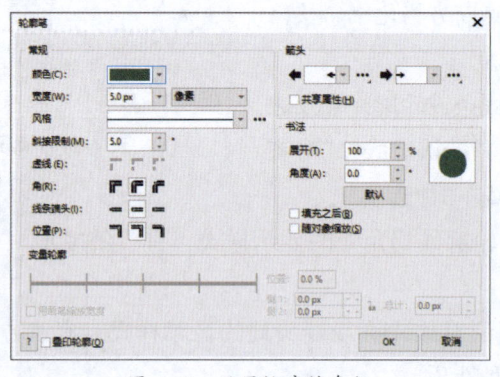

图 4-88　绘制曲线　　　　图 4-89　设置轮廓笔参数　　　　图 4-90　箭头效果

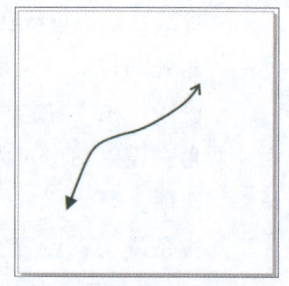

■4.3.3　变量轮廓工具

使用变量轮廓工具可将可变宽度的轮廓应用于对象。选择轮廓或线条,如图 4-91 所示。单击变量轮廓工具,在轮廓或线条上将出现一条红色虚线,移动鼠标至红色虚线上,按住鼠标左键拖动将调整对象宽度,如图 4-92 所示。释放即可应用效果,如图 4-93 所示。

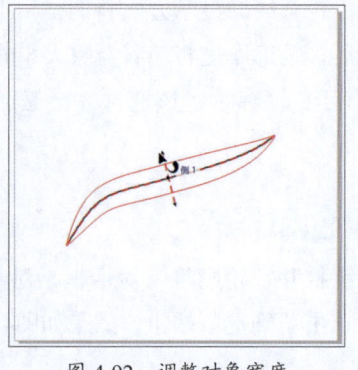

图 4-91　选择轮廓或线条　　　　图 4-92　调整对象宽度　　　　图 4-93　应用效果

实例 绘制虚线方向箭头

本案例展示如何通过手绘工具、"轮廓笔"对话框，实现虚线方向箭头的绘制。

步骤01 使用手绘工具绘制曲线，如图4-94所示。

步骤02 选择路径，按F12键，在"轮廓笔"对话框中设置基础参数，如图4-95所示。

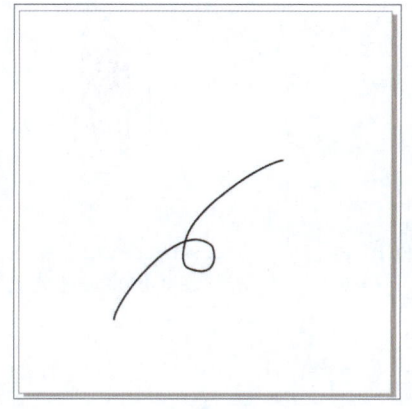

图 4-94 绘制曲线

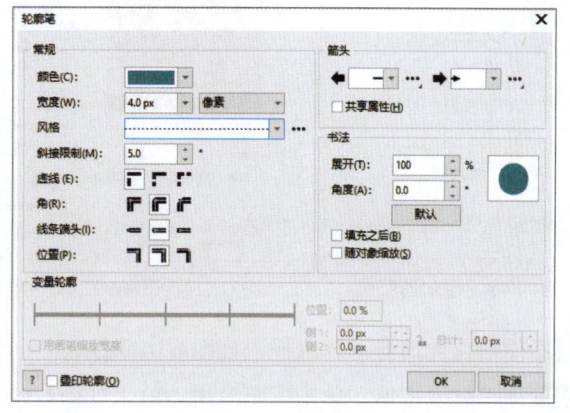

图 4-95 设置轮廓笔参数

步骤03 单击终止箭头旁的按钮，在弹出的"箭头属性"对话框中设置参数，如图4-96所示，最终效果如图4-97所示。

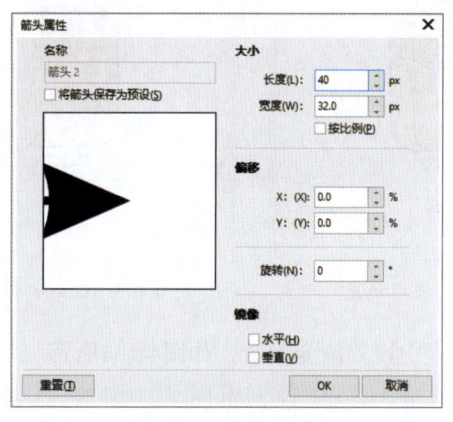

图 4-96 设置箭头属性

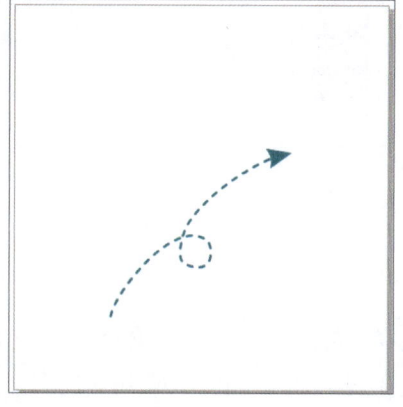

图 4-97 应用箭头效果

至此，完成虚线方向箭头的绘制。

课堂演练：绘制渐变中式灯笼

本章的课堂演练综合应用矩形、椭圆形、手绘、交互式填充、属性滴管等工具和"编辑填充"对话框，绘制渐变中式灯笼效果。

步骤01 使用矩形工具、椭圆形工具、手绘工具绘制图形，如图4-98所示。

步骤02 选择内部矩形，选择交互式填充工具，在属性栏中单击"渐变填充"按钮，继续单击"编辑填充"按钮，在弹出的"编辑填充"对话框中设置参数，如图4-99所示。

步骤03 单击"OK"按钮应用效果，如图4-100所示。

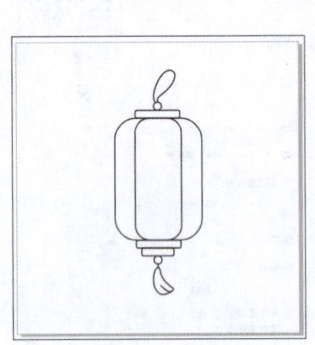

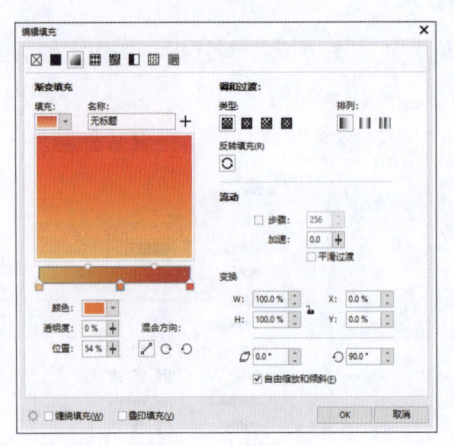

图 4-98　绘制图形

图 4-99　编辑填充

图 4-100　应用效果

步骤04 使用属性滴管工具取样，如图4-101所示。
步骤05 选择灯笼主体，单击填充应用，效果如图4-102所示。
步骤06 选择底部的路径形状，继续单击填充应用，效果如图4-103所示。

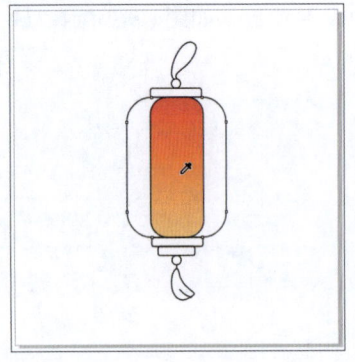

图 4-101　拾取样式

图 4-102　应用填充

图 4-103　填充底部形状

步骤07 选择底部的矩形，在"编辑填充"对话框中设置渐变参数，如图4-104所示。
步骤08 选择剩下的两个矩形，使用属性滴管工具取样填充，效果如图4-105所示。

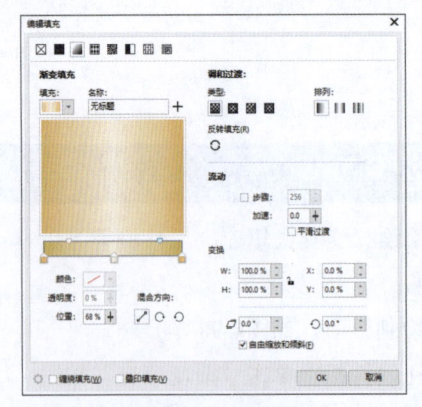

图 4-104　编辑填充

图 4-105　应用效果

步骤09 选择两个圆形，在"颜色"泊坞窗中设置参数，如图4-106所示。

步骤10 单击"填充"按钮，效果如图4-107所示。

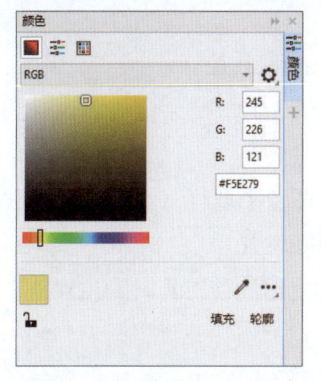

图 4-106 "颜色"泊坞窗

图 4-107 应用填充效果

步骤11 按Ctrl+A组合键全选，选择画笔工具，在属性栏中设置参数，如图4-108所示，效果如图4-109所示。

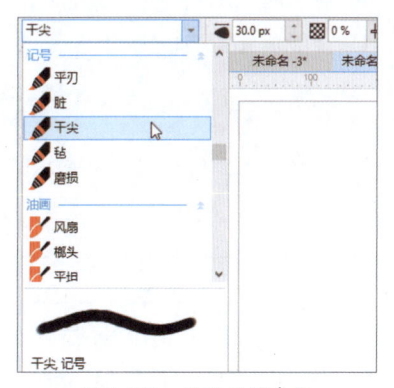

图 4-108 设置画笔参数

图 4-109 应用画笔效果

步骤12 在"颜色"泊坞窗中设置参数，如图4-110所示。

步骤13 单击"轮廓"按钮，应用效果如图4-111所示。

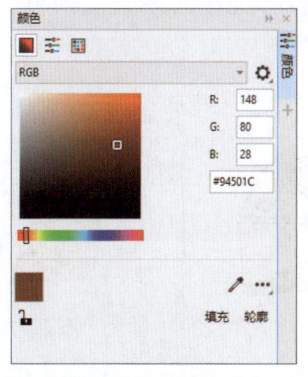

图 4-110 设置填充参数

图 4-111 填充轮廓

至此，完成渐变中式灯笼的绘制。

课后作业

一、选择题

1. 在CorelDRAW中，用于直接选择并应用颜色的工具是（　　）。
   A. 画笔工具　　　　　　　　　　B. 颜色滴管工具
   C. 橡皮擦工具　　　　　　　　　D. 渐变工具

2. 在使用颜色滴管工具时，默认情况下它会从图像中取样（　　）的颜色。
   A. 鼠标当前所在位置　　　　　　B. 图像中心位置
   C. 预先设定的固定位置　　　　　D. 上一次使用滴管工具时的位置

3. 不属于均匀填充的常用方法的是（　　）。
   A. 使用调色板选择颜色并填充　　B. 通过"颜色"泊坞窗精确设置颜色并填充
   C. 应用渐变效果　　　　　　　　D. 使用颜色滴管工具从图像中取样颜色并填充

4. 使用（　　）可取样对象的属性、变换效果和特殊效果。
   A. 颜色滴管工具　　　　　　　　B. 网状填充工具
   C. 属性滴管工具　　　　　　　　D. 智能填充工具

二、填空题

1. 颜色滴管工具主要应用于吸取画面中图形的颜色，包括_____、_____、_____和_____。
2. CorelDRAW提供了3种图样填充类型：_____、_____和_____。
3. CorelDRAW提供了4种不同的渐变类型：_____、_____、_____和_____。
4. 底纹填充可以为对象添加_____效果，增加图像的视觉层次和细节。

三、上机题

上机实操1：奶酪上色

为已有的线性图形填充颜色，图4-112～图4-114为填充颜色的过程展示图。

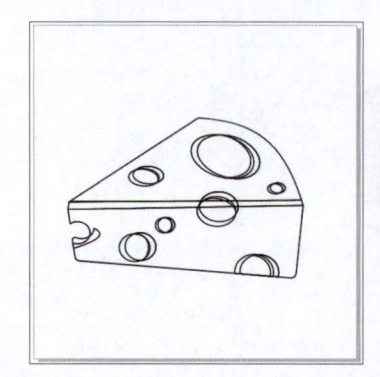

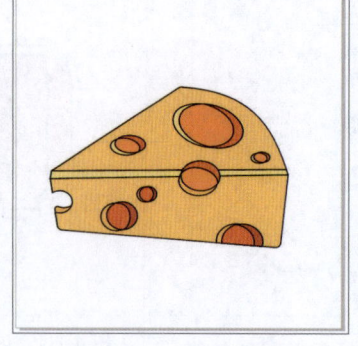

图4-112　打开素材　　　　　图4-113　填充颜色　　　　　图4-114　轮廓线为无

思路提示：
- 选择路径形状，在"颜色"泊坞窗中填充颜色。
- 相同的颜色可以使用颜色滴管工具取样填充。
- 全选后更改轮廓宽度为无。

上机实操2：制作弥散渐变背景

制作弥散背景效果，图4-115～图4-117分别为制作弥散背景效果的过程展示图。

图 4-115　绘制矩形　　　　图 4-116　创建网格填充　　　　图 4-117　调整节点

思路提示：
- 绘制和文档等大的矩形，并设置填充颜色与轮廓颜色。
- 使用网状填充工具填充网格并分别填充颜色。
- 将光标移动到节点上，拖动调整显示状态。

模块 5　对象编辑

内容概要

本模块主要介绍对象的编辑操作。对象的编辑是使用CorelDRAW开展设计工作的重要一环，可以帮助用户精确调整图形的外观和表现，创造出更具视觉冲击力和艺术感的作品。通过深入学习本模块内容，用户能够掌握对象的编辑，从而更加自如地操控设计元素，实现创意效果。

知识要点

- 图形对象的基本操作。
- 变换对象。
- 管理对象。
- 编辑对象。

数字资源

【本模块素材】
"素材文件\模块5"目录下
【本模块课堂演练最终文件】
"素材文件\模块5\课堂演练"目录下

5.1 图形对象的基本操作

图形对象是指在CorelDRAW中绘制或编辑的图形，它是CorelDRAW的核心元素。了解图形对象的基本操作，可以帮助用户更高效地使用CorelDRAW，增强对图形元素的掌控能力，提升创作的灵活性和准确性，从而创作出更具创意性和专业性的作品。

■5.1.1 选择与移动对象

选择对象是实现编辑操作的必要条件。若想选择单一对象，使用选择工具▷单击图形对象即可。若想选择多个对象，可以使用选择工具通过框选或按住Shift键单击加选均可，如图5-1和图5-2所示。

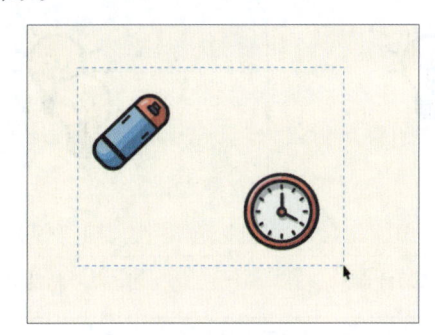

图 5-1　框选对象 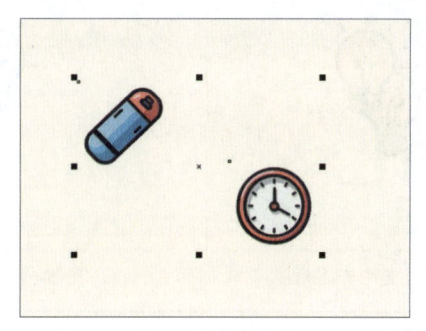　　　　图 5-2　选中对象

选中对象后，按住鼠标左键可拖动要移动的对象，还可以通过按住Ctrl键来约束移动方向。

■5.1.2 复制与粘贴对象

复制对象与粘贴对象一般结合使用。复制对象是指将一个图形对象的内容复制到剪贴板中，以便在同一文档或其他文档中粘贴使用。该操作可以重复使用已有的图形元素，节省绘图操作时间。

选中对象，执行"编辑"→"复制"命令或按Ctrl+C组合键复制对象，再执行"编辑"→"粘贴"命令或按Ctrl+V组合键粘贴对象，将在图形当前位置上复制出一个完全相同的图形对象。按住鼠标左键拖曳，可将复制的对象移动到任意位置，如图5-3和图5-4所示。

图 5-3　选中复制对象 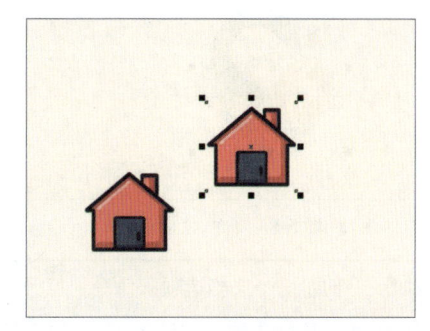　　　　图 5-4　复制并移动对象

5.1.3 剪切与粘贴对象

剪切对象可以将选中的图形对象剪切到剪贴板中，以便粘贴至当前文档或其他文档中，该操作中原始对象将被删除。

选中对象，执行"编辑"→"剪切"命令或按Ctrl+X组合键剪切对象，将所选对象剪切到剪贴板，此时被剪切对象消失，再执行"编辑"→"粘贴"命令或按Ctrl+V组合键粘贴，剪切的对象粘贴到原位置，但图像顺序发生了改变，粘贴对象位于最顶端，如图5-5～图5-7所示。

图 5-5 选中下层对象 　　　图 5-6 剪切对象 　　　图 5-7 粘贴对象

知识点拨 剪切对象和粘贴对象可以在不同的图形文件或页面之间进行操作，以方便用户快速应用图形内容。

5.1.4 再制对象

再制对象与复制类似，可以在绘图窗口中直接放置一个副本，但不需要使用剪贴板，因此速度更快。再制对象时，副本与原始对象之间将沿X轴和Y轴产生一定位移。

选中图形对象，执行"编辑"→"生成副本"命令或按Ctrl+D组合键可再制对象，如图5-8和图5-9所示。

图 5-8 选中对象 　　　图 5-9 再制对象

知识点拨 执行"布局"→"文档选项"命令，打开"选项"对话框中的"常规"选项卡，从中可以设置再制偏移的水平和垂直距离。

■5.1.5 步长和重复

使用"步长和重复"命令可以在指定位置创建对象的副本。在"步长和重复"泊坞窗中，用户还可以精确设置副本的偏移间距和数量。

选中图形对象，执行"编辑"→"步长和重复"命令或按Ctrl+Shift+D组合键，绘图区域右侧将自动显示"步长和重复"泊坞窗，如图5-10所示。从中设置参数，设置完成后单击"应用"按钮即可，图5-11为设置步长和重复后的效果。

图 5-10 "步长和重复"泊坞窗　　图 5-11 步长和重复效果

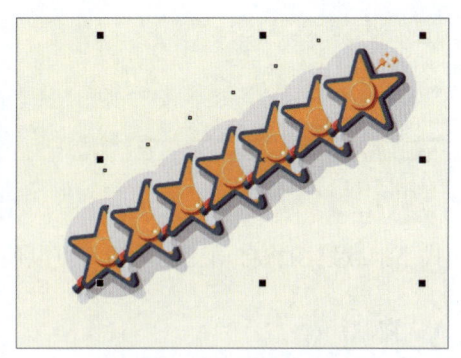

5.2 变换对象

变换对象赋予了图形更加灵活、多样的表现力，通过镜像、对称、克隆等操作，用户可以轻松调整图形，增强作品的视觉表现力。

■5.2.1 镜像对象

镜像是指在水平或垂直方向翻转对象。选中对象，在属性栏中单击"水平镜像"按钮 或"垂直镜像"按钮 即可，图5-12和图5-13为水平镜像前后对比效果。

图 5-12 原对象　　图 5-13 水平镜像对象

■5.2.2 对称对象

对称对象是指沿对称轴复制并翻转对象。选中对象，执行"对象"→"对称"→"创建新对称"命令，绘图区域将自动出现对称轴和对称对象，如图5-14所示。用户可以通过调整对称轴，改变对称效果，如图5-15所示。调整后，单击绘图区域左上角的"完成"按钮即可。

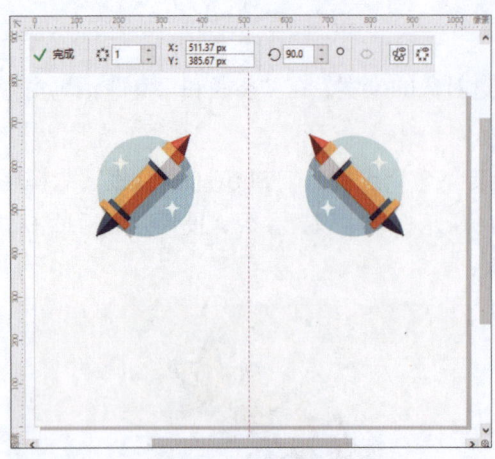

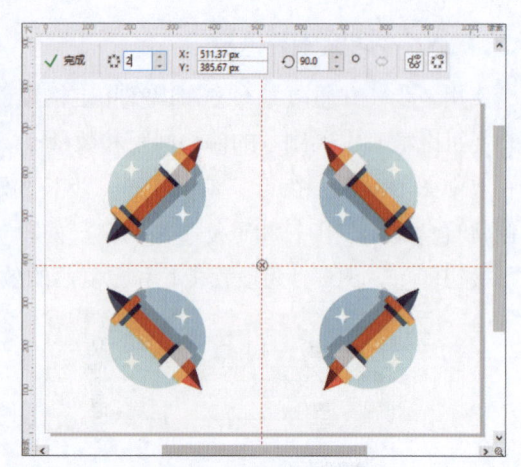

图 5-14 对称对象　　　　　　　　图 5-15 调整对称轴效果

在对称模式下继续绘图将自动对称，用户可以使用该命令绘制复杂而又对称的纹路效果。

■ 5.2.3 克隆对象

克隆对象是指创建链接到原始对象的对象副本，在原始对象中进行的任何更改都将反映在克隆对象中，而对克隆对象作出的更改，将不会影响原始对象。

选中对象，执行"编辑"→"克隆"命令将创建克隆对象，该对象默认位于原对象的正上方或侧边，如图5-16所示。用户可以移动克隆的对象到任何位置。由于它是一个独立的对象，因此移动、缩放或旋转不会影响原始对象，如图5-17所示。

图 5-16 克隆对象　　　　　　　　图 5-17 调整克隆对象

使用还原为原始对象功能可以移除对克隆对象所做的更改。选择克隆对象，单击鼠标右键，在弹出的菜单中执行"还原为主对象"命令，在弹出的"还原为主对象"对话框中，可对还原的对象属性进行设置，如图5-18所示。单击"OK"键应用即可，如图5-19所示。

图 5-18 "还原为主对象"对话框　　　　图 5-19 还原克隆对象效果

■5.2.4 对象的自由变换

图形对象可以直接使用选择工具进行变换，也可以通过自由变换工具进行变换。

1. 直接变换图形对象

选中图形对象，对象四周将出现控制点，将光标定位到四周控制点按住鼠标左键拖动，可以进行等比例缩放，如图5-20所示。如果按住四周中间的控制点进行拖动，可以单独调整宽度或高度，此时对象的缩放将无法保持等比例缩放，如图5-21所示。

图 5-20　等比例缩放　　　　图 5-21　非等比例缩放

若想旋转图形对象，可以选中图形对象，在属性栏的"旋转角度"数值框中输入数值，按Enter键即可；也可以在选择图形对象后，单击该对象，对象周围将出现旋转控制点，将鼠标光标移动到控制点上，按住鼠标左键拖曳，如图5-22所示。调整到合适的位置后释放鼠标，图形对象会发生相应的变化，如图5-23所示。

图 5-22　旋转对象　　　　图 5-23　旋转对象效果

当对象处于旋转状态下，对象四周中间的控制点变为倾斜控制点。按住鼠标左键并拖动，对象将产生倾斜效果，如图5-24和图5-25所示。

图 5-24　倾斜对象　　　　图 5-25　倾斜对象效果

2. 使用工具自由变换对象

自由变换工具 是专为图形的灵活变换而设计的。使用该工具，用户可以对图形对象进行自由旋转、镜像、调节和扭曲等多种操作。长按选择工具 ，在弹出的工具列表中选择自由变换工具，属性栏中将出现该工具的属性选项，如图5-26所示。

图 5-26　自由变换工具属性栏选项

部分常用选项的作用介绍如下：

- **自由旋转** ：单击该按钮，在图像上任意位置按住鼠标左键拖曳时，鼠标单击处将作为旋转中心点，旋转到合适位置后释放鼠标，选中的对象将围绕该中心点进行旋转。
- **自由角度反射** ：单击该按钮，按住鼠标左键拖曳，拖曳对象将以鼠标拖曳起始处为轴线进行反射。该工具一般与属性栏中的"应用到再制"按钮 结合使用，可以快速复制出想要的镜像图形效果。
- **自由缩放** ：单击该按钮，在图像上任意位置按住鼠标左键拖曳时，拖曳对象将以鼠标单击处为缩放中心进行缩放，一般与属性栏中的"应用到再制"按钮结合使用。
- **自由倾斜** ：单击该按钮，按住鼠标左键拖曳，拖曳对象将以鼠标拖曳起始处为轴线进行倾斜。
- **应用到再制** ：单击该按钮，对图形执行旋转等相关操作的同时会自动生成一个新的图形，这个图形即变换后的图形，而原图形保持不动，图5-27和图5-28为选中该按钮后进行角度反射的前后对比效果。

图 5-27　原对象　　　　　　　　图 5-28　角度反射效果

■5.2.5　精确变换对象

编辑图形对象时，用户可以通过属性栏和"变换"泊坞窗进行精确控制，以确保所有变换都在可控范围内。

1. 使用属性栏变换图形对象

使用选择工具选择图形对象后，属性栏中将显示相应的属性参数，如图5-29所示。

图 5-29　选择工具属性栏选项

在该属性栏中的"对象位置""对象大小""缩放因子"和"旋转角度"数值框中输入相应的数值,将对图形对象进行相应的变换。单击"缩放因子"选项右侧的"锁定比率"按钮,还可对比率进行锁定。

针对图形对象的角,可以在"角"泊坞窗进行调整。以矩形为例,选中后,执行"窗口"→"泊坞窗"→"角"命令,打开"角"泊坞窗,如图5-30所示。从中选择角的类型,并进行设置,绘图页面将出现预览的蓝色线条效果,如图5-31所示。单击"应用"按钮,将按照设置调整矩形形状。

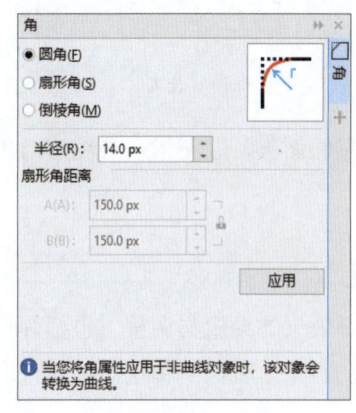

图 5-30 "角"泊坞窗

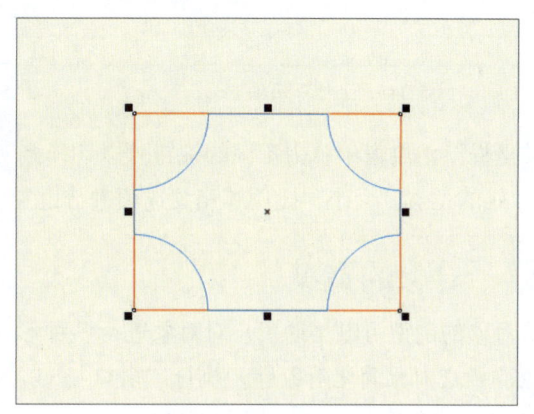

图 5-31 扇形角预览效果

2. 使用"变换"泊坞窗变换图形对象

执行"窗口"→"泊坞窗"→"变换"命令,或按Alt+F7组合键,将打开"变换"泊坞窗,如图5-32所示。用户可以单击"位置""旋转""缩放和镜像""大小"和"倾斜"按钮,切换到不同的面板。图5-33为使用旋转变换后的效果。

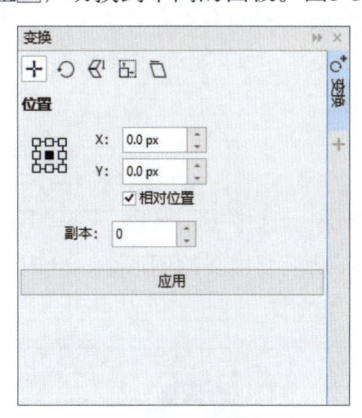

图 5-32 "变换"泊坞窗

图 5-33 旋转变换

■5.2.6 对象的坐标

在CorelDRAW中,可以使用坐标对图形在整个页面中的位置进行精确调整。执行"窗口"→"泊坞窗"→"坐标"命令,打开"坐标"泊坞窗,如图5-34所示。在修改过程中,绘图页面将实时预览修改的样式,如图5-35所示。

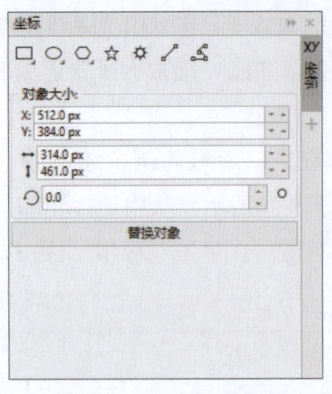

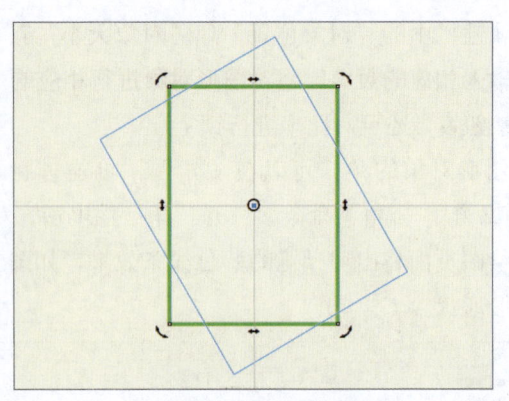

图 5-34 "坐标"泊坞窗　　　　　图 5-35 更改坐标预览效果

在"坐标"泊坞窗中单击不同的按钮可以切换到对应的面板，以便用户对图形对象在页面中X轴和Y轴的位置、大小、比例等相关选项进行设置。

■5.2.7 对象的造型

图形对象的造型可以帮助用户对对象进行各种形状和效果的编辑与调整，包括焊接对象、修剪对象、相交对象简化对象等。执行"窗口"→"泊坞窗"→"形状"命令，打开"形状"泊坞窗，如图5-36所示。

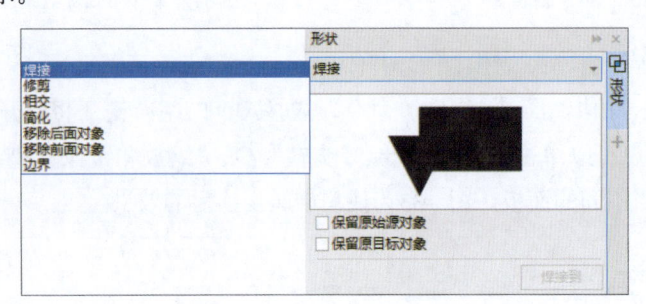

图 5-36 "形状"泊坞窗

1. 焊接

使用焊接可以合并多个对象以创建具有单一轮廓的对象。选中图形对象，在"形状"泊坞窗中选择"焊接"选项，单击"焊接到"按钮，将光标移动至要接合的图形上，此时鼠标光标变为 状，单击鼠标左键完成焊接造型，如图5-37和图5-38所示。

图 5-37 原对象　　　　　图 5-38 焊接效果

2. 修剪

修剪是指通过移除重叠的对象区域来创建形状不规则的对象的过程，修剪过程中只删除这两个对象重叠的部分，而不改变对象的填充和轮廓属性。选中两个图形对象，在"形状"泊坞窗中选择"修剪"选项，单击"修剪"按钮，将鼠标光标移动至要修剪的图形上，光标变为形状，单击鼠标左键完成修剪造型。光标放在不同的图形上，会有不同的效果，如图5-39和图5-40所示。

图 5-39　不同的修剪效果（1）　　　　图 5-40　不同的修剪效果（2）

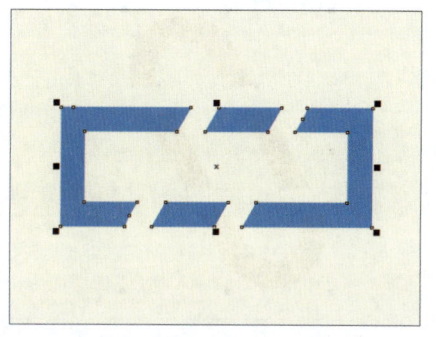

3. 相交

使用相交可以保留两个对象的重叠区域，新对象的填充和轮廓属性取决于定义为目标对象的对象，即单击"相交对象"按钮后单击的图形对象。

选中图形对象，在"形状"泊坞窗中选择"相交"选项，单击"相交对象"按钮，将鼠标光标移动至目标图形上，光标变为形状，单击鼠标左键完成相交造型，如图5-41所示。

4. 简化

简化是修剪操作的快速方式，即沿两个对象的重叠区域进行修剪。选中两个图形对象，在"形状"泊坞窗中选择"简化"选项，单击"应用"按钮即可。使用选择工具移动图形，可看到简化后的图形效果，如图5-42所示。

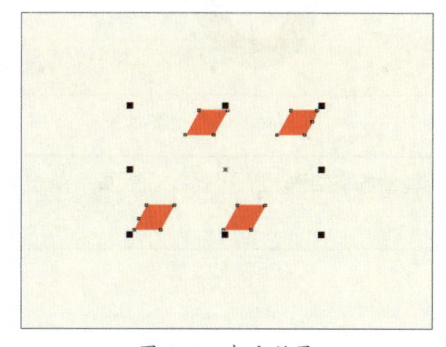

图 5-41　相交效果　　　　图 5-42　简化效果

5. 移除后面对象

移除后面对象是指利用下层对象的形状减去上层对象中的部分。选中两个图形对象，在"形状"泊坞窗中选择"移除后面对象"选项，单击"应用"按钮，此时下层对象消失，同时上层对象中下层对象形状范围内的部分也被删除，类似于修剪效果，如图5-43所示。

6. 移除前面对象

移除前面对象是指利用上层对象的形状减去下层对象中的部分。选中两个图形对象，在"形状"泊坞窗中选择"移除前面对象"选项，单击"应用"按钮，此时上层对象消失，同时下层对象中上层对象形状范围内的部分也被删除，类似于修剪效果，如图5-44所示。

图 5-43　移除后面对象效果　　　　图 5-44　移除前面对象效果

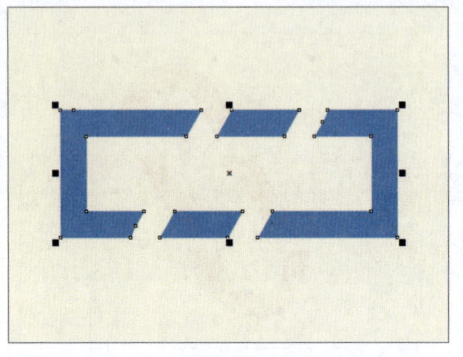

7. 边界

使用边界可以在选定对象的周围创建路径，从而创建边界。选中多个图形对象，在"形状"泊坞窗中选择"边界"选项，单击"应用"按钮，图形对象上方将自动出现一个新的形状路径，如图5-45所示，在属性栏中可设置参数进行调整，效果如图5-46所示。

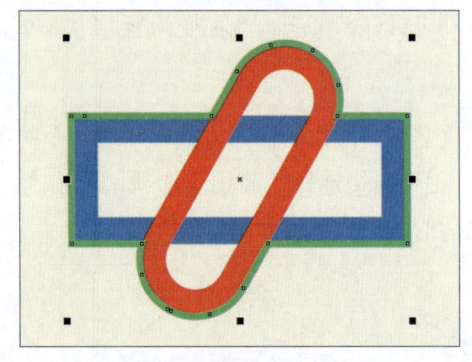

图 5-45　边界效果　　　　图 5-46　调整边界效果

> **知识点拨**　选中两个图像对象时，属性栏中将出现造型的按钮组，单击各选项按钮，即可应用对应的造型效果。

实例　绘制花纹

本案例利用画笔工具、对称对象等绘制花纹。

步骤 01　新建一个1 024×1 024 px的空白文档，如图5-47所示。

步骤 02　执行"布局"→"文档选项"命令，打开"选项"对话框，选择"背景"选项卡设置背景，如图5-48所示。单击"OK"按钮应用设置。

扫码观看视频

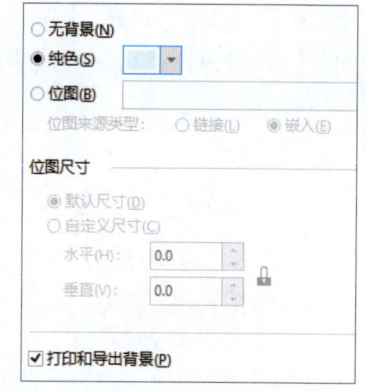

图 5-47　新建空白文档　　　　　图 5-48　设置背景

步骤 03 执行"对象"→"对称"→"创建新对称"命令，创建对称，如图5-49所示。

步骤 04 设置镜像线条数量为10，调整镜像线条位置，使其中心与页面居中，如图5-50所示。

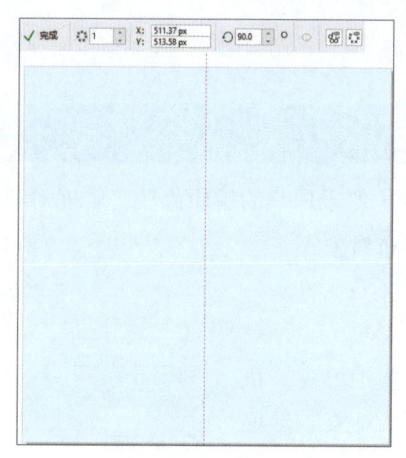

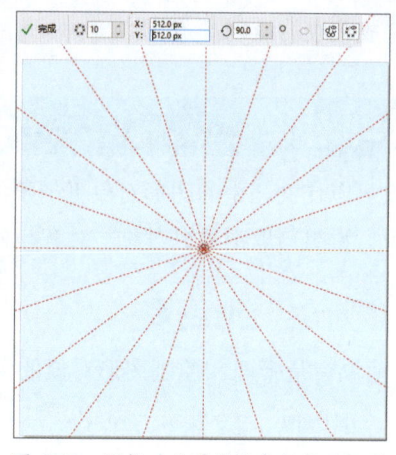

图 5-49　创建对称　　　　　图 5-50　调整对称镜像线条数量及位置

步骤 05 选择画笔工具，在属性栏中设置笔刷参数，在绘图区域绘制图像，如图5-51所示。

步骤 06 继续绘制图像，期间可以选择不同的绘画工具进行绘制，如图5-52所示。

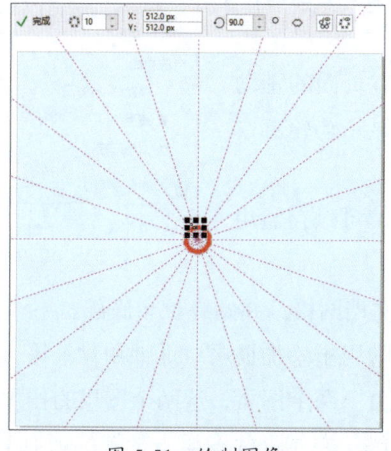

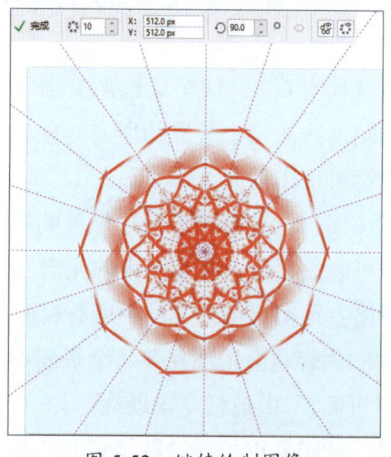

图 5-51　绘制图像　　　　　图 5-52　继续绘制图像

步骤 07 单击绘图区域左上角的"完成"按钮完成绘制,如图5-53所示。
步骤 08 使用相同的方法,还可以绘制不同的花纹效果,如图5-54所示。

图 5-53　完成绘制　　　　　图 5-54　其他绘制效果

至此,完成花纹的绘制。

5.3　管理对象

管理对象可以使文档中的图形对象更加整洁,便于用户的编辑修改。管理对象主要包括锁定与解除对象、群组与取消群组对象、对齐与分布对象等。

■5.3.1　"对象"泊坞窗

"对象"泊坞窗是管理和控制图形对象的主要泊坞窗。执行"窗口"→"泊坞窗"→"对象"命令,打开"对象"泊坞窗,如图5-55所示。

泊坞窗中默认包括"主页面"和"页面1","主页面"中包含了应用于文档中所有的虚拟信息,默认情况下包括以下3个图层:辅助线(所有页)、桌面和文档网络。这3个图层的作用介绍如下:

- **辅助线(所有页)**:该图层包含文档中所有页面的辅助线。在辅助线图层上放置的所有对象将仅显示为轮廓,这些轮廓可用作辅助线。
- **桌面**:该图层包含绘图页面边框外的对象,可以存储用户稍后可能需要包含在绘图中的元素。
- **文档网格**:该图层包含文档中所有页面的文档网格,并始终位于底部。

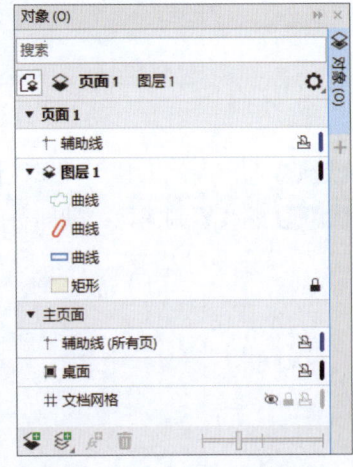

图 5-55　"对象"泊坞窗

主页面中的内容将会出现在每一个页面中,常用于添加页眉、页脚和背景等。

默认的"页面1"中包括"辅助线"和"图层1"两个图层,这两个图层的作用介绍如下:

- **辅助线**:该图层用于存储特定页面的辅助线。在辅助线图层上放置的所有对象将仅显示为轮廓，这些轮廓可用作辅助线。
- **图层1**：该图层是默认的局部图层。在页面上绘制对象时，除非选择其他图层，否则对象将自动添加至此图层。

■5.3.2　调整对象顺序

对象的顺序影响绘图区域中的显示效果，用户可以根据需要调整对象顺序。选中对象后，执行"对象"→"顺序"命令，在弹出的子菜单中执行相应的命令即可，如图5-56所示。也可以在"对象"泊坞窗中拖曳调整：执行"窗口"→"泊坞窗"→"对象"命令，打开"对象"泊坞窗，选择要调整顺序的对象，拖曳调整顺序即可。

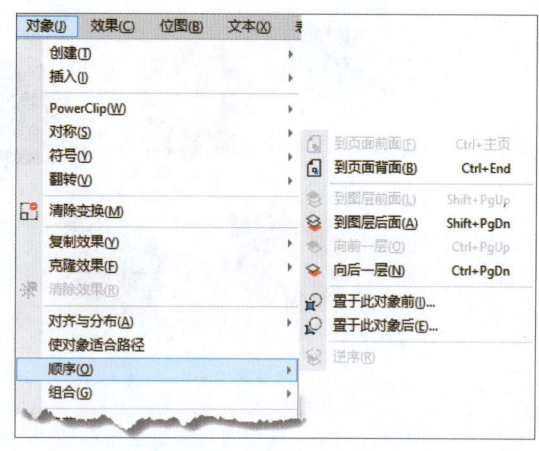

图5-56　"顺序"子菜单

■5.3.3　锁定与解锁对象

将对象锁定后，将不能再对其进行编辑，此操作可以有效避免误操作。

选中需要锁定的对象，单击鼠标右键，在弹出的快捷菜单中执行"锁定"命令即可。锁定后，对象四周的控制点将变成锁形状🔒，如图5-57所示。选中锁定对象，单击鼠标右键，在弹出的快捷菜单中执行"解锁"命令，可解除锁定状态，如图5-58所示。执行"对象"→"锁定"→"全部解锁"命令，可以快速解锁文档中所有锁定对象。

图5-57　锁定对象　　　　图5-58　解锁对象

> **知识点拨**　用户也可以通过执行"对象"→"锁定"→"锁定"命令锁定与解除锁定对象，或在"对象"泊坞窗中单击"锁定"按钮🔒和"解锁"按钮进行锁定与解除锁定的操作。

■5.3.4　群组和取消群组

群组可以将多个对象组合成一个整体，使用户能够同时对群组内的所有对象应用相同的操作，但群组内的对象保留各自的属性。

选中要群组的对象，单击鼠标右键，在弹出的快捷菜单中执行"组合"命令或按Ctrl+G组合键即可完成群组，如图5-59所示。用户也可以在"对象"泊坞窗中选中对象，将其拖曳至另一对象上进行群组，如图5-60所示。

图 5-59　群组对象　　　　　　　　　图 5-60　拖曳群组

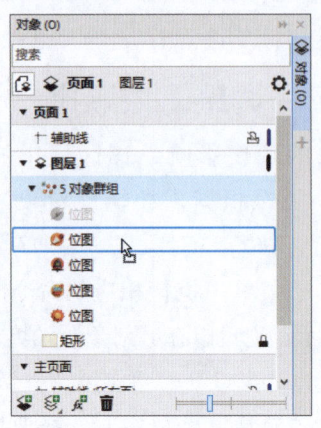

> **知识点拨**　按住Ctrl键，使用选择工具单击群组中的对象，可以单独选中对象进行编辑。

若想取消群组，可以在选中群组对象后，单击鼠标右键，在弹出的快捷菜单中执行"取消群组"命令或按Ctrl+U组合键取消群组，该操作可以将群组拆分为单个对象，或将嵌套群组拆分为多个群组。若要取消所有群组，在弹出的快捷菜单中执行"全部取消组合"命令即可。

在"对象"泊坞窗中，选中群组中的对象，拖曳至群组外，可从群组中移除该对象，如图5-61和图5-62所示。

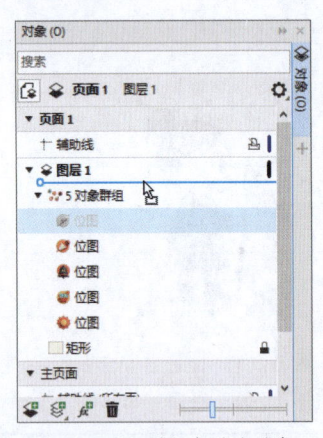

图 5-61　从群组中移除对象　　　　　　图 5-62　移除效果

> **知识点拨**　可以从不同的图层中选择对象进行分组，但一旦对象被分组，它们将位于同一图层上并互相堆叠。

5.3.5　合并与拆分

合并两个或多个对象可以创建一个具有共同填充和轮廓属性的单一对象。选择两个对象，如图5-63所示，单击属性栏中的"合并"按钮 或按Ctrl+L组合键均可合并对象，如图5-64所示。

图 5-63　选中对象　　　　　　　图 5-64　合并对象

拆分可以将合并的图形拆分为多个独立个体。在属性栏中单击"拆分"按钮或按Ctrl+K组合键，图像将被分为一个个单独的个体，如图5-65和图5-66所示。

图 5-65　拆分对象　　　　　　　图 5-66　拆分后移动对象

5.3.6　对齐与分布

对齐与分布对象可以使页面更加整齐，提升整体的视觉效果，该操作主要是在"对齐与分布"泊坞窗中进行，如图5-67所示。

其中部分常用选项的作用介绍如下：

- **"对齐"选项组**：用于设置对象对齐，在中单击所需按钮确定对齐参考点后，单击上方的对齐按钮进行对齐即可。图5-68为与页面垂直居中对齐的效果。
- **"分布"选项组**：用于设置3个及以上对象的分布。在中单击所需按钮设置对象分布区域后，单击上方的分布按钮进行分布即可。图5-69为设置水平分散排列中心的效果。

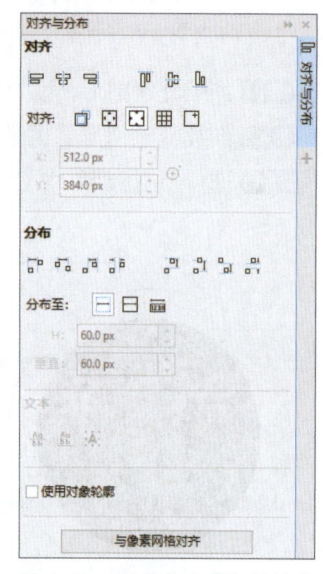

图 5-67　"对齐与分布"泊坞窗

图 5-68　垂直居中对齐效果　　　　图 5-69　水平分散排列中心效果

105

实例 绘制射击靶盘

本案例利用缩放比率、对齐与分布绘制射击靶盘。

步骤 01 新建一个1 024×1 024 px的空白文档，使用椭圆形工具绘制一个圆形，设置填充为白色，轮廓为黑色，如图5-70所示。

步骤 02 选中绘制的圆形，在"对齐与分布"泊坞窗的"对齐"选项组中单击"页面中心"按钮，然后单击"水平居中对齐"按钮和"垂直居中对齐"按钮，设置圆形与页面中心中心对齐，效果如图5-71所示。

步骤 03 选中圆形，按Ctrl+C组合键复制，按Ctrl+V组合键粘贴，在属性栏中单击"缩放比率"按钮，设置数值为90%，效果如图5-72所示。

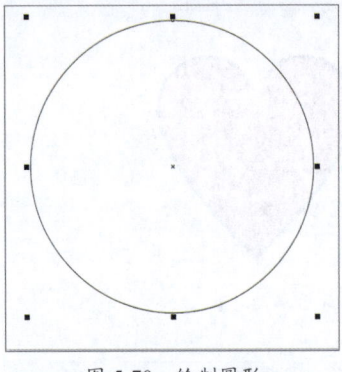

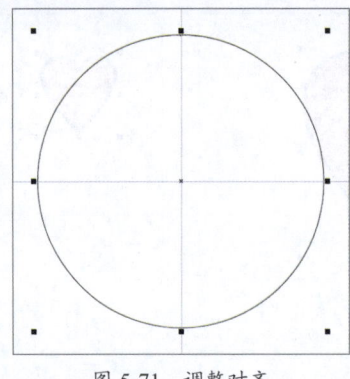

图 5-70 绘制圆形　　图 5-71 调整对齐　　图 5-72 复制圆形并调整

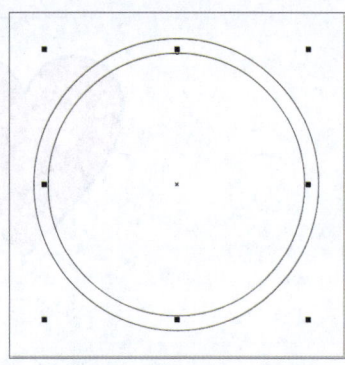

步骤 04 继续复制圆形，设置缩放比率为80%，并调整填充为黑色、轮廓为白色，如图5-73所示。

步骤 05 继续复制圆形并调整，效果如图5-74所示。

步骤 06 选中所有圆形，按Ctrl+G组合键群组。使用文本工具单击输入文本，重复多次，如图5-75所示。

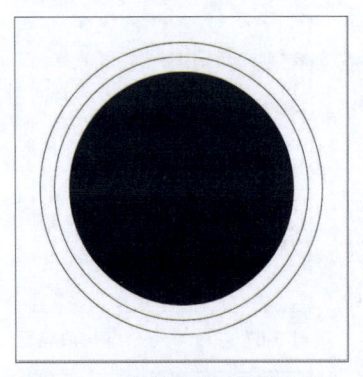

图 5-73 复制圆形并调整（1）　　图 5-74 复制圆形并调整（2）　　图 5-75 输入文本

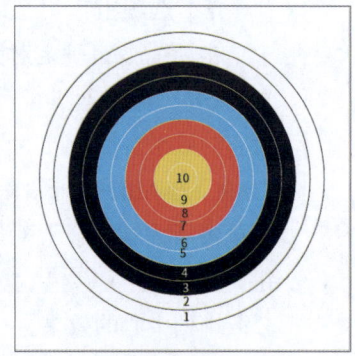

步骤 07 选中数字10，在"对齐与分布"泊坞窗的"对齐"选项组中单击"页面中心"按钮，然后单击"水平居中对齐"按钮和"垂直居中对齐"按钮，设置数字与页面中心中心对齐。选中数字1～9，单击"水平居中对齐"按钮，设置数字与页面中心水平中心对齐，单击"垂直分散排列中心"按钮，设置数字垂直分布，效果如图5-76所示。

步骤08 使用相同的方法，输入并对齐分布其他数字文本，如图5-77所示。

至此，完成射击靶盘的绘制。

图 5-76　调整对齐与分布　　　　图 5-77　射击靶盘效果

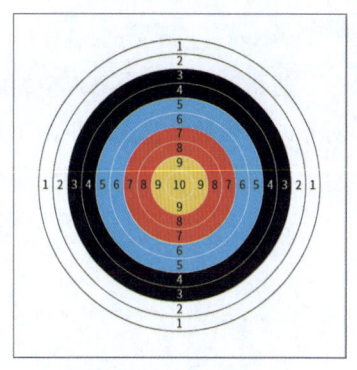

5.4　编辑对象

CorelDRAW提供了多种工具，如形状工具、平滑工具、涂抹工具等，以帮助用户对曲线形状进行编辑。

■5.4.1　形状工具

形状工具主要用于控制节点，选择多个节点时，可同时为对象的不同部分造型。使用形状工具在曲线线段上选择节点时，将显示蓝色控制手柄，如图5-78所示。通过移动节点和控制手柄，可以调整曲线线段的形状，如图5-79所示。

图 5-78　选择节点　　　　图 5-79　调整节点

单击属性栏中的"添加节点"按钮，或在形状路径上双击，均可添加节点，如图5-80所示。选择节点，按Delete键或单击"删除节点"按钮，均可删除节点，如图5-81所示。

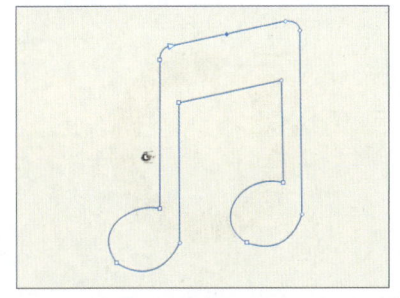

图 5-80　添加节点　　　　图 5-81　删除节点

5.4.2 平滑工具

使用平滑工具沿对象轮廓拖动,可以去除凹凸的边缘,使对象更加平滑,同时减少曲线对象的节点数量。选中平滑工具,在属性栏中可以设置笔尖半径与平滑速度。设置完成后,在对象的边缘处进行拖曳调整即可,平滑前后效果如图5-82和图5-83所示。

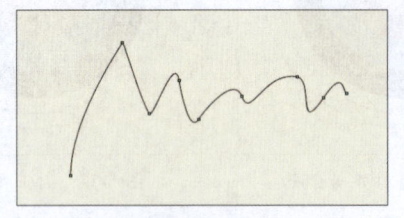

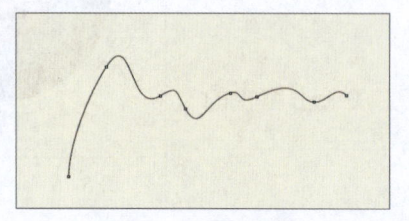

图 5-82 原线条　　　　　图 5-83 平滑后线条

5.4.3 涂抹工具

使用涂抹工具沿对象轮廓延长或缩进,可以改变对象造型。选择涂抹工具,在属性栏中设置笔刷大小、压力、平滑涂抹或尖状涂抹等。设置完成后,在对象的边缘处拖动调整即可,图5-84和图5-85为涂抹前后效果。

图 5-84 原图像　　　　　图 5-85 涂抹后效果

5.4.4 转动工具

使用转动工具可以沿对象的边缘创建旋涡效果。选择转动工具,在属性栏中可以设置笔尖半径、转动速度、转动方向等。设置完成后,移动鼠标至对象边缘,长按鼠标左键,将发生转动效果,时间越长,转动效果越强烈。图5-86和图5-87分别为逆时针转动效果和顺时针转动效果。

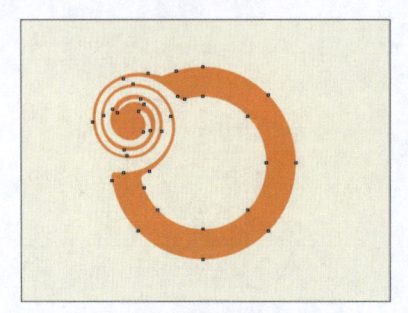

图 5-86 逆时针转动效果　　　　　图 5-87 顺时针转动效果

■5.4.5 吸引和排斥工具

使用吸引和排斥工具可以将节点吸引到光标或从光标处推离,从而改变对象形状。在属性栏中选择吸引和排斥工具,在属性栏中单击"吸引工具"按钮,移动鼠标至要调整对象的节点上,按住鼠标左键,按住鼠标的时间越长,光标范围内的节点越靠近,如图5-88和图5-89所示。单击"排斥工具"按钮,节点将远离光标处。

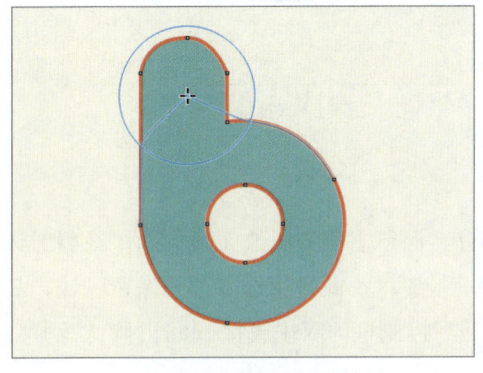

图 5-88 吸引预览效果

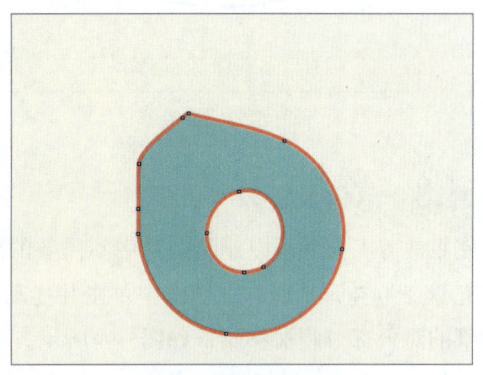

图 5-89 吸引效果

知识点拨 单击对象内部或外部靠近其边缘处,然后按住鼠标左键可重塑边缘。在按住鼠标左键的同时进行拖动,可以取得更加显著的效果。

■5.4.6 弄脏工具

使用弄脏工具可以沿对象的轮廓拖动工具以使其变形。选择弄脏工具,若要涂抹对象内部,可以从对象外部向内拖动,如图5-90所示。若要涂抹外部对象,可以从对象内部向外拖动,如图5-91所示。

图 5-90 向内涂抹对象

图 5-91 向外涂抹对象

■5.4.7 粗糙工具

使用粗糙工具可以改变对象的边缘,使其呈现出锯齿状或尖突状的效果。选择粗糙工具,在属性栏中设置笔尖半径、改变粗糙区域中的尖突频率、尖突方向等数值。设置完成后,移动鼠标至图形边缘处,按住鼠标左键拖曳使之变形。图5-92和图5-93为变形前后效果。

图 5-92　原图像　　　　　　　　图 5-93　粗糙后效果

■5.4.8　裁剪工具

使用裁剪工具可以删除图片中不需要的部分，保留需要的图像区域。选择裁剪工具，当鼠标光标变为形状时，在图像中单击并拖动裁剪控制框。此时框选部分为保留区域，裁剪区域外部的对象部分将被移除，如图5-94所示。在裁剪控制框内双击或按Enter键确认裁剪，裁剪后得到的效果如图5-95所示。

图 5-94　绘制裁剪控制框　　　　　图 5-95　裁剪效果

如果未在绘图页面上选择任何对象，则将裁剪绘图中的所有对象，如图5-96和图5-97所示。要注意的是，使用裁剪工具不能裁剪位于锁定图层、隐藏图层、网格图层、辅助图层上以及PowerClip对象的内容等。

图 5-96　绘制裁剪控制框　　　　　图 5-97　裁剪效果

知识点拨　在属性栏中设置旋转角度参数，再次单击裁剪框可以旋转，按Enter键确认裁剪。

■ 5.4.9 刻刀工具

使用刻刀工具 可以沿用户指定的路径切割对象、对象组和位图，将矢量图形或位图图像拆分为多个独立对象。选择刻刀工具，在属性栏中可选择2点线模式、手绘模式、贝塞尔模式、剪切时自动闭合等选项，如图5-98所示。

图 5-98　刻刀工具属性栏选项

以手绘模式为例，当鼠标光标变为 状时，按住鼠标左键拖曳绘制，如图5-99所示。释放鼠标，图形将被分为两个部分，使用选择工具可移动图形，如图5-100所示。

图 5-99　绘制切割路径

图 5-100　切割效果

■ 5.4.10 橡皮擦工具

使用橡皮擦工具 可以快速擦除矢量图形或位图图像中的部分内容，从而调整图像效果。选择橡皮擦工具，在属性栏中可以选择擦除笔尖的形状（圆形或方形），同时还可以调整橡皮擦厚度、笔压、笔倾斜等，如图5-101所示。

图 5-101　橡皮擦工具属性栏选项

设置完成后，在要擦除的位置拖动鼠标将擦除光标涂抹处的内容，图5-102和图5-103为擦除前后对比效果。

图 5-102　原图像

图 5-103　擦除效果

单击开始擦除的位置，再单击要结束擦除的位置，可以以直线方式擦除，如图5-104和图5-105所示。

图 5-104　单击创建直线　　　　　　图 5-105　直线擦除效果

■5.4.11　虚拟段删除工具

使用虚拟段删除工具 可以删除对象交叉的部分，如线条自身的结、线段中两个或更多对象重叠的结。选择虚拟段删除工具，在需要删除的线段处单击即可删除。若要删除多个线段，可以按住鼠标左键并拖动创建选取框，释放鼠标可以删除选框内的线段，如图5-106和图5-107所示。

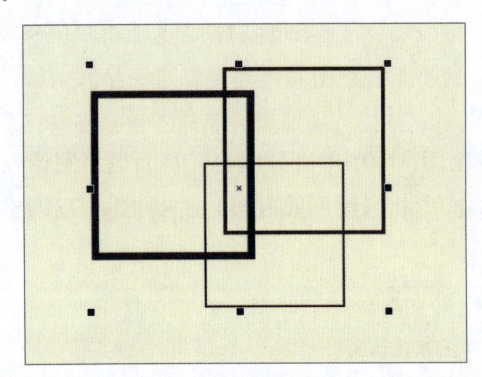

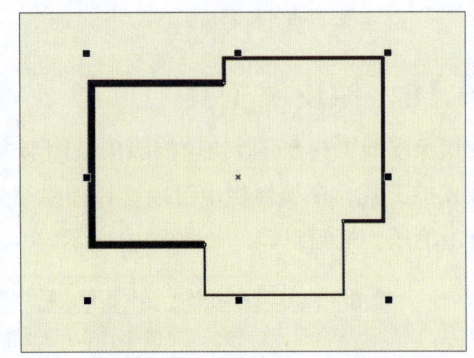

图 5-106　选中图像　　　　　　图 5-107　删除内部线段

实例　绘制荷包蛋插画

本案例利用椭圆形工具、涂抹工具绘制荷包蛋插画。

步骤 01 使用AIGC工具通过输入关键词"麻布质感背景"生成图像，如图5-108所示。选择左下角的图像保存并裁剪。

扫码观看视频

图 5-108　生成图像

步骤 02 新建一个1 024×768 px的空白文档，按Ctrl+I组合键导入上一步保存的图像，并设置与页面居中对齐，如图5-109所示。

图 5-109　导入图像

步骤 03 在"对象"面板中锁定位图，如图5-110所示。

步骤 04 选择椭圆形工具，在绘图区域拖曳绘制椭圆，设置轮廓为黑色、填充颜色为#F1EDE1，效果如图5-111所示。

图 5-110　锁定位图

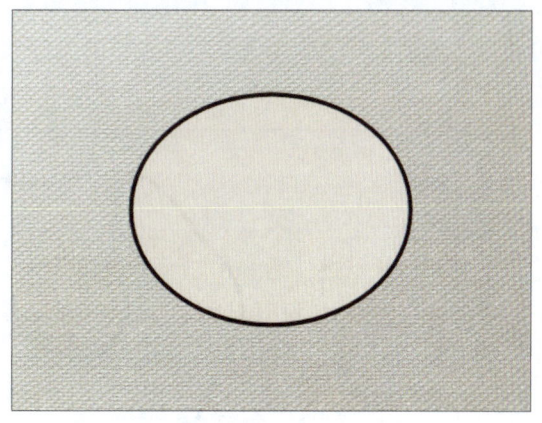

图 5-111　绘制椭圆

步骤 05 选中绘制的椭圆，选择涂抹工具，设置较大的笔尖半径，在椭圆上按住鼠标左键涂抹，如图5-112所示。

步骤 06 使用相同的方法，多次涂抹调整，效果如图5-113所示。

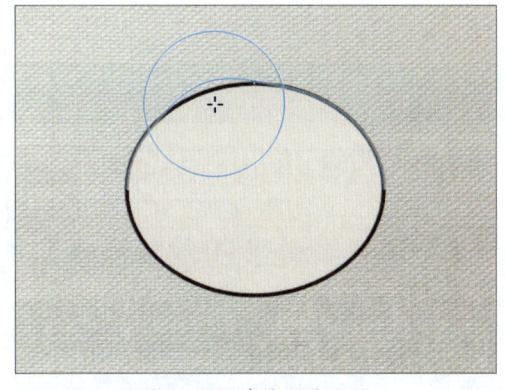

图 5-112　涂抹预览效果

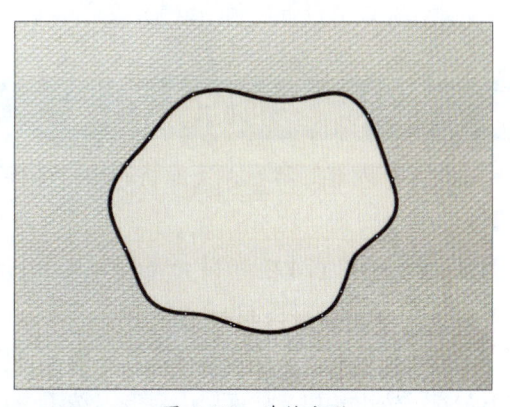

图 5-113　涂抹变形

CorelDRAW基础与应用案例教程

步骤 07 选择椭圆形工具,在涂抹后的椭圆上方绘制圆形,设置轮廓为黑色、填充为#ECC701,如图5-114所示。

步骤 08 使用涂抹工具调整变形,如图5-115所示。

图 5-114 绘制圆形　　　　　　　　　图 5-115 涂抹变形

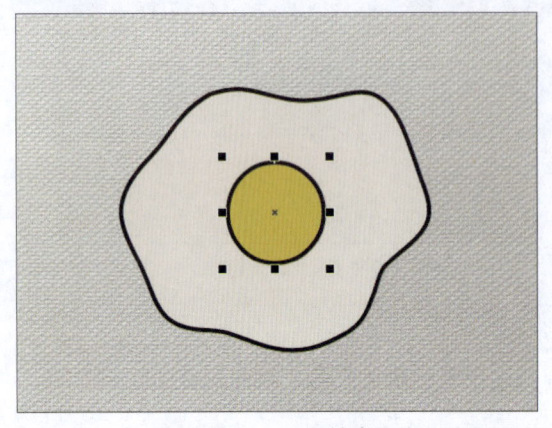

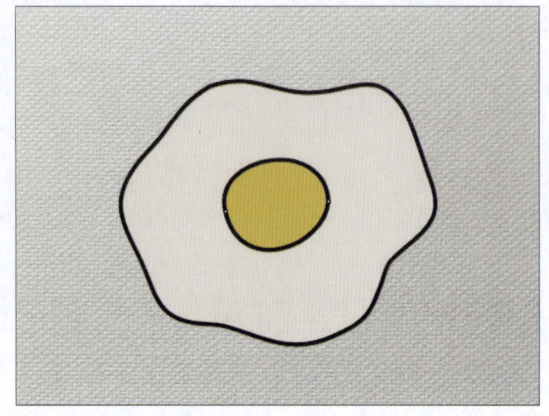

步骤 09 使用艺术笔工具绘制线条,并设置轮廓为白色,以制作高光效果,如图5-116所示。

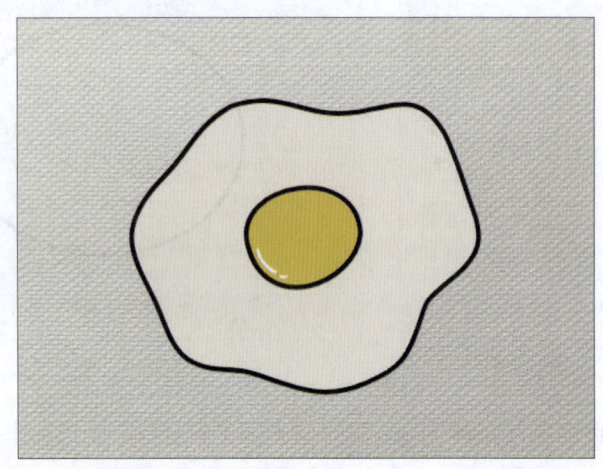

图 5-116 绘制高光

至此,完成荷包蛋插画的绘制。

课堂演练:绘制钟表图标

经过本章内容的学习,下面将利用"变换"泊坞窗、"形状"泊坞窗等绘制钟表图标。

步骤 01 新建一个1 024×1 024 px的空白文档,使用椭圆形工具绘制一个圆形,设置轮廓为黑色、轮廓宽度为20.0 px,效果如图5-117所示。

步骤 02 选中绘制的圆形,在"对齐与分布"泊坞窗中单击"页面中心"按钮,然后单击"水平居中对齐"按钮和"垂直居中对齐"按钮,设置圆形与页面中心中心对齐,效果如图5-118所示。

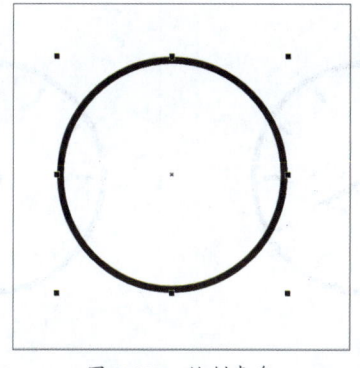

图 5-117　绘制表盘　　　　　　　图 5-118　调整对齐

步骤 03 使用2点线工具绘制线段，设置轮廓宽度为16.0 px、端头为圆形端头，并设置线段与页面水平居中对齐，如图5-119所示。

步骤 04 选中绘制的线段，在"变换"泊坞窗中设置参数，如图5-120所示。

步骤 05 完成后单击"应用"按钮，效果如图5-121所示。

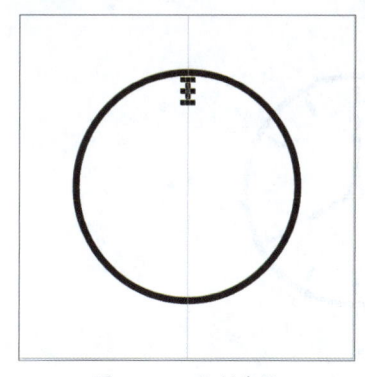

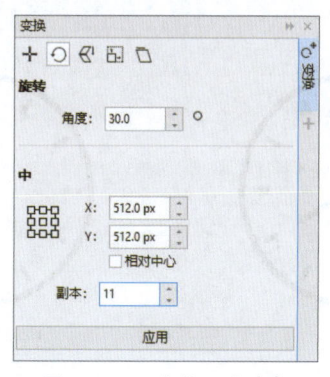

图 5-119　绘制线段　　　　图 5-120　"变换"泊坞窗　　　　图 5-121　变换效果

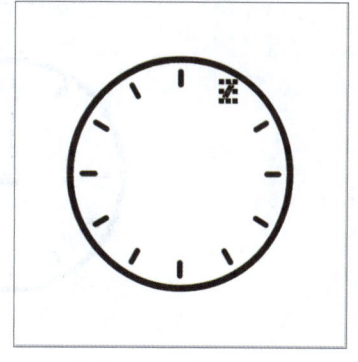

步骤 06 使用2点线工具绘制线段，设置线段与页面水平居中对齐，如图5-122所示。

步骤 07 选中绘制的线段，按Ctrl+C组合键复制，按Ctrl+V组合键粘贴，使用选择工具缩短线段，如图5-123所示。

步骤 08 选中复制的线段，在"变换"泊坞窗中设置参数，如图5-124所示，效果如图5-125所示。

图 5-122　绘制分针　　　　图 5-123　复制并缩短线段　　　　图 5-124　设置变换

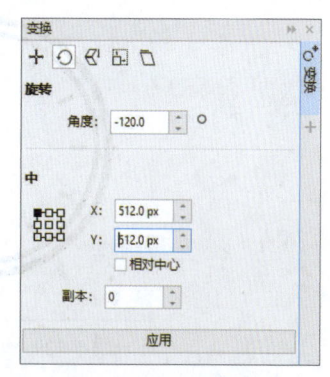

步骤09 使用椭圆形工具绘制圆形，如图5-126所示。

图 5-125 设置时针位置　　　图 5-126 绘制圆形

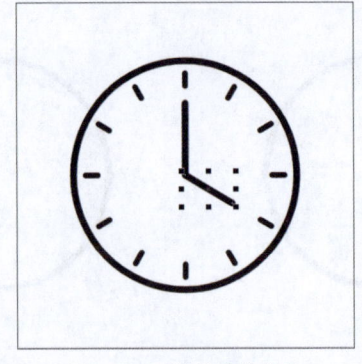

步骤10 选中页面中心的两根线段，在"形状"泊坞窗中选择"焊接"选项，单击"焊接到"按钮，在这两根线段中的任意一根上单击焊接线段，效果如图5-127所示。

步骤11 选中焊接后的线段和小圆，在"形状"泊坞窗中选择"简化"选项，单击"应用"按钮，效果如图5-128所示。

图 5-127 焊接线段　　　图 5-128 简化效果

步骤12 选中最外圈的大圆，按Ctrl+C组合键复制，按Ctrl+V组合键粘贴，调整大小和轮廓宽度，如图5-129所示。

步骤13 选中所有图形对象，设置轮廓颜色为棕色（#6c5558），如图5-130所示。

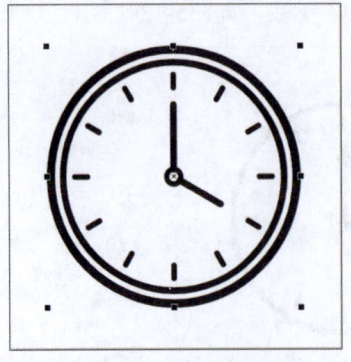

图 5-129 复制并调整圆形　　　图 5-130 调整颜色

至此，完成钟表图标的绘制。

课后作业

一、选择题

1. 绘制曲线后，使用（　　）工具可以调整其节点。
   A. 手绘选择　　　　　　　　　　　　B. 形状工具
   C. 选择工具　　　　　　　　　　　　D. 自由变换工具
2. 使两个对象合并为一个单独的对象，需要使用（　　）。
   A. 修剪　　　　　　　　　　　　　　B. 简化
   C. 焊接　　　　　　　　　　　　　　D. 相交
3. 想要精确控制对象的位置，可以使用（　　）。
   A."坐标"泊坞窗　　　　　　　　　　B."形状"泊坞窗
   C."对象"泊坞窗　　　　　　　　　　D."视图"泊坞窗
4. 若想在多个对象之间创建均匀的间距，可以使用CorelDRAW中的（　　）功能。
   A. 群组　　　　　　　　　　　　　　B. 对齐
   C. 组合　　　　　　　　　　　　　　D. 分布

二、填空题

1. 再制对象时，可以在"_____"对话框中设置水平和垂直偏移的参数。
2. 使用_____可以快速复制对象，并保留相同的属性，且更改原始对象时，未更改的_____也会产生相应的变化。
3. 打开"变换"泊坞窗的组合键是_____。
4. 若想查看文档中所有对象的层次结构，需要在"_____"泊坞窗中进行。

三、上机题

上机实操1：绘制加载图标

绘制加载图标，图5-131～图5-133分别为绘制加载图标的过程展示图。

图5-131　绘制线段　　　　图5-132　旋转复制　　　　图5-133　调整颜色

思路提示：

- 选择矩形工具绘制矩形。
- 使用形状工具调整矩形圆角。
- 使用"变换"泊坞窗旋转复制。
- 调整圆角矩形填充。

上机实操2：制作镂空文本效果

制作镂空文本效果，图5-134～图5-136分别为制作镂空效果的过程展示图。

图 5-134 导入位图 　　　　　　　　图 5-135 导入位图并输入文本

图 5-136 移除前面对象

思路提示：

- 使用AIGC工具生成背景图像，并导入。
- 使用文本工具输入文本。
- 选中文本和背景，使用"形状"泊坞窗中的"移除前面对象"选项制作镂空效果。

模块 6　图形特效

内容概要

CorelDRAW中的图形特效为用户提供了丰富的创作可能性，使得矢量图形的表现力更加多样化。本模块将对图形特效进行详解，包括阴影效果、轮廓图效果、混合效果、变形效果、封套效果、立体化效果、块阴影效果、透明度效果等。通过应用这些特效，可以使普通、单调的矢量图形呈现出特殊的视觉效果，增强作品的创意与个性。

知识要点

- 认识图形特效。
- 图形特效的创建。
- 图形特效的调整。

数字资源

【本模块素材】
"素材文件\模块6"目录下
【本模块课堂演练最终文件】
"素材文件\模块6\课堂演练"目录下

6.1 认识图形特效

图形特效是指通过对图形对象应用阴影、立体化、透明度等多种特殊效果，并进行调整，使图形呈现出不同的视觉效果。这些特效不仅能够增强设计的深度和层次感，还能赋予图形独特的个性和风格。

CorelDRAW提供了多种图形特效工具，包括阴影工具、轮廓图工具、混合工具等，用户可以灵活运用这些工具，结合其他的绘图工具和形状编辑功能，创建出丰富多样的设计效果。

6.2 阴影效果

使用阴影可以增强对象的立体感和透视感，丰富空间层次。CorelDRAW提供了专门的阴影工具以创建阴影。

6.2.1 认识阴影工具

使用阴影工具可以创建逼真的阴影效果。选中该工具，在属性栏中可以设置阴影的方向、颜色等属性参数。添加阴影后，将激活阴影不透明度、阴影羽化等更多属性参数，如图6-1所示。

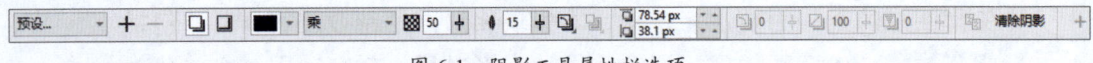

图 6-1　阴影工具属性栏选项

其中部分常用选项的作用介绍如下：
- **预设**：该下拉列表中包括软件提供的预设阴影效果，包括平面左上、内发光、内边缘等。
- **内阴影工具**：单击该按钮将激活内阴影效果。
- **阴影颜色**：用于设置阴影的颜色。
- **合并模式**：用于设置阴影颜色与下层对象颜色的混合方式，默认为乘。
- **阴影不透明度**：用于设置阴影的不透明度，数值越小，阴影越透明。
- **阴影羽化**：用于设置阴影边缘的柔化程度，数值越大，边缘越柔和。
- **羽化方向**：用于设置羽化的方向，包括高斯式模糊、向内、中间、向外和平均5个选项。
- **羽化边缘**：用于设置羽化类型，包括线性、方形的、反白方形和平面4个选项。
- **阴影角度**：用于设置阴影的方向。
- **阴影延展**：用于设置阴影的长度。
- **阴影淡出**：用于设置阴影边缘的淡出程度。

6.2.2 添加阴影效果

选中文档中的对象，选择阴影工具，移动鼠标至对象上，按住鼠标左键拖曳即可，如图6-2和图6-3所示。用户也可以从属性栏的预设下拉列表中选择预设，添加阴影效果，如图6-4所示。

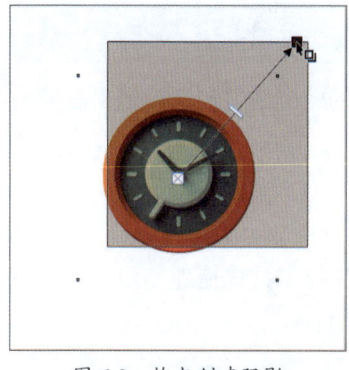

图 6-2 拖曳创建阴影　　　　　图 6-3 阴影效果　　　　　图 6-4 预设阴影效果

知识点拨 从不同的位置拖曳，将创建不同的阴影效果。

■ 6.2.3 调整阴影效果

选中添加阴影效果的对象，在属性栏中设置参数，将影响阴影效果，图6-5～图6-7分别为调整颜色、调整透明度、调整羽化的效果。

图 6-5 调整阴影颜色效果　　图 6-6 调整阴影透明度效果　　图 6-7 调整阴影羽化效果

在属性栏中，用户还可以调整阴影的合并模式，使其与背景更加协调。图6-8～图6-10分别为设置合并模式为差异、红、蓝的效果。

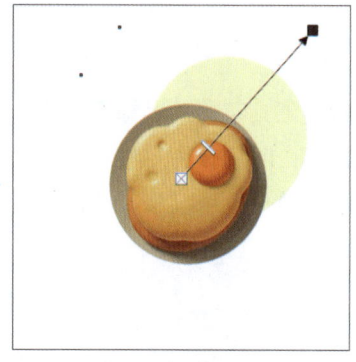

图 6-8 差异模式效果　　　　图 6-9 红模式效果　　　　图 6-10 蓝模式效果

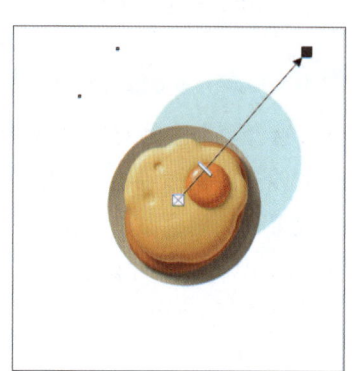

6.3 轮廓图效果

轮廓图效果是指在图形对象的外部与中心之间添加不同样式的轮廓线，创造出风格各异的轮廓效果。

6.3.1 认识轮廓图工具

轮廓图工具是专用于创建轮廓图效果的工具，用户可以使用该工具快捷地创建不同的轮廓效果。选择轮廓图工具，在属性栏中可以设置属性参数，如图6-11所示。

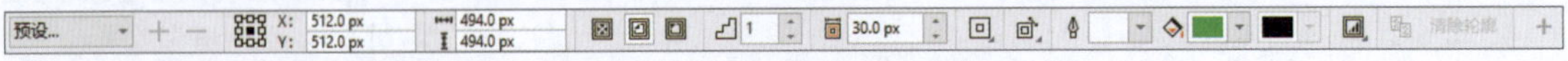

图 6-11 轮廓图工具属性栏选项

其中部分常用选项的作用介绍如下：

- **轮廓偏移方向按钮组**：该组中包含了"到中心"按钮、"内部轮廓"按钮和"外部轮廓"按钮。单击各个按钮，可设置轮廓图的偏移方向。
- **轮廓图步长**：用于调整轮廓图步长的数量，将直接关系到图形对象的轮廓数。当数值设置合适时，可使对象轮廓达到一种较为平和的状态。
- **轮廓图偏移**：用于调整轮廓之间的间距。
- **轮廓图角**：用于设置轮廓图的角类型，包括斜接角、圆角和斜切角3种。
- **轮廓色方向**：用于设置轮廓色的颜色渐变序列，包括线性轮廓色、顺时针轮廓色和逆时针轮廓色3种。单击各个按钮，将根据色相环中不同的颜色方向进行渐变处理。
- **轮廓色**：用于设置所选图形对象的轮廓色。
- **填充色**：用于设置所选图形对象的填充色。
- **最后一个填充挑选器**：该按钮在图形填充了渐变效果时方能激活，单击该按钮，可在其中设置带有渐变填充效果图形的结束色。
- **对象和颜色加速**：单击该按钮打开弹出选项面板，从中可设置轮廓图对象及其颜色的应用状态。通过调整滑块，可以调整轮廓图的偏移距离和颜色。
- **清除轮廓**：应用轮廓图效果之后，单击该按钮即可清除轮廓效果。

6.3.2 添加轮廓图效果

选择页面中的对象，选中轮廓图工具，移动鼠标至对象上，按住鼠标左键拖曳，将按照现有的轮廓图属性创建轮廓图，如图6-12所示。用户也可以在属性栏中调整参数，软件将自动根据设置创建轮廓图，如图6-13所示。用户也可以从属性栏的预设下拉列表中选择预设，添加轮廓图效果，如图6-14所示。

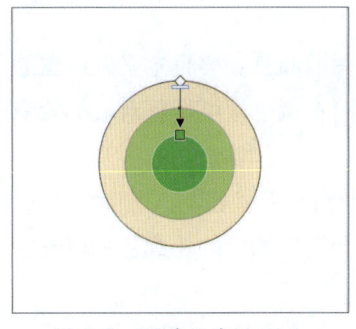

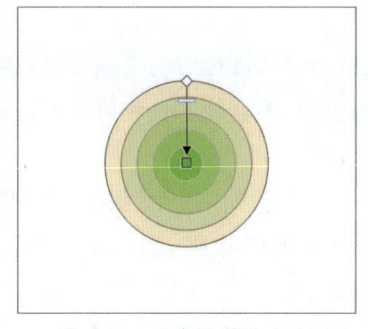

图 6-12 创建轮廓图（1）　　　图 6-13 创建轮廓图（2）　　　图 6-14 创建预设轮廓图

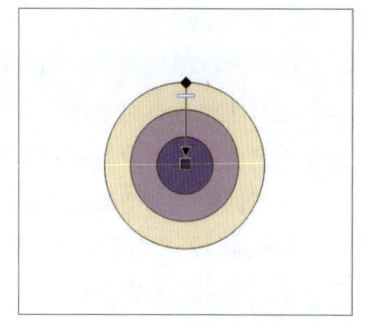

6.3.3 调整轮廓图效果

选中添加轮廓图效果的对象，在属性栏中设置参数，将影响轮廓图效果。

1. 调整轮廓图的偏移方向

在轮廓图工具的属性栏中选择所需的轮廓偏移方向按钮，将改变轮廓图的偏移方向。选择页面中的图形对象，单击轮廓图工具，在属性栏中单击"到中心"按钮▣，此时软件自动更新图形的大小，形成到中心的图形效果，如图6-15所示。单击"内部轮廓"按钮▣，设置步长，此时图形效果发生变化，如图6-16所示。单击"外部轮廓"按钮▣，设置步长，此时图形效果发生变化，如图6-17所示。

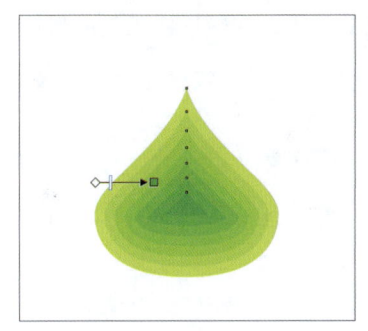

图 6-15 到中心效果　　　图 6-16 内部轮廓效果　　　图 6-17 外部轮廓效果

设置偏移方向和步长后，用户可以通过"轮廓图偏移"▣属性调整对象中轮廓间的间距。图6-18～图6-20为设置不同间距的效果。

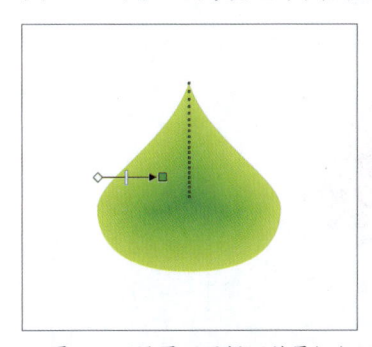

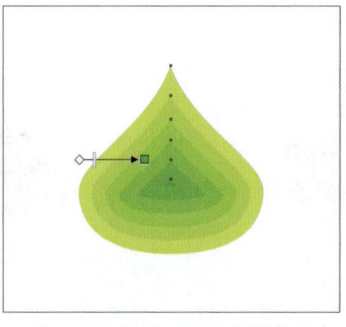

图 6-18 设置不同间距效果（1）　　　图 6-19 设置不同间距效果（2）　　　图 6-20 设置不同间距效果（3）

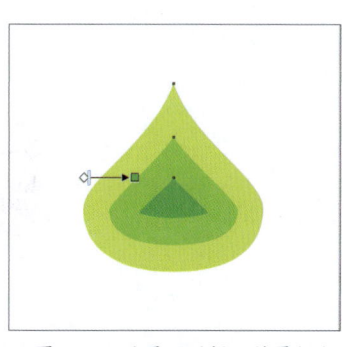

2. 调整轮廓图颜色

设置轮廓图效果后，用户可以通过属性栏中的选项设置轮廓图的颜色。要自定义轮廓图的轮廓色和填充色，可直接在属性栏中更改其轮廓色和填充色，也可在调色板中调整对象的轮廓色和填充色，以更改对象轮廓色效果。

若要调整轮廓图颜色方向，可以通过单击属性栏中的"线性轮廓色"按钮、"顺时针轮廓色"按钮或"逆时针轮廓色"按钮来实现。图6-21～图6-23为设置相同的轮廓色和填充色后，单击不同的方向按钮后得到的效果。

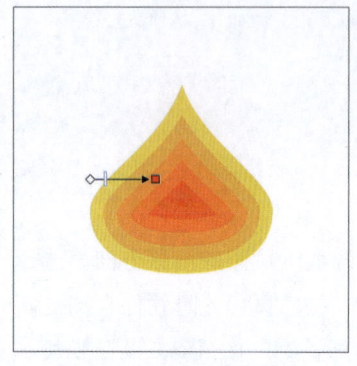

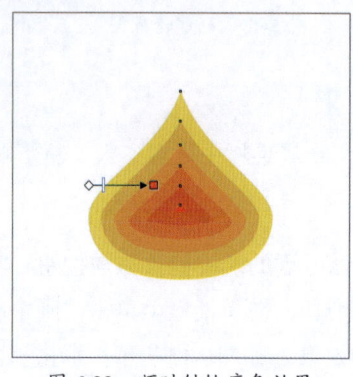

图 6-21　线性轮廓色效果　　　图 6-22　顺时针轮廓色效果　　　图 6-23　逆时针轮廓色效果

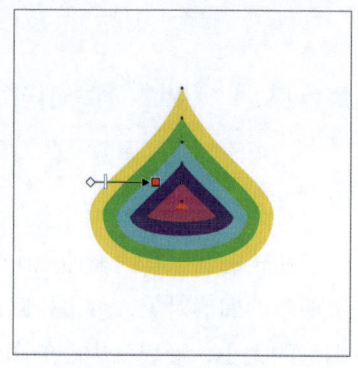

3. 加速轮廓图的对象和颜色

加速轮廓图的对象和颜色可以调整对象轮廓偏移间距和颜色的效果。在轮廓图工具的属性栏中单击"对象和颜色加速"按钮，将打开"加速"选项设置面板，如图6-24所示。默认情况下，加速对象和颜色为锁定状态，即调整其中一项，则另一项也会随之调整。

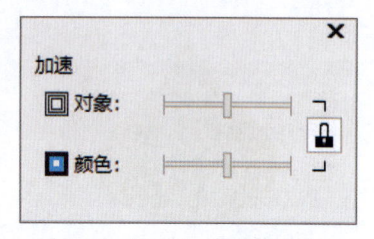

图 6-24　"加速"选项设置面板

单击"锁定"按钮解锁后，可分别调整"对象"和"颜色"的加速效果。图6-25和图6-26分别调整"对象"和"颜色"选项时的图形效果。

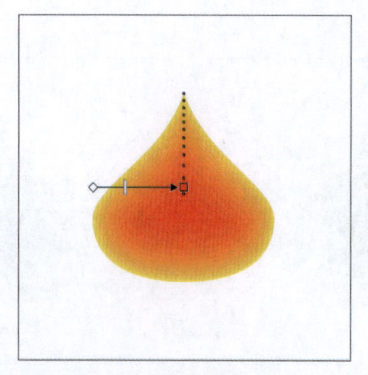

图 6-25　调整对象加速效果　　　图 6-26　调整颜色加速效果

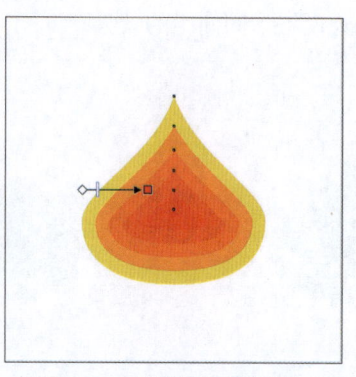

6.4 混合效果

混合效果是指创建多个对象之间的平滑过渡和渐变，增强作品的视觉效果。本节将对混合效果进行介绍。

6.4.1 "混合"泊坞窗

CorelDRAW提供了"混合"泊坞窗，便于用户设置调整混合效果。执行"窗口"→"泊坞窗"→"效果"→"混合"命令，打开"混合"泊坞窗，如图6-27所示。

选中混合对象，在"混合"泊坞窗中可对混合的调和步长、调和间距、调和对象、调和方向等进行调整。

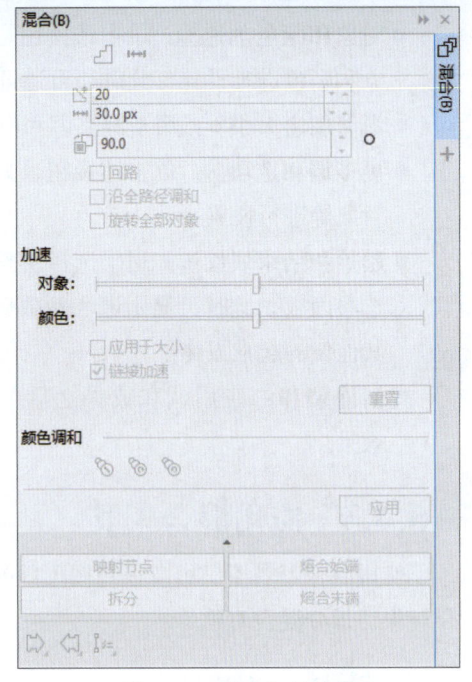

图 6-27 "混合"泊坞窗

6.4.2 认识混合工具

混合工具主要用于创建图形混合。选择该工具，在属性栏中将显示相应的属性参数，如图6-28所示。部分选项将在创建混合后激活。

图 6-28 混合工具属性栏选项

混合工具属性栏中部分常用选项的作用介绍如下：

- **预设**：用于选择应用预设的选项。当鼠标放置到相应的选项时，该选项右侧将会显示选项效果预览图，以便让用户对应用选项的图形效果一目了然。
- **调和对象**：用于设置调和的步长数值，数值越大，调和后的对象步长越大，数量越多。
- **调和方向**：用于调整、调和对象的旋转角度，数值可以为正，也可为负。
- **环绕调和**：用于调整调和对象的环绕和效果。单击该按钮可对调和对象作弧形调和处理，要取消该调和效果，可再次单击该按钮。
- **路径属性**：调和对象以后，要将调和的效果嵌合于新的对象，可单击该按钮，在弹出的选项面板中选择"新建路径"选项，单击指定对象将其嵌合到新的对象中。
- **调和类型**按钮组：包括"直接调和"按钮、"顺时针调和"按钮和"逆时针调和"按钮。单击"直接调和"按钮，将以简单而直接的形状和渐变填充效果进行调和；

单击"顺时针调和"按钮，将在调和形状的基础上以顺时针渐变色相的方式调和对象；单击"逆时针调和"按钮，将在调和形状的基础上以逆时针渐变色相的方式调和对象。

- **对象和颜色加速**：单击该按钮，将弹出"加速"选项面板，在该面板中可对加速的对象和颜色进行设置，此时还可通过调整滑块，调整两个对象间的调和方向。
- **调整加速大小**：用于调整调和中对象大小更改的速率。
- **更多调和选项**：单击该按钮，弹出相应的选项面板，在其中可对映射节点和拆分调和对象等进行设置。
- **起始和结束属性**：用于选择调整调和对象的起点和终点。单击该按钮，可弹出相应的选项面板，此时可显示调和对象后原对象的起点和终点，也可更改当前的起点或终点为其他新的起点或终点。
- **清除调和**：应用调和效果之后单击该按钮，将清除调和效果，恢复图形对象原有的效果。

6.4.3 应用混合工具

使用混合工具不仅可以创建图形间的混合，还可以对创建的混合效果进行调整，如加速混合对象、拆分混合对象等。

1. 创建混合对象

选中需要进行混合的图形对象，单击混合工具，在一个图形上单击并拖动鼠标至另一个图形上，释放鼠标将创建两个图形间的混合效果，如图6-29所示。移动图形对象的位置，混合效果也会发生变化，如图6-30所示。

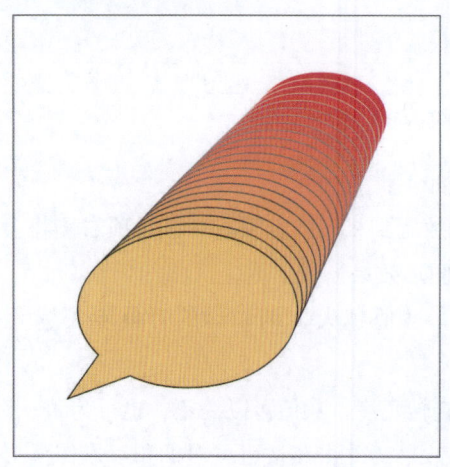

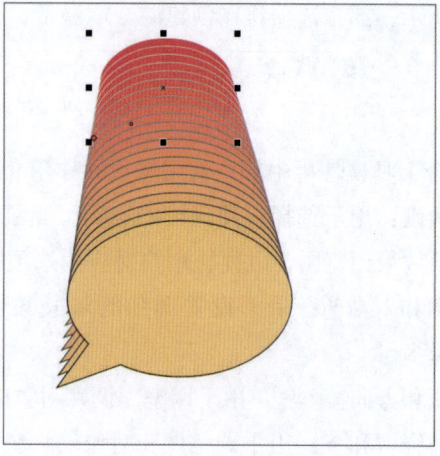

图 6-29　创建混合　　　　　　图 6-30　调整混合效果

2. 加速混合对象

加速混合对象可以调整混合之间的对象形状和颜色。单击"对象和颜色加速"按钮，打开"加速"选项面板，如图6-31所示。从中拖动滑块设置加速选项，可让图像显示出不同的效果。图6-32和图6-33为调整"对象"和"颜色"的不同效果。

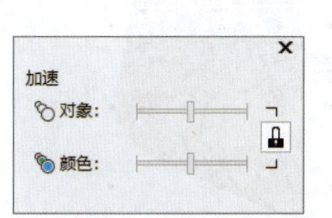

模块6 图形特效

图 6-31 "加速"选项面板 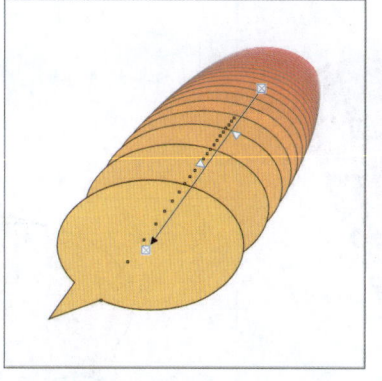　　　图 6-32 调整对象加速效果 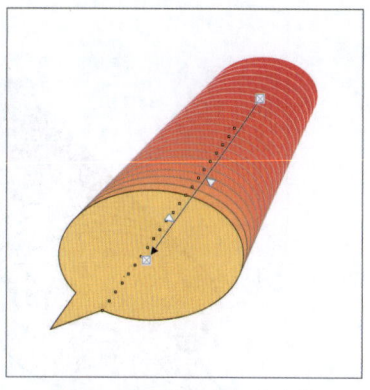　　　图 6-33 调整颜色加速效果

也可以直接在图像中调整中心点的蓝色箭头,设置混合对象的加速效果。

3. 设置混合类型

通过对象的调和类型可以改变渐变颜色的方向。用户可以在属性栏中的"调和类型"按钮组中单击不同混合类型按钮进行设置。

- 单击"直接调和"按钮，渐变颜色直接穿过混合的起始和终止对象。
- 单击"顺时针调和"按钮，渐变颜色顺时针穿过混合的起始对象和终止对象。
- 单击"逆时针调和"按钮，渐变颜色逆时针穿过混合的起始对象和终止对象。

图6-34和图6-35分别为顺时针混合对象及逆时针混合对象的效果。

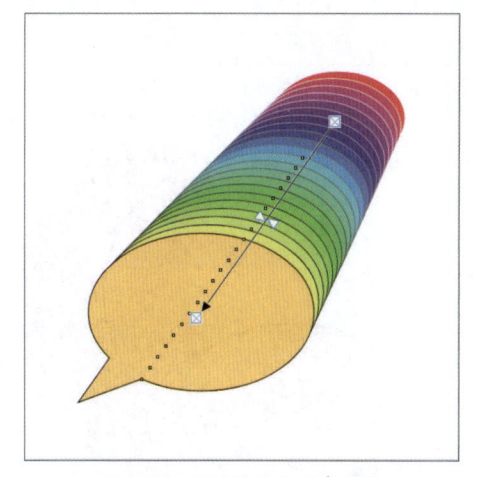

图 6-34 顺时针混合对象效果 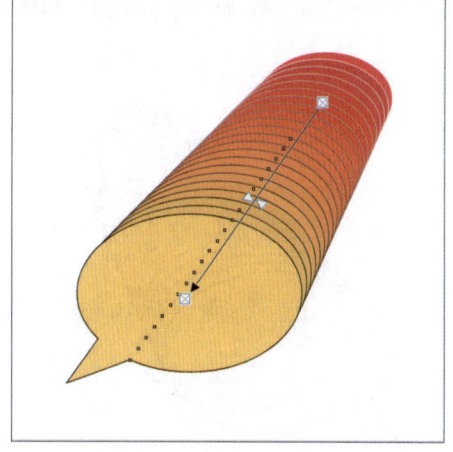　　　图 6-35 逆时针混合对象效果

4. 拆分混合对象

拆分混合对象可以将混合后的对象从中间打断,作为混合效果的转折点。通过拖动打断的混合点,可以调整混合对象的位置。

选中混合对象,单击属性栏中的"更多调和选项"按钮，在弹出的列表中选择"拆分"选项,此时鼠标光标变为 状。在混合对象上单击即可,如图6-36所示。拆分后可调整拆分的独立对象的位置,如图6-37所示。

127

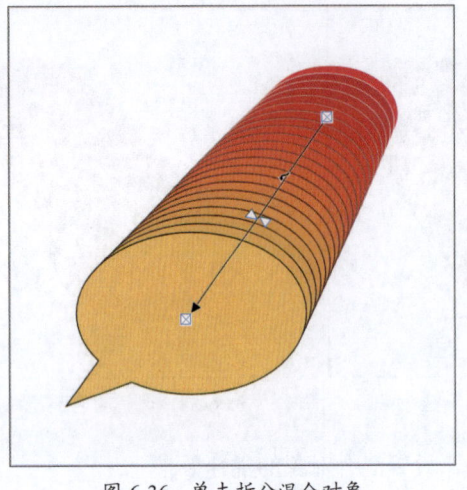

图 6-36　单击拆分混合对象　　　　　图 6-37　调整拆分对象

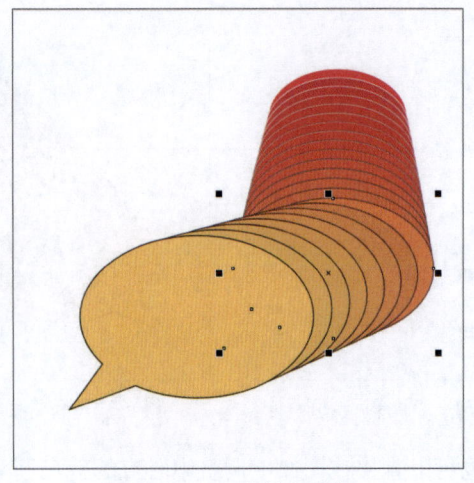

知识点拨　更多调和选项列表中的"映射节点"选项可以设置两个混合对象之间对应的节点，从而改变混合效果。

5. 嵌合新路径

嵌合新路径是指使用新的路径替代混合路径，从而改变混合的形态。选择混合对象，单击属性栏中的"路径属性"按钮，在弹出的列表中选择"新建路径"选项，将鼠标光标移动到新图形上，此时光标变为箭头形状，如图6-38所示。在该图形上单击，混合对象将以该图形为新路径执行嵌合操作，得到的效果如图6-39所示。

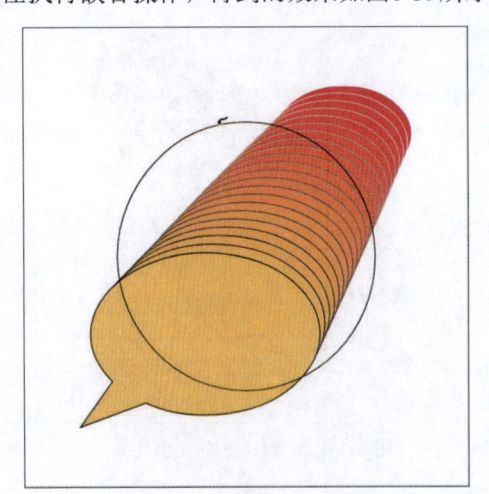

图 6-38　移动鼠标至新路径上　　　　　图 6-39　单击嵌合新路径

实例　制作横纹便签

本案例利用混合工具、2点线工具等制作横纹便签。

步骤 01　AIGC工具通过输入关键词"一张便签纸"生成图像，如图6-40所示。选择左下角的图像保存。

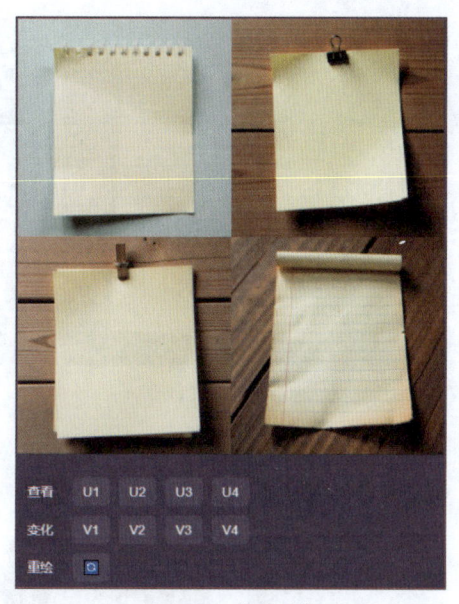

图 6-40 生成图像

步骤 02 新建一个1 024×1 024 px的空白文档，按Ctrl+I组合键导入上一步保存的图像，并设置与页面居中对齐，如图6-41所示。

步骤 03 使用2点线工具绘制线段，设置为虚线，如图6-42所示。

图 6-41 导入图像　　图 6-42 绘制虚线

步骤 04 选中绘制的线段，按住右键拖动，释放鼠标，在弹出的快捷菜单中选择"复制"选项，复制线段，如图6-43所示。

图 6-43 复制线段

步骤05 选择两个线段，选择混合工具，从一个线段拖曳至另一个线段上创建混合，如图6-44所示。

步骤06 在属性栏中设置调和对象为7，效果如图6-45所示。

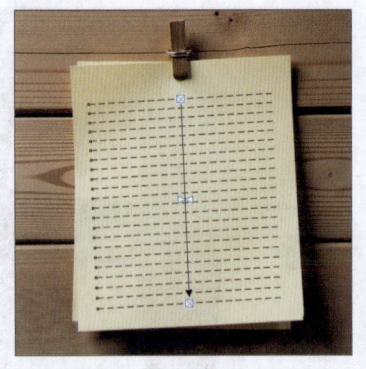

图 6-44　创建混合　　　　图 6-45　调整混合效果

步骤07 选中线段，在"属性"泊坞窗"透明度"选项卡中设置均匀透明度为60，如图6-46所示，效果如图6-47所示。

图 6-46　调整线段透明度　　　　图 6-47　横纹便签效果

至此，完成横纹便签的制作。

6.5　变形效果

使用变形工具可以使对象发生推拉变形、拉链变形、扭曲变形等变形效果，制作更加复杂丰富的图形效果。

■6.5.1　推拉变形

推拉变形可以通过推入和外拉边缘变形图形对象。选择变形工具，在属性栏中单击"推拉变形"按钮，将显示相应的属性参数，如图6-48所示。

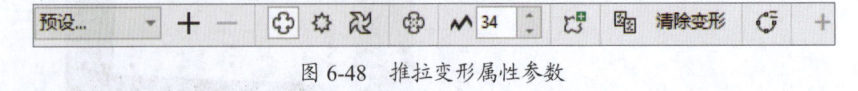

图 6-48　推拉变形属性参数

其中部分常用选项的作用介绍如下：

- **预设**：用于选择软件自带的变形样式，用户还可单击其后的"添加预设"按钮和"删除预设"按钮对预设选项进行调整。
- **居中变形**：单击该按钮，可使对象的变形效果从中心开始。
- **推拉振幅**：用于设置推拉失真的振幅。当数值为正数时，表示向对象外侧推动对象节点。当数值为负数时，表示向对象内侧推动对象节点。
- **添加新的变形**：用于将变形应用于已有变形的对象。
- **复制变形属性**：将文档中另一个图形对象的变形属性应用到所选对象上。
- **清除变形**：在应用变形的图形对象上单击该按钮，即可清除变形效果。
- **转化为曲线**：单击该按钮，可将图形转化为曲线，此时允许使用形状工具修改图形对象。

选中图形对象，在属性栏中设置参数或在页面中从图形上拖曳鼠标将创建推拉变形效果，图6-49和图6-50分别为推拉变形前后的效果。

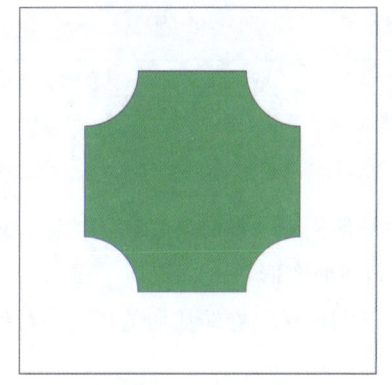

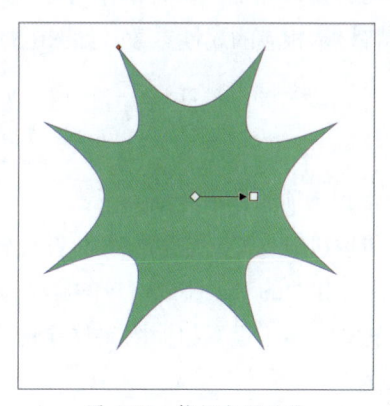

图 6-49　原图像　　　　　图 6-50　推拉变形效果

6.5.2　拉链变形

拉链变形可以创建锯齿状效果。选择变形工具，在属性栏中单击"拉链变形"按钮，将显示相应的属性参数，如图6-51所示。

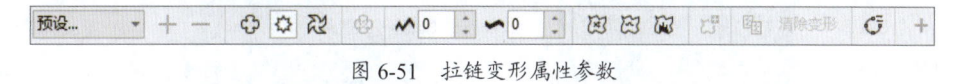

图 6-51　拉链变形属性参数

其中部分常用选项的作用介绍如下：

- **拉链振幅**：用于设置锯齿高度，取值范围在0~100，数字越大，振幅越大，同时通过在对象上拖动鼠标，变形的控制柄越长，振幅越大。
- **拉链频率**：用于设置锯齿数量。
- **随机变形**：选择该按钮，将随机设置变形效果。
- **平滑变形**：选择该按钮，将平滑变形中的节点。
- **局限变形**：选择该按钮，随着变形的进行，将降低变形效果。

图6-52和图6-53分别为拉链变形前后的效果。

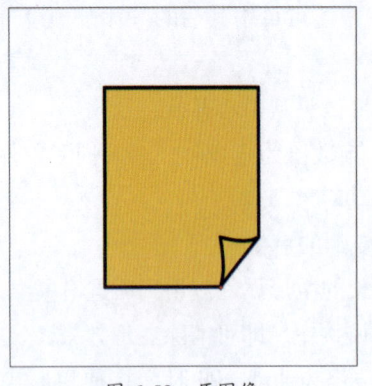

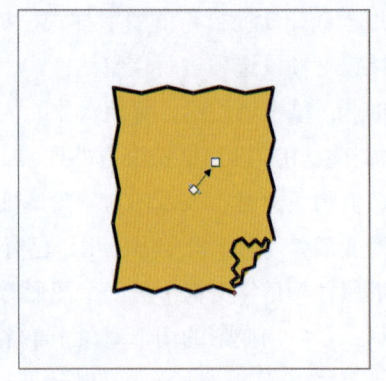

图 6-52 原图像　　　图 6-53 拉链变形效果

6.5.3 扭曲变形

扭曲变形可以旋转扭曲对象，制作出旋涡效果。选择变形工具，在属性栏中单击"扭曲变形"按钮，将显示相应的属性参数，如图6-54所示。

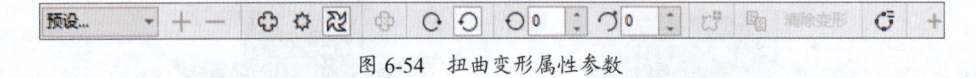

图 6-54 扭曲变形属性参数

其中部分常用选项的作用介绍如下：

- **旋转方向按钮组**：包括"顺时针旋转"按钮和"逆时针旋转"按钮。单击不同的方向按钮后，扭曲的对象将以对应的旋转方向扭曲变形。
- **完整旋转**：用于设置扭曲的完整旋转数以调整对象旋转扭曲的程度，数值越大，扭曲程度越强。
- **附加度数**：在完整旋转扭曲变形的基础上附加的内部旋转角度，对扭曲后的对象内部做进一步的扭曲角度处理。

图6-55和图6-56分别为扭曲变形前后的效果。

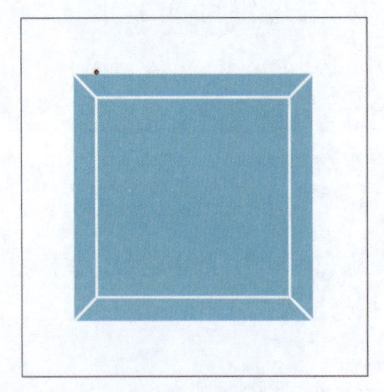

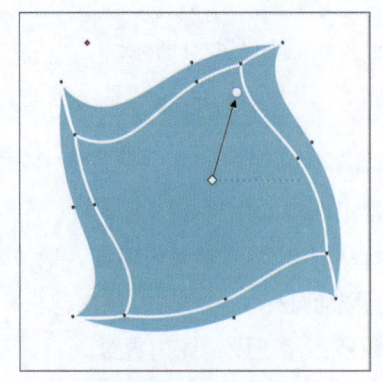

图 6-55 原图像　　　图 6-56 扭曲变形效果

实例 制作促销标签

本案例利用变形工具、文本工具等制作促销标签，下面介绍具体的制作过程。

步骤 01 新建一个1 024×1 024 px的空白文档,使用椭圆形工具绘制一个椭圆,并设置填充与描边,如图6-57所示。

步骤 02 选择变形工具,在属性栏中选择"拉链变形"按钮✿,在椭圆上按住鼠标左键拖动创建变形,如图6-58所示。

步骤 03 复制变形对象,缩放调整,设置轮廓宽度为1.0,如图6-59所示。

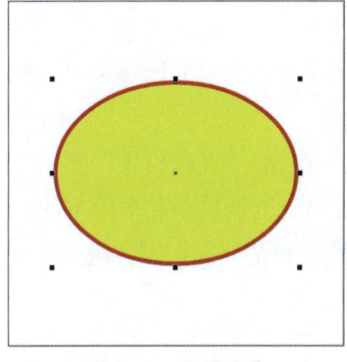

图 6-57 绘制椭圆 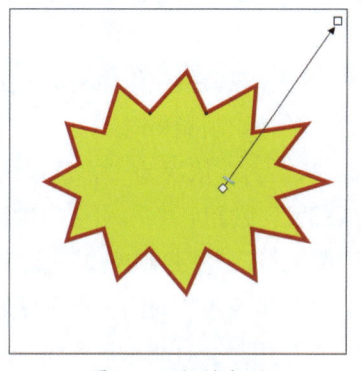　　图 6-58 拉链变形 　　图 6-59 复制变形对象并调整

步骤 04 选择文本工具,单击输入文本,在"属性"泊坞窗中设置参数,如图6-60所示,效果如图6-61所示。

步骤 05 继续输入文本并设置,如图6-62所示。

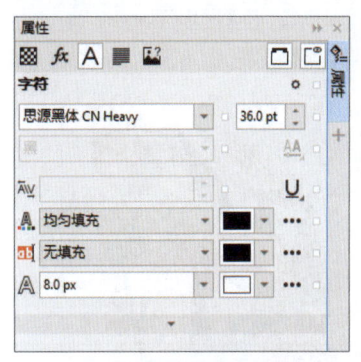

图 6-60 设置文本属性 　　图 6-61 文本效果 　　图 6-62 输入文本并设置

至此,完成促销标签的制作。

6.6 封套效果

封套效果是指将图形对象的形状和轮廓应用到其他对象上,从而创建独特的变形效果,增强设计的视觉表现力和艺术效果。

6.6.1 认识封套工具

封套效果通过封套工具☒创建。选择封套工具,属性栏中将显示该工具的属性参数,如图6-63所示。

图 6-63　封套工具属性栏选项

其中部分常用选项的作用介绍如下：
- **选取模式**：包括"矩形"和"手绘"两种选取模式，选择"矩形"选项后拖动鼠标，将以矩形的框选方式选择指定的节点；选择"手绘"选项后拖动鼠标，将以手绘的框选方式选择指定的节点。
- **节点调整按钮组**：在该按钮组中可以看到多种关于节点的调整按钮，此时的按钮与形状工具属性栏中的按钮功能相同。
- **封套模式按钮组**：从左到右依次为"非强制模式"按钮、"直线模式"按钮、"单弧模式"按钮和"双弧模式"按钮，单击相应的按钮可将封套调整为相应的形状，后3个按钮为强制性的封套模式，而"非强制模式"按钮则是自由的封套控制按钮。
- **映射模式**：用于对对象的封套效果应用不同的封套变形效果。
- **保留线条**：选择该按钮，在应用封套时将保留直线。
- **添加新封套**：选择该按钮，将为已添加封套效果的对象继续添加新的封套效果。
- **创建封套自**：选择该按钮，将根据其他对象的形状创建封套。

■6.6.2　创建封套效果

选择页面中的对象，如图6-64所示，选择封套工具，在属性栏中选择预设的效果即可，如图6-65所示。用户也可以选择图形上的节点进行调整，图6-66为调整后效果。

图 6-64　选中对象　　　图 6-65　选择预设封套效果　　　图 6-66　调整封套节点效果

除了直接调整外，用户还可以根据其他形状创建封套。选择对象后，单击属性栏中的"创建封套自"按钮，此时鼠标变为黑色箭头，如图6-67所示。在图形形状上单击，将根据图形形状创建封套，如图6-68所示。

图 6-67　移动鼠标至图形　　　图 6-68　根据形状创建封套

6.6.3 设置封套模式

封套模式将影响封套的显示效果。默认情况下的封套模式为"非强制模式",该模式变化比较自由。其他3种强制性封套模式是通过直线、单弧、双弧的强制方式对对象进行封套变形处理,如图6-69~图6-71所示,以达到较规范的封套变形处理。

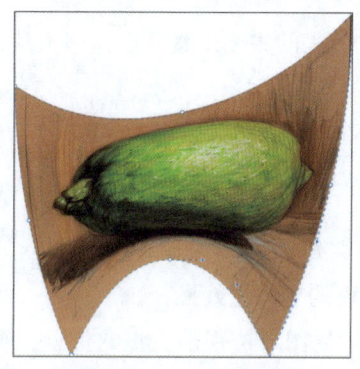

图 6-69 直线模式效果　　图 6-70 单弧模式效果　　图 6-71 双弧模式效果

要注意的是,"非强制模式"下可以同时对封套的多个节点进行调整;而在"直线模式""单弧模式"和"双弧模式"下,只能单独对各节点进行调整。

6.6.4 设置封套映射模式

封套的映射模式是指封套的变形方式,默认为自由变形,也可以选择水平、原始和垂直3种模式。

其中,"原始"和"自由变形"封套映射模式都是较为随意的变形模式。应用这两种封套映射模式,将对对象的整体进行封套变形处理。"水平"封套映射模式是对封套节点水平方向上的图形进行变形处理。"垂直"封套映射模式是对封套节点垂直方向上的图形进行变形处理。图6-72~图6-74分别为原图像、水平模式和自由变形映射模式下的调整效果。

图 6-72 原图像　　图 6-73 水平模式效果　　图 6-74 自由变形模式效果

6.7 立体化效果

立体化效果是指通过添加阴影、光泽和渐变等效果,增强图形对象的深度和立体感。

■ 6.7.1 认识立体化工具

立体化工具 是创建立体化效果的主要工具,选择该工具,属性栏中将显示相应的属性参数,如图6-75所示。

图 6-75 立体化工具属性栏选项

其中部分常用选项的作用介绍如下:
- **预设**:用于为对象添加预设的立体化效果。
- **灭点坐标**:用于设置立体化图形透视消失点的位置,可通过拖动立体化控制柄上的灭点进行调整。
- **立体化类型**:用于设置要应用到对象上的立体化类型。
- **深度**:用于调整立体化对象的透视深度,数值越大,立体化的景深越大。
- **立体化旋转**:用于旋转立体化对象。
- **立体化颜色**:用于设置立体化效果的颜色。
- **立体化倾斜**:用于为立体化对象添加斜边。
- **立体化照明**:用于将照明效果应用到立体化对象。
- **灭点属性**:可锁定灭点(即透视消失点至指定的对象),也可将多个立体化对象的灭点复制或共享。
- **页面或对象灭点**:用于将图形立体化灭点的位置锁定到对象或页面中。

■ 6.7.2 创建立体化效果

选择页面中的图形对象,选择立体化工具,在属性栏中设置预设,选中的图形将应用立体化效果,如图6-76和图6-77所示。用户也可以在选择立体化工具后,按住鼠标左键拖曳创建立体化效果,如图6-78所示。

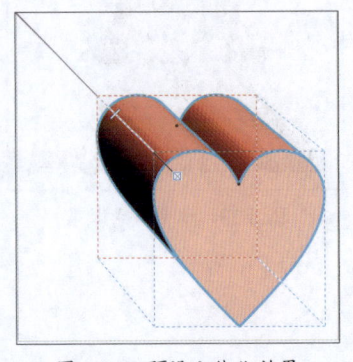

图 6-76 原图像　　　　图 6-77 预设立体化效果　　　　图 6-78 立体化效果

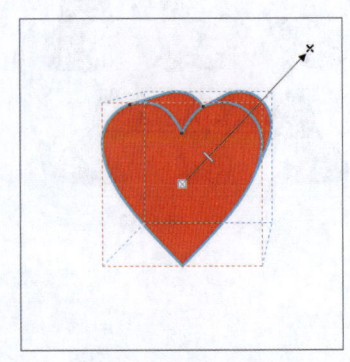

■6.7.3 设置立体化类型

通过属性栏中的"立体化类型"选项,可以设置要应用到对象上的立体化效果。图6-79和图6-80为设置不同立体化类型的效果。结合深度,可以调整图像对象的透视景深,如图6-81所示。

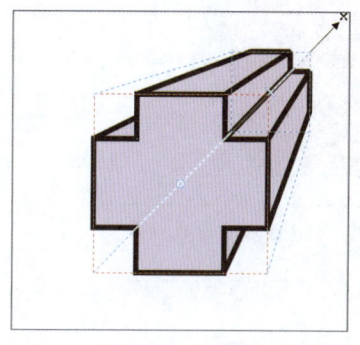

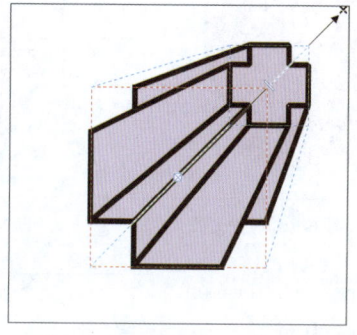

图 6-79 原图像　　　　图 6-80 不同立体化类型效果　　　　图 6-81 调整景深效果

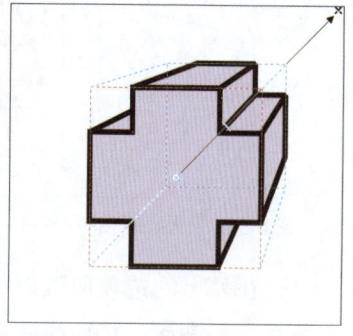

■6.7.4 调整立体化效果

选中立体化对象,在属性栏中可以调整立体化的旋转、颜色等属性参数,从而改变立体化效果。

1. 调整立体化旋转

选中立体化对象,单击属性栏中的"立体化旋转"按钮,在弹出的选项面板中拖动数字模型,如图6-82和图6-83所示,将调整立体化对象的旋转效果。单击右下角的按钮,将切换至"旋转值"选项面板,精确设置旋转效果,如图6-84所示。单击左下角的按钮将恢复原始状态。

图 6-82 立体化旋转面板　　　　图 6-83 调整数字模型　　　　图 6-84 旋转值面板

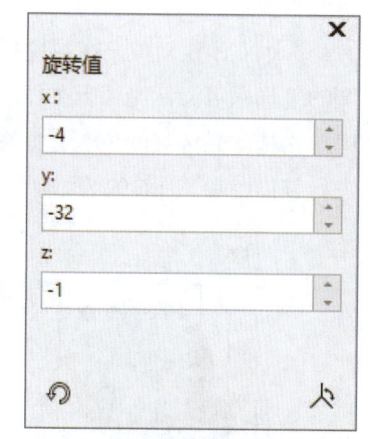

2. 调整立体对象的颜色

选中立体化对象,单击属性栏中的"立体化颜色"按钮,在弹出的选项面板中单击"使用纯色"按钮,可以在该选项面板中设置立体化对象的颜色,如图6-85所示。设置前后对比效果如图6-86和图6-87所示。

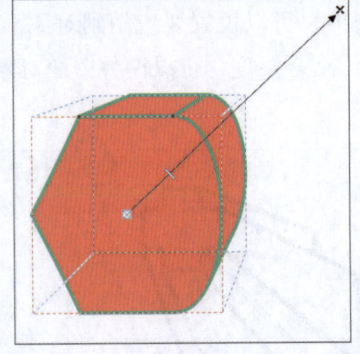

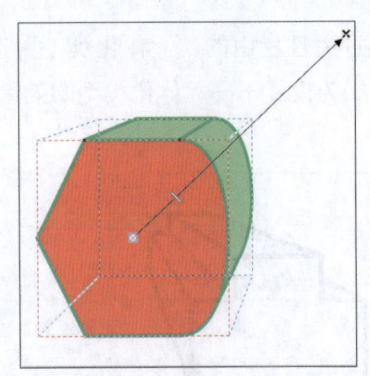

图 6-85　设置立体化颜色　　图 6-86　原效果　　　　图 6-87　设置立体化颜色效果

若在弹出的选项面板中单击"使用递减的颜色"按钮，将切换到相应的面板，如图6-88所示。在该面板中分别设置"从"和"到"的颜色，立体化对象的颜色也随之变化，如图6-89所示。

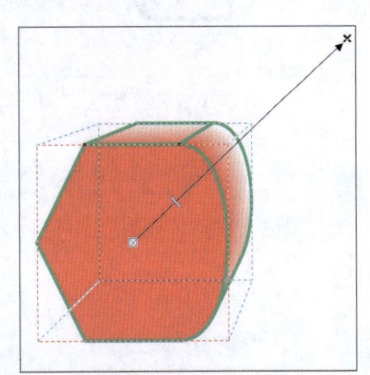

图 6-88　使用递减的颜色　　图 6-89　递减颜色效果

3. 调整立体对象的照明效果

照明效果是指通过模拟三维光照原理，为立体化对象添加真实的灯光效果，使之更具立体感和真实感。

选中立体化对象，在属性栏中单击"立体化照明"按钮，在弹出的选项面板中勾选数字左侧的复选框可激活光源，如图6-90所示。可以为对象添加多个光源效果。同时还可在光源网格中单击拖动光源点的位置，如图6-91所示，结合使用"强度"滑块调整光照强度，对光源效果进行整体控制。图6-92为添加照明效果的图像。

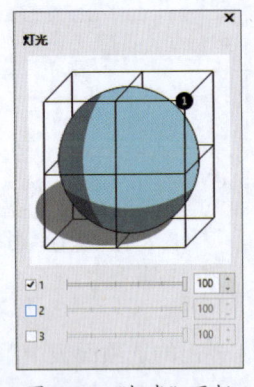

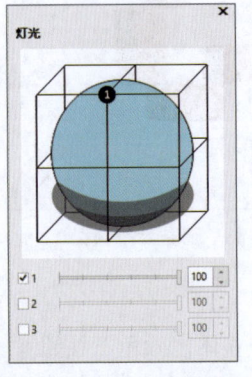

图 6-90　"灯光"面板　　图 6-91　拖动光源点位置　　图 6-92　照明效果

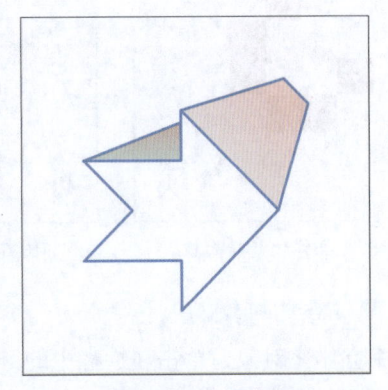

6.8 块阴影效果

块阴影是一种特殊的阴影效果,可以在对象后面添加一个块状阴影,多用于制作屏幕打印和标牌。

6.8.1 认识块阴影工具

使用块阴影工具 可以实现块阴影效果的制作。选择该工具,属性栏中将显示相应的属性参数,如图6-93所示。

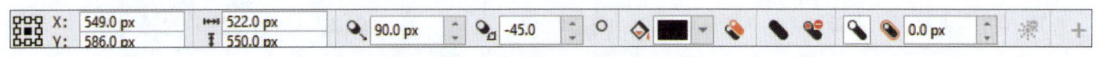

图 6-93 块阴影工具属性栏选项

其中部分常用选项的作用介绍如下:
- **深度** :用于调整块阴影的深度,用户也可以在页面中通过控制框手动调整。
- **定向** :用于调整块阴影的角度。
- **简化** :选择该按钮,将修剪对象和块阴影之间的叠加区域。
- **移除孔洞** :选择该按钮,可将块阴影设置为不带孔的实线曲线对象。
- **从对象轮廓生成** :选择该选项,在创建块阴影时将包括对象轮廓。默认为选中状态。
- **展开块阴影** :用于以指定量增加块阴影尺寸。

6.8.2 创建块阴影效果

选择图形对象,选择块阴影工具,移动鼠标至图形对象上,按住鼠标左键拖曳将创建块阴影,如图6-94和图6-95所示。用户也可以在属性栏中设置属性参数,软件将自动按照设置生成块阴影,如图6-96所示。

图 6-94 原图像 　　图 6-95 块阴影效果(创建) 　　图 6-96 块阴影效果(自动生成)

6.8.3 调整块阴影颜色

选中块阴影对象,单击属性栏中的"块阴影颜色"下拉列表框 ,在打开的选项面板中选择合适的颜色,即可调整块阴影颜色,如图6-97所示。图6-98和图6-99为调整前后对比效果。

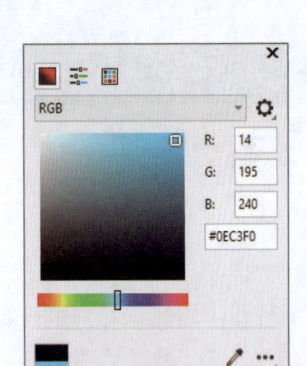

图6-97　块阴影颜色面板 　　　图6-98　原效果 　　　图6-99　调整颜色后效果

实例 制作长阴影文字

本案例利用块阴影工具、文本工具等制作长阴影文字。

步骤01 新建一个1 024×1 024 px的空白文档，使用文本工具输入文本，在"属性"泊坞窗中设置参数，如图6-100所示，效果如图6-101所示。

步骤02 选中输入的文本，选择块阴影工具，在属性栏中设置参数，如图6-102所示，效果如图6-103所示。

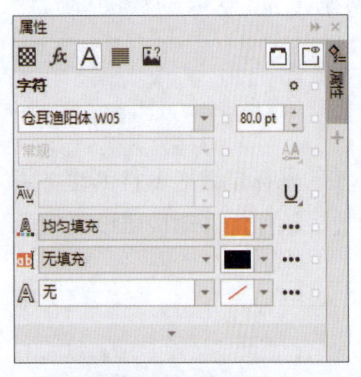

扫码观看视频

图6-100　设置文本属性 　　　图6-101　文本效果 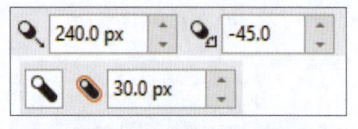　　　图6-102　设置块阴影属性参数

步骤03 使用椭圆形工具绘制一个比文本大的圆形，如图6-104所示。

图6-103　块阴影效果 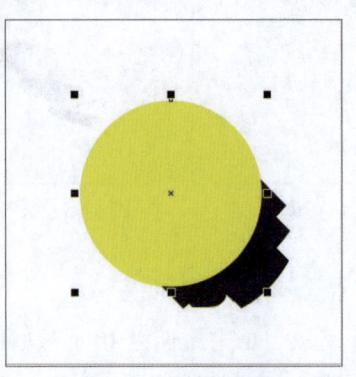　　　图6-104　绘制圆形

140

步骤 04 选中块阴影对象，按Ctrl+K组合键拆分，选中拆分后的块阴影，右击鼠标，在弹出的快捷菜单中执行"PowerClip内部"命令，在圆形上单击，效果如图6-105所示。

步骤 05 调整对象顺序，使其向后一层，效果如图6-106所示。

图 6-105 PowerClip 内部效果　　图 6-106 调整顺序

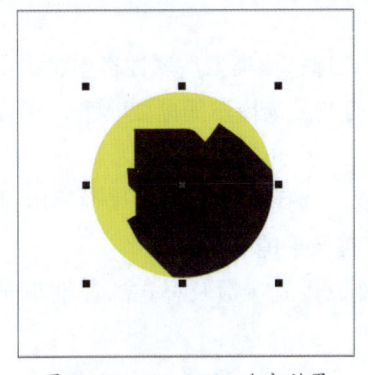

步骤 06 根据需要，还可以调整对象颜色，如图6-107和图6-108所示。

图 6-107 调整颜色效果（1）　　图 6-108 调整颜色效果（2）

至此，完成长阴影文字的制作。

6.9 透明度效果

透明度是平面作品一个重要的设计特性，通过调整透明度，用户可以创造出更具层次感和深度感的视觉效果。

■6.9.1 透明度类型

CorelDRAW提供了均匀透明度、渐变透明度、向量图样透明度等7种类型的透明度效果，选择透明度工具，在属性栏中选择即可，如图6-109所示。

图 6-109 透明度工具属性栏选项

下面介绍7种透明度类型的作用。

- **无透明度**⬚：单击此选项将删除透明度。属性栏中仅出现合并模式，选择透明度颜色与下方颜色调和的方式。
- **均匀透明度**⬚：应用整齐且均匀分布的透明度，选择该类型后可在属性栏中选择预设的透明度或设置透明度的值。
- **渐变透明度**⬚：应用不同不透明度的渐变，选择该类型后属性栏中将出现线性渐变、椭圆形渐变、锥形渐变和矩形渐变4种渐变类型。选择不同渐变类型，可应用不同的渐变效果。
- **向量图样透明度**⬚：应用向量图形透明度，选择该类型，在属性栏中可设置其合并模式、前景透明度、背景透明度、水平/垂直镜像平铺等。
- **位图图样透明度**⬚：应用位图图形透明度，设置参数及样式的属性与向量图样透明度相似。
- **双色图样透明度**⬚：应用双色图样透明度，设置参数及样式的属性与向量图样透明度、位图图样透明度相似。
- **底纹透明度**⬚：根据底纹应用透明度。

■6.9.2 调整透明对象

为对象添加透明度效果后，还可在属性栏中对透明度的类型、颜色等进行调整。

1. 调整对象透明度类型

调整对象透明度类型是指通过设置对象的透明状态以调整其透明效果。

选中添加渐变透明度的对象，选择透明度工具，在属性栏中选择相应的选项，可对图形对象的透明度进行默认的调整。图6-110～图6-112分别为应用"无透明度""线性渐变"和"椭圆形渐变"3种类型的效果。

图 6-110 原图像　　　　图 6-111 线性渐变透明度效果　　　　图 6-112 椭圆形渐变透明度效果

2. 调整透明对象的颜色

直接调整图像对象的颜色，将影响透明对象的效果，用户也可以在该工具属性栏中的"合并模式"下拉列表框中选择合并模式，调整图形对象与背景颜色的叠加关系，从而呈现新的颜色效果。图6-113~图6-115分别为选择"底纹化""屏幕"和"颜色加深"选项时的图形效果。

图 6-113 底纹化模式效果 　　图 6-114 屏幕模式效果 　　图 6-115 颜色加深模式效果

实例 制作水印效果

本案例利用透明度工具等制作水印效果。

步骤 01 使用AIGC工具通过输入关键词"中式建筑插画,手绘"生成图像,如图6-116所示。选择左上角的图像保存。

步骤 02 新建一个1 024×1 024 px的空白文档,按Ctrl+I组合键导入保存的图像,并设置与页面居中对齐,如图6-117所示。

扫码观看视频

图 6-116 生成图像 　　图 6-117 导入图像

步骤 03 使用文本工具输入文本"中国古建",在"属性"泊坞窗中设置属性参数,如图6-118所示,效果如图6-119所示。

图 6-118　设置文本属性

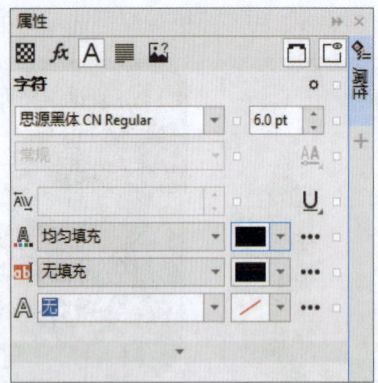

图 6-119　文本效果

步骤 04 选中文本，在属性栏中设置旋转角度为30.0，效果如图6-120所示。

步骤 05 选中文本，选择透明度工具，在属性栏中选择均匀透明度，设置透明度为90，效果如图6-121所示。

图 6-120　旋转文本

图 6-121　调整文本透明度

步骤 06 选中文本，按Ctrl+C组合键复制，按Ctrl+V组合键粘贴，调整位置，如图6-122所示。

步骤 07 重复复制粘贴文本，如图6-123所示。

图 6-122　复制粘贴文本

图 6-123　多次复制粘贴文本

至此，完成水印效果的制作。

课堂演练：制作开关按钮

学习完本章内容后，下面利用透明度工具、阴影工具等制作开关按钮。

步骤 01 新建一个1 024×1 024 px的空白文档，使用矩形工具绘制一个矩形，比例为1∶2，并设置填充与描边，如图6-124所示。

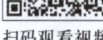

步骤 02 使用形状工具调整矩形圆角，如图6-125所示。

图 6-124 绘制矩形 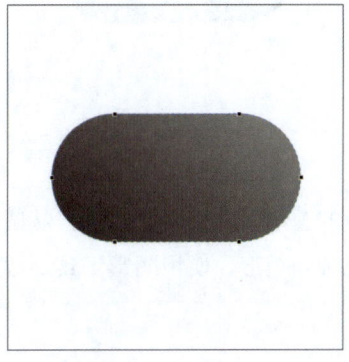　　　　图 6-125 调整矩形圆角

步骤 03 选中调整后的圆角矩形，按Ctrl+C组合键复制，按Ctrl+V组合键粘贴，在"属性"泊坞窗中调整渐变角度，如图6-126所示。

步骤 04 缩小复制的圆角矩形，效果如图6-127所示。

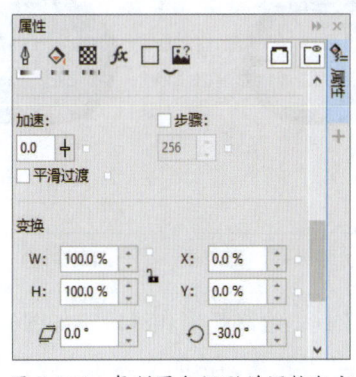

图 6-126 复制圆角矩形并调整渐变 　　图 6-127 缩小复制对象

步骤 05 再次复制圆角矩形并缩小，设置填充颜色为蓝色，效果如图6-128所示。

步骤 06 再次复制填充颜色的圆角矩形，设置填充颜色为白色，选择透明度工具，设置椭圆形渐变透明度，在"属性"泊坞窗中调整渐变，如图6-129所示，效果如图6-130所示。

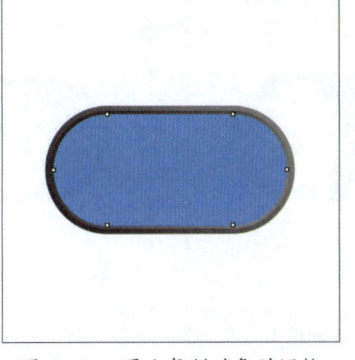

图 6-128 再次复制对象并调整 　　图 6-129 复制圆角矩形并调整渐变透明度

步骤07 使用椭圆形工具绘制圆形，并填充椭圆形渐变，如图6-131所示。

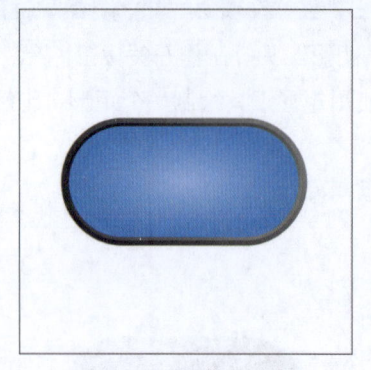

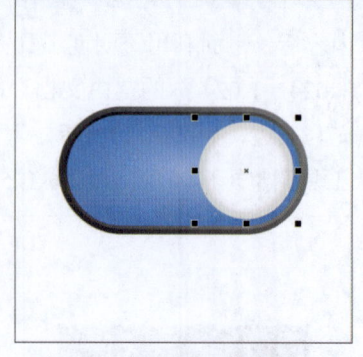

图 6-130　调整后效果　　　　图 6-131　绘制圆形并填充渐变

步骤08 选中绘制的圆形，选择阴影工具，从圆形中心拖曳创建阴影，如图6-132所示。

步骤09 选中蓝色圆角矩形，使用阴影工具，添加内阴影，如图6-133所示。

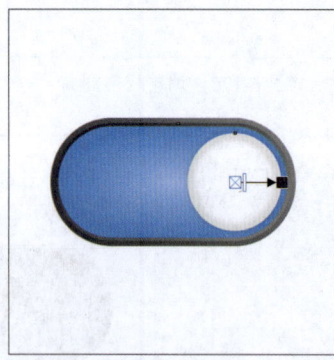

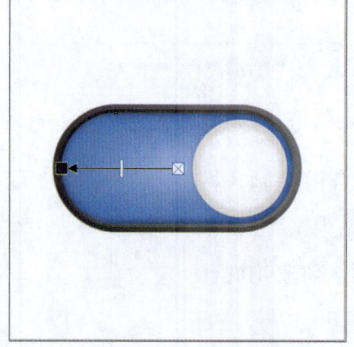

图 6-132　创建阴影　　　　图 6-133　添加内阴影

步骤10 使用椭圆形工具和2点线工具，绘制弧形和线段，如图6-134所示。

步骤11 使用文本工具输入文本，并设置均匀透明度为80，效果如图6-135所示。

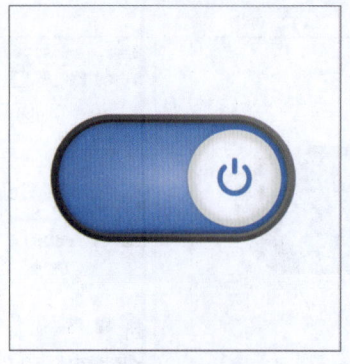

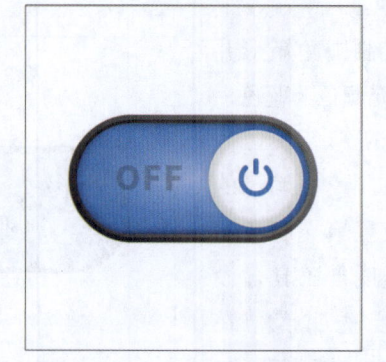

图 6-134　绘制图形　　　　图 6-135　输入文本并设置透明度

至此，完成开关按钮的制作。

课后作业

一、选择题

1. 轮廓图工具的作用是（　　）。
   A. 改变图形的填充颜色　　　　　　B. 增加图形的边缘线条
   C. 创建渐变效果　　　　　　　　　D. 生成三维效果
2. 变形工具没有（　　）类型。
   A. 旋转变形　　　　　　　　　　　B. 推拉变形
   C. 拉链变形　　　　　　　　　　　D. 扭曲变形
3. 不是强制性的封套模式的是（　　）。
   A. 直线模式　　　　　　　　　　　B. 单弧模式
   C. 双弧模式　　　　　　　　　　　D. 非强制模式
4. 若要调整调和中对象大小更改的速率，应设置（　　）选项。
   A. 调和方向　　　　　　　　　　　B. 路径属性
   C. 调整加速大小　　　　　　　　　D. 调和类型

二、填空题

1. 使用_____工具可以将图形包裹在其他形状中，赋予其独特的外观。
2. 变形工具中的_____可以创建锯齿状效果。
3. 渐变透明度的类型包括_____、_____、_____和_____4种。
4. 使用_____，可以将平面图形转换为三维效果。

三、上机题

上机实操1：绘制绚丽花纹

绘制绚丽花纹，图6-136～图6-138分别为绘制绚丽花纹的过程展示图。

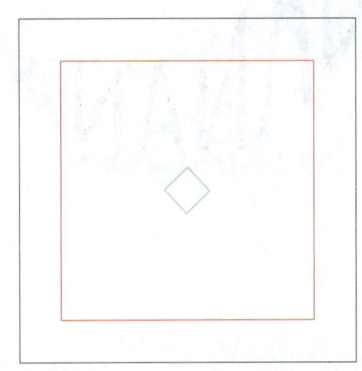

图 6-136　绘制矩形　　　　图 6-137　复制矩形并调整　　　　图 6-138　创建混合

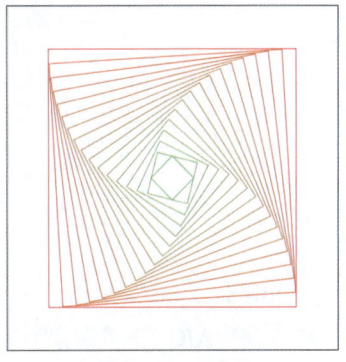

思路提示：

- 绘制形状并调整描边。
- 复制形状并调整。
- 创建混合。

上机实操2：制作变形文本

制作变形文本，图6-139～图6-141分别为制作变形文本的过程展示图。

图 6-139　绘制图形　　　　图 6-140　输入文本

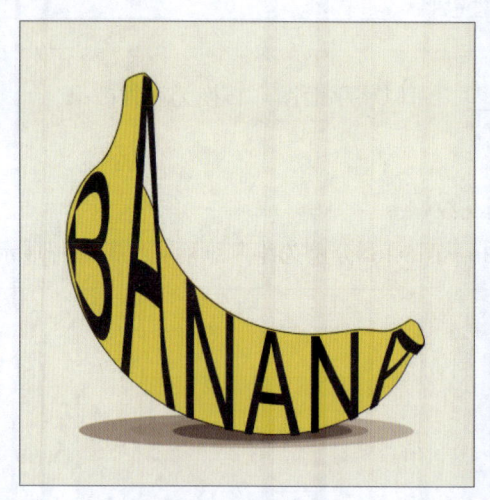

图 6-141　创建封套

思路提示：

- 使用AIGC生成图像，导入CorelDRAW。
- 根据导入的图像绘制图形，并设置填充。
- 使用文本工具创建文本。
- 使用封套工具，根据绘制的图形为文本创建封套。

模块 7　文本应用

内容概要

　　文本是传达信息和情感的重要元素，CorelDRAW作为一款强大的矢量图形设计软件，提供了丰富的文本处理功能，以辅助用户完成文本创建与编辑的操作。本模块将对文本应用进行详细讲解，包括文本的创建、编辑及链接设置等。通过本模块的学习，可以帮助用户掌握文本的应用，提升作品的专业性和视觉吸引力。

知识要点

- 创建文本。
- 编辑文本。
- 链接文本。

数字资源

【本模块素材】
"素材文件\模块7"目录下
【本模块课堂演练最终文件】
"素材文件\模块7\课堂演练"目录下

7.1 创建文本

文本不仅可以直接传递信息，还可以与图形结合，丰富设计的视觉效果。在CorelDRAW中，用户可以使用文本工具轻松创建文本。

7.1.1 认识文本工具

文本工具是软件中的一个重要工具，可用于创建文本，增强设计的表现力。选择工具箱中的文本工具，属性栏中将显示该工具的属性，如图7-1所示。从中进行设置，在页面中单击输入文本时，将应用设置的效果。

图 7-1 文本工具属性栏选项

文本工具属性栏中部分常用选项的作用介绍如下：

- **"水平镜像"按钮和"垂直镜像"按钮**：用于在水平方向和垂直方向上镜像翻转文本。
- **字体列表**：用于选择文本字体。
- **字体大小**：用于设置文本字体大小，用户可以从下拉列表中选择软件提供的默认字号，也可以直接在输入框中输入相应的数值进行调整。
- **字体效果按钮组**：用于设置字体效果，如加粗、倾斜、添加下划线等。单击所需按钮可应用样式，再次单击则取消应用。
- **文本对齐**：用于设置文本对齐方式。
- **项目符号列表**：选择段落文本才能激活该按钮。单击该按钮，将为当前所选文本添加项目符号，再次单击将取消其应用。其右侧"编号列表"按钮的作用与该按钮作用相似，只是其添加的是数字编号。
- **首字下沉**：用于制作首字下沉效果，只有在选择段落文本的情况下才能激活该按钮。
- **编辑文本按钮**：单击该按钮将打开"编辑文本"对话框，如图7-2所示。从

图 7-2 "编辑文本"对话框　　图 7-3 "文本"泊坞窗

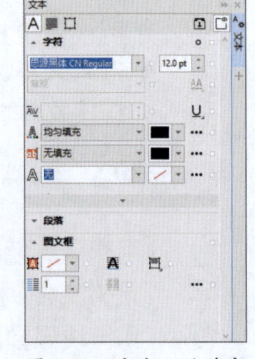

中不仅可以输入文本，还可以设置文本的字体、大小、状态等属性。

- **文本**：单击该按钮，打开"文本"泊坞窗，如图7-3所示，从中可设置文本的字体、大小等属性。
- **文本方向按钮组**：用于更改文本方向。单击"将文本更改为水平方向"按钮，可将当前文本或输入的文本调整为横向文本；单击"将文本更改为垂直方向"按钮，可将当前文

本或输入的文本调整为纵向文本。

> **知识点拨** 长按文本工具，在弹出的快捷菜单中选择表格工具▦，可以绘制表格进行应用。通过执行"表格"→"将文本转换为表格"命令和"表格"→"将表格转换为文本"命令，可以设置文本和表格的切换。

■7.1.2　创建美术字

美术字是CorelDRAW中的一种文本类型，可用于在文档中添加单个字或短文本行。

选择文本工具，在页面中单击，单击处将出现文本插入点，如图7-4所示。在属性栏中设置文本属性参数，完成后输入文本将创建美术字，如图7-5所示。美术字需要通过按Enter键进行换行。

图 7-4　单击出现文本插入点 　　　　图 7-5　创建美术字

若文本工具在路径上单击，输入的文本将沿路径排列，如图7-6所示。修改路径时，文本排列也会随之变化。选中选择工具，移动鼠标至路径文本中第1个字左下角的控制点上，按住鼠标左键拖动，可更改文本起始位置，如图7-7所示。选中路径文本拖曳可更改文本与路径之间的距离，如图7-8所示。

图 7-6　创建路径文本 　　　　图 7-7　调整文本起始位置 　　　　图 7-8　更改文本与路径之间的距离

■7.1.3　创建段落文本

段落文本又称块文本，是CorelDRAW中的另一种文本类型，是指在文本框中输入的文本，

151

适合大篇幅内容。

选择文本工具，在页面中按住鼠标左键拖曳创建文本框，文本插入点默认显示在文本框起始处，如图7-9所示。在属性栏中设置文本属性参数，然后在文本框中输入文本即可，如图7-10所示。段落文本将根据文本框尺寸自动换行。

知识点拨 当文本框为红色虚线时，表示文本框中的内容没有完全显示。

图7-9　创建文本框　　　　图7-10　输入段落文本

美术字和段落文本可以相互转换。选中文本对象后，执行"文本"→"转换为美术字"命令，或"文本"→"转换为段落文本"命令即可。

实例　创建书法字

本案例利用文本工具等创建文本。

步骤01 使用AIGC工具通过输入关键词"墙上的空白书画框"生成图像，如图7-11所示。选择左下角的图像保存。

步骤02 新建一个1 024×1 024 px的空白文档，按Ctrl+I组合键导入上一步保存的图像，并设置与页面居中对齐，如图7-12所示。

步骤03 选择文本工具，在属性栏中设置参数，如图7-13所示。

扫码观看视频

图7-12　导入图像

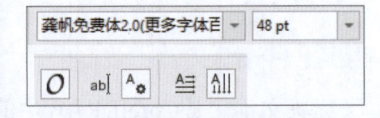

图7-11　生成图像　　　　图7-13　设置文本参数

步骤 04 在页面中单击输入文本，调整位置位于画框中央，如图7-14所示。

步骤 05 使用相同的方法，在属性栏设置参数，并输入文本，如图7-15和图7-16所示。

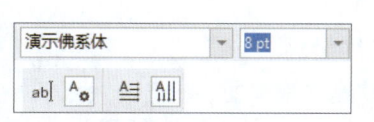

图 7-14　输入文本　　　　　图 7-15　设置文本参数　　　　　图 7-16　输入文本

步骤 06 使用AIGC工具通过关键词"中式方形印章"生成图像，如图7-17所示。选择左下角的图像保存。

步骤 07 按Ctrl+I组合键导入上一步保存的图像，在"属性"泊坞窗中设置合并模式为"颜色加深"，效果如图7-18所示。

步骤 08 调整合适大小与位置，如图7-19所示。

图 7-17　生成图像　　　　　图 7-18　导入图像　　　　　图 7-19　调整图像

至此，完成书法家的创建。

7.2　编辑文本

文本对象的编辑主要是通过"属性"泊坞窗、"文本"泊坞窗及"文本"菜单实现，包括调整文本间距、使文本适合路径等。

■ 7.2.1　设置文本字符属性

"属性"泊坞窗中的"字符"选项卡和"文本"泊坞窗中的"字符"选项组均可以设置文本的字符属性，如图7-20和图7-21所示。这两处的属性参数基本一致，选中文本后，任选一处进行设置即可。

部分常用字符属性的作用介绍如下：

- **字距调整范围**：用于调整选定文本范围内单个字符之间的间距，图7-22为不同间距效果。
- **下划线**：用于为文本添加下划线，在其下拉列表中可选择下划线的样式。
- **填充类型**：用于设置文本的填充类型。
- **背景填充类型**：用于设置字符背景的填充类型。
- **轮廓宽度**：用于设置字符的轮廓宽度。
- **位置**：用于更改选定字符相对于周围字符的位置，包括上标、下标等，图7-23为设置为上标的效果。
- **大写字母**：用于更改英文字母的大写，包括标题大写字母、小型大写字母（自动）等选项。
- **字符垂直偏移和字符水平偏移**：用于设置文本字符之间的垂直间距和水平间距。
- **字符角度**：用于设置选定文本字符的角度。
- **字符删除线**：用于为文本字符添加删除线，用户可以在其下拉列表中选择删除线的样式，图7-24为设置为单细时的效果。
- **字符上划线**：用于为文本字符添加上划线，用户可以在其下拉列表中选择上划线的样式。

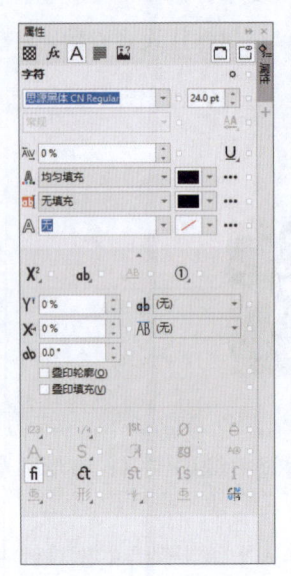

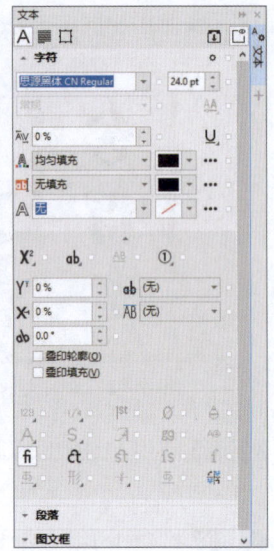

图 7-20 "属性"泊坞窗"字符"选项卡

图 7-21 "文本"泊坞窗"字符"选项卡

图 7-22 调整文本字距

图 7-23 设置上标文本

图 7-24 设置字符删除线

■7.2.2 设置文本段落属性

"属性"泊坞窗中的"段落"选项卡和"文本"泊坞窗中的"段落"选项组均可以设置文本的段落属性，如图7-25和图7-26所示。选中文本后，任选一处进行设置即可。

图 7-25 "属性"泊坞窗
"段落"选项卡

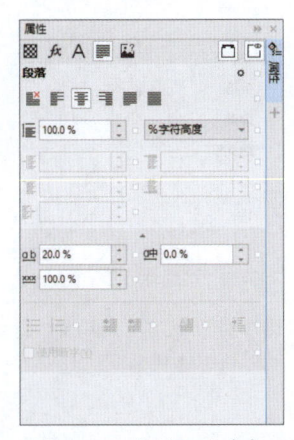

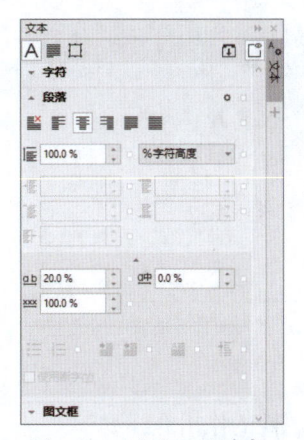

图 7-26 "文本"泊坞窗
"段落"选项卡

部分常用段落属性的作用介绍如下：
- **行间距**：用于调整文本行与行之间的间距，适用于美术字和段落文本。图7-27和图7-28为不同行间距的效果。
- **左行缩进**：用于设置除首行外的段落文本相对于文本框左侧的缩进距离。
- **首行缩进**：用于设置段落文本的首行相对于文本框左侧的缩进距离。图7-29为设置首行缩进的效果。
- **右行缩进**：用于设置段落文本相对于文本框右侧的缩进距离。
- **段前间距**和**段后间距**：用于设置段落上方和下方插入的间距值。
- **字符间距**：用于调整字符之间的距离，数值越大，距离越大，适用于美术字和段落文本。
- **语言间距**：用于调整文档中多语言文本之间的距离，适用于美术字和段落文本。
- **文字间距**：用于设置英文单词之间的距离，适用于美术字和段落文本。

图 7-27 默认行间距效果

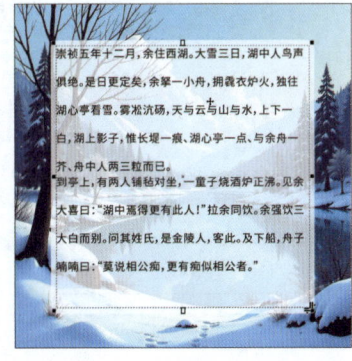

图 7-28 调整行间距效果

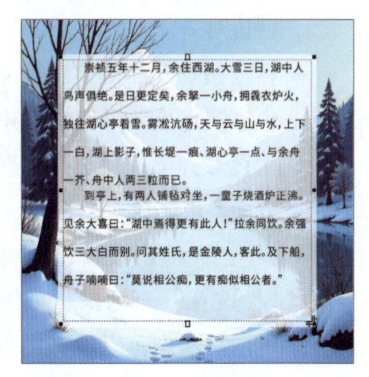

图 7-29 首行缩进效果

7.2.3 制作多栏文字

"图文框"选项卡中的选项可以设置段落文本的多栏效果，图7-30和图7-31为"属性"泊坞窗和"文本"泊坞窗中的图文框属性参数。

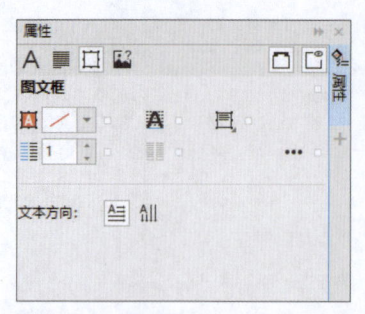

图 7-30 "属性"泊坞窗"图文框"选项卡 　　图 7-31 "文本"泊坞窗"图文框"选项卡

部分常用图文框属性的作用介绍如下：

- **栏数**：用于设置要添加到文本框中的栏的数量，图7-32和图7-33分别栏数为设置为1和2的效果。

图 7-32 单栏效果 　　图 7-33 双栏效果

- **与基线网格对齐**：用于设置文本框内的文本与文档的基线网格对齐。
- **栏宽相等**：用于调整文本框中栏的宽度，以使栏宽相等。
- **垂直对齐**：用于设置垂直对齐文本的方式。
- **栏**：单击该按钮，将打开"栏设置"对话框，如图7-34所示。从中可以设置栏数量、栏宽度、栏间距等参数。

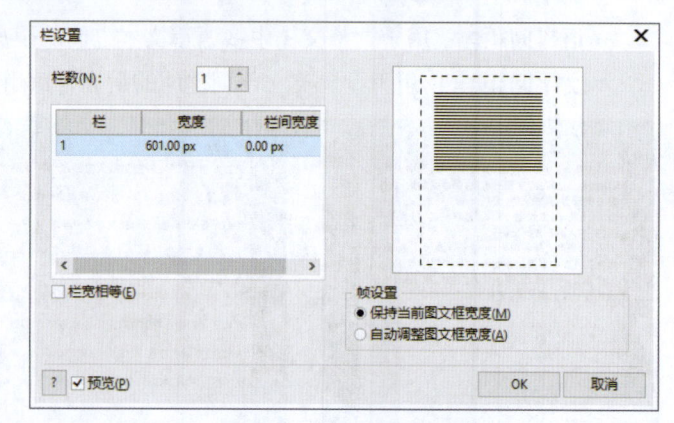

图 7-34 "栏设置"对话框

■7.2.4 使文本适合路径

使用"使文本适合路径"命令可以使现有的文本转换为路径文本。选中文本对象，执行"文本"→"使文本适合路径"命令，此时鼠标变为状，在路径上单击即可，图7-35和图7-36

为转换前后效果。值得注意的是，段落文本只作用于开放路径。

图 7-35　原文本效果　　　　图 7-36　使文本适合路径效果

CorelDRAW将适合路径的文本和路径看作一个对象，选中后执行"对象"→"拆分在一路径上的文本"命令，或按Ctrl+K组合键，可将文本和路径分离分别进行调整。

■7.2.5　首字下沉

使用"文本"菜单中的"首字下沉"命令可以放大段落的第1个字，使其占用更多的空间，以突出显示。选中段落文本，执行"文本"→"首字下沉"命令，打开"首字下沉"对话框，如图7-37所示，从中设置参数后单击"确定"按钮即可。图7-38和图7-39为设置首字下沉前后的效果。

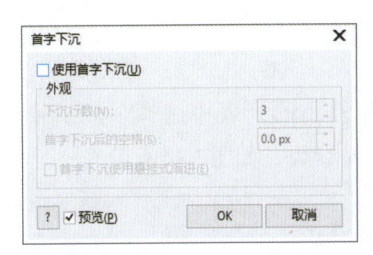

图 7-37　"首字下沉"对话框　　　图 7-38　原文本效果　　　图 7-39　首字下沉效果

> **知识点拨**　单击属性栏中的"首字下沉"按钮将按照默认的数值参数设置首字下沉效果。

■7.2.6　将文本转换为曲线

使用"转换为曲线"命令可以使文本具有曲线的特征，用户可以使用形状工具自由地调整文本形状。同时，也可以防止分享时因字体不全而导致的文本缺失或乱码效果。选中文本，执行"对象"→"转换为曲线"命令，或在文本上右击，在弹出的快捷菜单中执行"转换为曲线"命令均可。此时文本将不能使用文本工具进行修改。

使用形状工具选中转换为曲线的文本对象，此时在文本上出现多个节点，单击并拖动节点或对节点进行添加和删除操作，可调整文本的形状。图7-40和图7-41为调整前后效果。

图 7-40　原文本效果　　　　图 7-41　调整文本效果

实例 制作特殊文本效果

本案例利用文本工具、形状工具等工具及"转换为曲线"命令制作特殊文本效果。

步骤 01 使用AIGC工具通过输入关键词"齿轮造型标志，简洁，平面化"生成图像，如图7-42所示。选择左上角的图像保存。

扫码观看视频

步骤 02 新建一个1 024×1 024 px的空白文档，按Ctrl+I组合键导入上一步保存的图像，并设置与页面居中对齐，如图7-43所示。

图 7-42　生成图像　　　　图 7-43　导入图像

步骤 03 选中导入的位图，单击属性栏中"描摹位图"按钮，在弹出的列表中选择"轮廓描摹"→"详细徽标"选项，打开"PowerTRACE"对话框，从中设置参数，如图7-44所示。

步骤 04 完成后单击"OK"按钮，效果如图7-45所示。

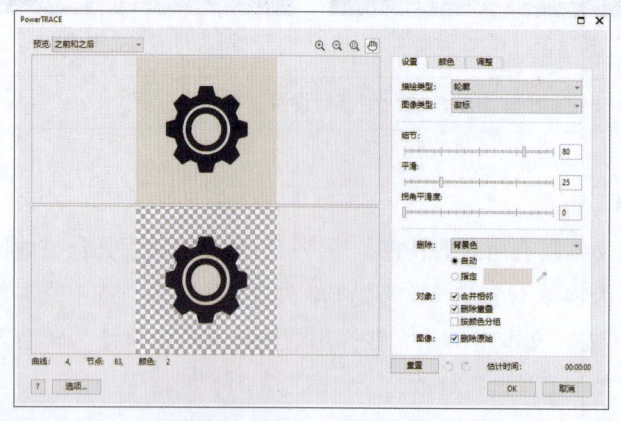

图 7-44　"PowerTRACE"对话框　　　　图 7-45　描摹位图效果

步骤 05 选中描摹后的对象，按Ctrl+U组合键取消群组，删除多余部分，如图7-46所示。

步骤 06 选中取消群组后的对象，按Ctrl+G组合键组合，使用选择工具调整大小和位置，如图7-47所示。

步骤 07 选择文本工具，在图像下方单击并输入文本，在"文本"泊坞窗中设置参数，如图7-48所示，效果如图7-49所示。

图 7-46　删除多余部分　　　　图 7-47　调整对象　　　　图 7-48　设置文本参数

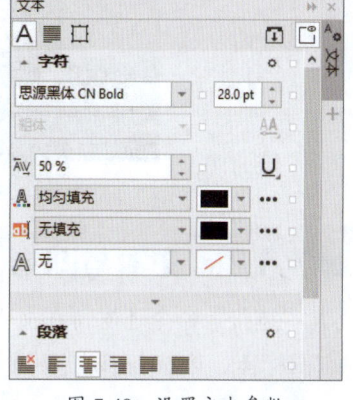

步骤 08 选中输入的文本，复制并隐藏原文本。选中复制文本，执行"对象"→"转换为曲线"命令，将文本转换为曲线。选择形状工具，选中部分内容删除，如图7-50所示。

步骤 09 复制齿轮并缩放，移动至删除位置，最终效果如图7-51所示。

图 7-49　文本效果　　　　图 7-50　删除部分文本　　　　图 7-51　最终效果

至此，完成特殊文本效果的制作。

7.3　链接文本

链接文本适用于段落文本，可以将两个或多个文本框中的内容链接相通，以完整显示。

7.3.1　段落文本之间的链接

选中文本框，执行"文本"→"段落文本框"→"链接"命令，将链接选中文本框。链接文本之后，通过调整文本框的大小可同时调整链接文本框中文本的显示效果。图7-52和图7-53分别为链接文本框前后效果。

图 7-52　原文本效果　　　　　　图 7-53　链接文本效果

■7.3.2　文本与图形之间的链接

"链接"命令还支持在文本框和图形之间建立连接。将鼠标光标移动到文本框下方的控制点图标上,当光标变为双箭头形状时单击,此时光标变为斜箭头▣形状,移动至图形对象内部变为黑色箭头▣形状,单击,可将未显示的文本显示到图形中,形成图文链接。图7-54和图7-55为链接前后效果。

图 7-54　原文本效果　　　　　　图 7-55　链接文本效果

■7.3.3　断开文本链接

选中创建文本链接的文本框,执行"文本"→"段落文本框"→"断开链接"命令,将断开文本框之间的链接。断开链接后,文本框中的内容将保持现有的状态,在调整单个文本框或图形时,其他文本框中的内容不会发生变化。图7-56和图7-57分别为断开链接文本框前后效果。

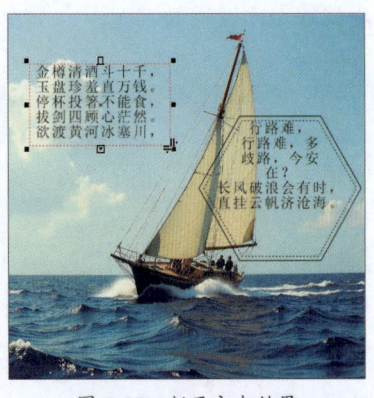

图 7-56　原文本效果　　　　　　图 7-57　断开文本效果

课堂演练：杂志页面的排版

学习完本章的内容后，利用文本工具、钢笔工具等制作杂志页面。

步骤 01 新建一个340×240 mm的空白文档，使用辅助线定位页面中部，如图7-58所示。

步骤 02 使用相同的方法，拖曳辅助线定位版心，辅助线距页面边缘2 cm，如图7-59所示。在"辅助线"泊坞窗中锁定辅助线，避免误操作。

图 7-58 新建文档，创建辅助线

图 7-59 创建辅助线

知识点拨 可以通过"辅助线"泊坞窗精准添加辅助线。

步骤 03 选择文本工具，在页面合适位置单击输入文本，在"文本"泊坞窗中设置参数，如图7-60所示，效果如图7-61所示。

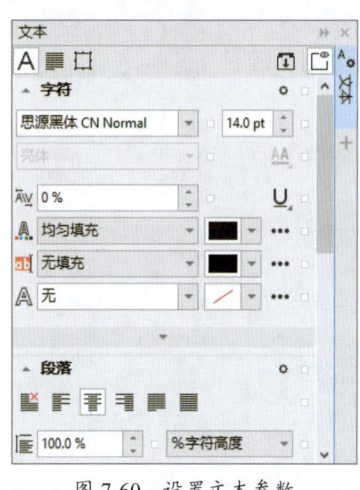

图 7-60 设置文本参数

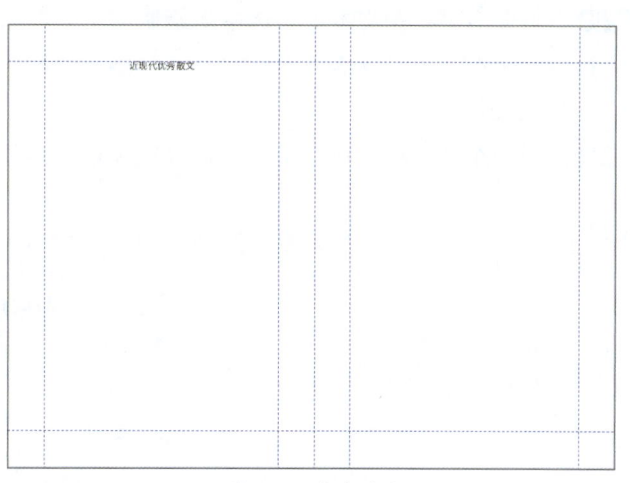

图 7-61 文本效果

步骤 04 使用相同的方法，创建其他美术字文本，调整合适大小与格式，如图7-62所示。

步骤 05 使用2点线工具绘制线段，如图7-63所示。

步骤 06 选择文本工具，在页面中按住鼠标左键拖曳绘制文本框，如图7-64所示。

步骤 07 在文本框中输入文本，如图7-65所示。

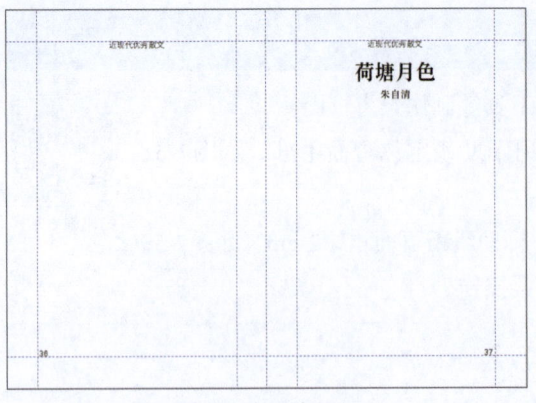

图 7-62 创建文本　　　　　　　　　图 7-63 绘制线段

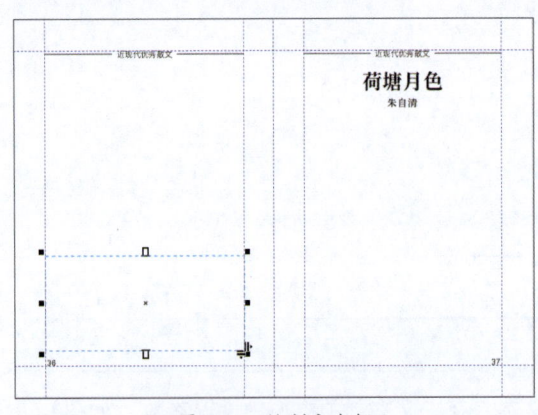

图 7-64 绘制文本框　　　　　　　　图 7-65 输入文本

步骤 08 在页面右侧绘制文本框，选中新绘制的文本框和之前的文本框，执行"文本"→"段落文本框"→"链接"命令，创建文本链接，如图 7-66 所示。

步骤 09 选中两个文本框，在"文本"泊坞窗中设置参数，如图 7-67 所示。

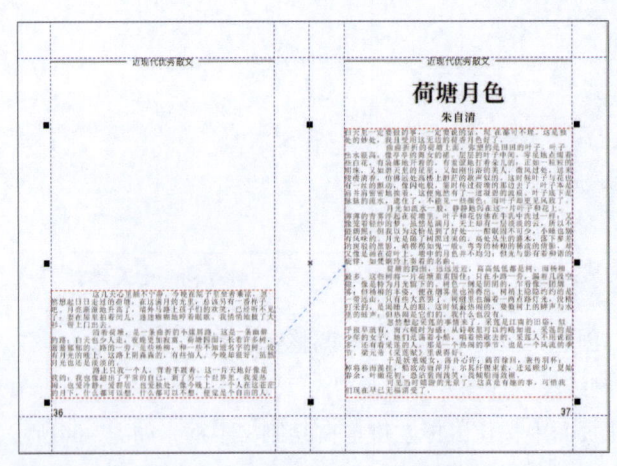

图 7-66 绘制文本框，创建链接　　　图 7-67 设置文本参数

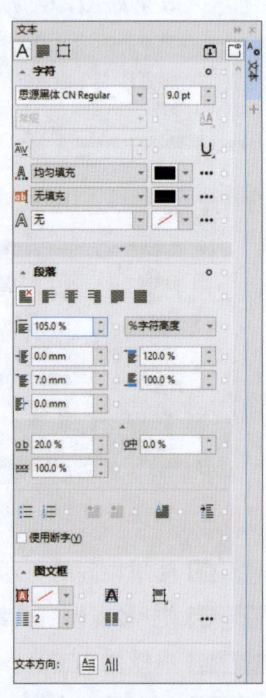

步骤 10 单击"栏"按钮，打开"栏设置"对话框，修改栏宽度，如图7-68所示。

步骤 11 单击"OK"按钮，效果如图7-69所示。

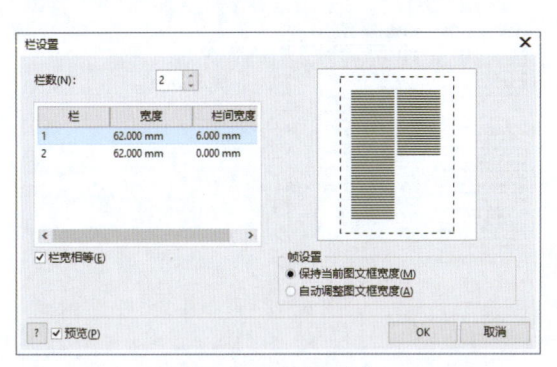

图 7-68 设置栏效果

图 7-69 设置栏后的效果

步骤 12 选中文本框中的文本，设置字距调整范围为20%，效果如图7-70所示。

步骤 13 使用AIGC工具通过输入关键词"荷塘月色插画"生成图像，如图7-71所示。选择左下角的图像保存。

图 7-70 调整文本

图 7-71 生成图像

步骤 14 按Ctrl+I组合键导入上一步保存的图像，调整大小和位置，如图7-72所示。

图 7-72 导入图像

步骤 15 根据辅助线绘制矩形，如图7-73所示。

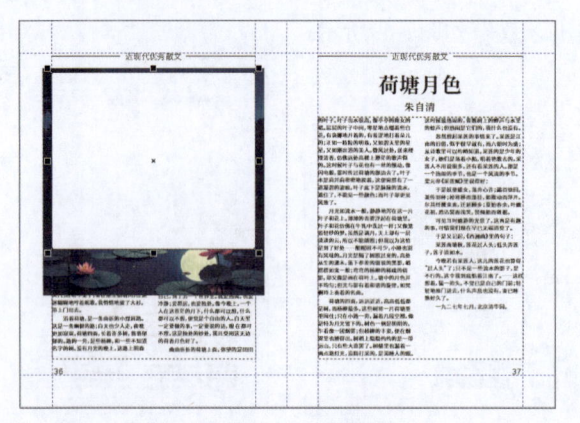

图 7-73　绘制矩形

步骤 16 选中导入的图像，右击鼠标，在弹出的快捷菜单中执行"PowerClip内部"命令，在矩形上单击，效果如图7-74所示。

图 7-74　创建 PowerClip 内部效果

步骤 17 隐藏辅助线，效果如图7-75所示。

图 7-75　隐藏辅助线

至此，完成杂志页面的排版。

课后作业

一、选择题

1. 不能调整文本字体字号的泊坞窗是（　　）。

   A. 属性栏　　　　　　　　　　　B. "属性"泊坞窗

   C. "文本"泊坞窗　　　　　　　　D. "对象"泊坞窗

2. 块文本是指（　　）。

   A. 美术字　　　　　　　　　　　B. 路径文本

   C. 段落文本　　　　　　　　　　D. 点文字

3. 段落文本和美术字互相转换的组合键是（　　）。

   A. Ctrl+F8　　　　　　　　　　 B. Ctrl+U

   C. Ctrl+G　　　　　　　　　　　D. Ctrl+Shift+T

4. 文本的对齐方式不包括（　　）。

   A. 左对齐　　　　　　　　　　　B. 垂直对齐

   C. 两端对齐　　　　　　　　　　D. 居中对齐

二、填空题

1. 选中文本后，在"文本"泊坞窗中设置"＿＿＿＿＿＿"属性可以调整选定文本范围内字符之间的间距。

2. 在"＿＿＿＿＿＿"对话框中可以设置栏宽度和栏间宽度。

3. "文本"泊坞窗中包括＿＿＿＿＿＿、＿＿＿＿＿＿和＿＿＿＿＿＿3个属性组。

4. 将文本转换为曲线的组合键是＿＿＿＿＿＿。

5. 使用文本工具在页面中拖曳并输入文本创建的是＿＿＿＿＿＿。

三、上机题

上机实操1：设计合格证

设计合格证，图7-76～图7-78分别为制作合格证的过程展示图。

图 7-76　绘制并调整矩形 　　　　图 7-77　丰富合格证内容 　　　　图 7-78　绘制绳结完善合格证

思路提示：

- 绘制矩形并调整圆角，填充渐变色。
- 制作外部偏移路径。
- 输入文本，为文本添加描边效果。
- 绘制绳结。

<u>**上机实操2**</u>：**设计台历**

设计台历，图7-79~图7-81分别为制作台历的过程展示图。

图 7-79　制作台历背景　　　　　　图 7-80　创建台历内容

图 7-81　添加装饰

思路提示：

- 绘制矩形，并设置。
- 输入文本并调整。
- 置入素材对象并调整。

模块 8　位图与效果

内容概要

本模块将主要介绍位图及其效果。位图能够丰富设计作品的层次和细节，而效果则能够为矢量图形和位图增添独特的视觉感受。通过学习本模块的内容，用户可以深入了解这些效果，从而更有效地运用它们。

知识要点

- 位图的应用。
- 认识效果。
- 效果的添加与使用。

数字资源

【本模块素材】
"素材文件\模块8"目录下
【本模块课堂演练最终文件】
"素材文件\模块8\课堂演练"目录下

8.1 位图的导入

作为一款专业的矢量绘图软件，CorelDRAW不仅支持矢量图形的创建，还能够将矢量图与位图有机结合，提升工作效率。

8.1.1 导入位图

CorelDRAW提供了多种导入位图图像的方法，常用的包括以下3种。

- 执行"文件"→"导入"命令。
- 使用Ctrl+I组合键。
- 单击"标准"工具栏中的"导入"按钮⬇。

这3种方法都能打开"导入"对话框，如图8-1所示，从中选择位图图像，在页面中单击或拖曳即可，图8-2为导入的位图图像。

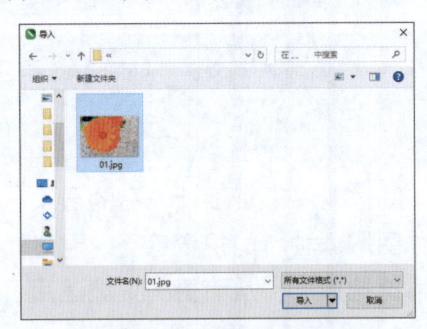

图 8-1 "导入"对话框 　　　　图 8-2 导入图像

知识点拨 除以上方法外，用户还可以直接将位图从文件夹中拖曳至CorelDRAW中应用。

8.1.2 调整位图大小

除了在导入时拖曳调整位图的大小外，用户还可以选中导入的位图，将鼠标指针放置在图像周围的黑色控制点上，按住鼠标左键拖动调整，或选中后，在属性栏中设置参数进行调整。图8-3和图8-4为调整前后对比效果。

图 8-3 原对象 　　　　图 8-4 缩小图像

除了直接调整位图尺寸外，用户还可以通过裁剪位图调整尺寸。选择裁剪工具在位图上拖

曳裁剪，如图8-5所示。设置完成后单击"裁剪"按钮 ✓裁剪 即可。或选择形状工具调整位图节点，形状轮廓外的内容将被裁切，如图8-6所示。

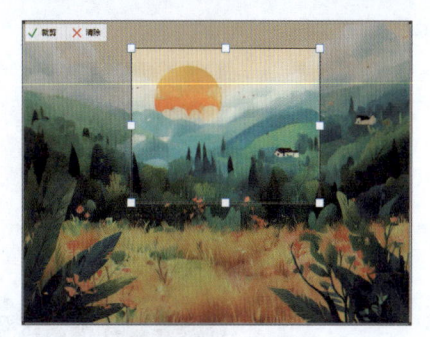

图 8-5　裁剪图像 　　　　　图 8-6　调整图像节点

实例 调整位图比例

本案例利用裁剪工具等工具调整位图比例。

步骤 01 使用AIGC工具通过输入关键词"灯塔"生成图像，如图8-7所示。选择左下角的图像保存。

步骤 02 打开CorelDRAW软件，执行"文件"→"新建"命令，打开"创建新文档"对话框，设置参数，如图8-8所示。完成后单击"OK"按钮新建文档。

图 8-7　生成图像 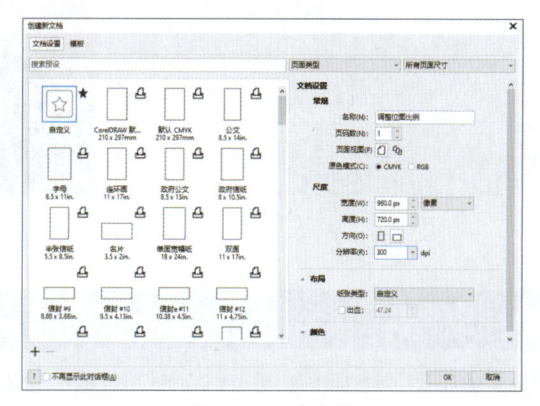　　　　　图 8-8　新建文档

步骤 03 执行"文件"→"导入"命令，打开"导入"对话框，选择上一步保存的图像，如图8-9所示。

步骤 04 完成后单击"导入"按钮，在页面中单击导入图像，在"对齐与分布"泊坞窗中设置图像与页面居中对齐，效果如图8-10所示。

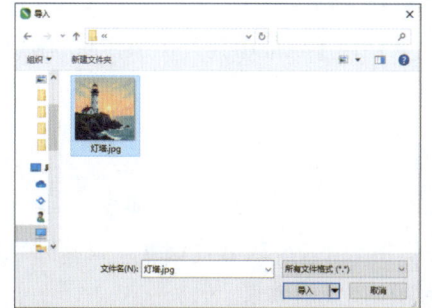

图 8-9　"导入"对话框 　　　　　图 8-10　导入图像

步骤 05 选择裁剪工具，在图像上拖曳设置裁剪区域，如图8-11所示。

步骤 06 在属性栏中输入精确的数值，如图8-12所示。

步骤 07 此时，裁剪区域将发生改变，如图8-13所示。

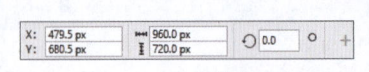

图 8-11 设置裁剪区域　　　　　图 8-12 设置裁剪区域　　　　　图 8-13 设置后效果

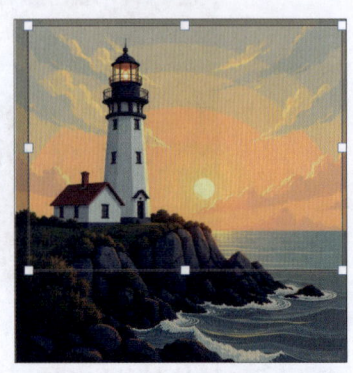

步骤 08 单击"裁剪"按钮，裁剪图像，调整图像与页面居中对齐，如图8-14所示。

至此，完成位图比例的调整。

图 8-14 裁剪图像

8.2　位图的编辑

CorelDRAW提供了针对位图的编辑命令，包括矢量图与位图的转换、矫正图像、图像调整实验室、位图遮罩等。

■ 8.2.1　矢量图与位图的转换

自由地在矢量图和位图之间转换不仅能够提升图像作品的使用便捷性，还能提高图像作品的质量和表现力。

1. 将矢量图转换为位图

选中矢量图，执行"位图"→"转换为位图"命令，打开"转换为位图"对话框，如图8-15所示。从中可对生成位图的相关参数进行设置，设置完成后单击"确定"按钮即可。图8-16和图8-17为矢量图转换为位图前后效果。

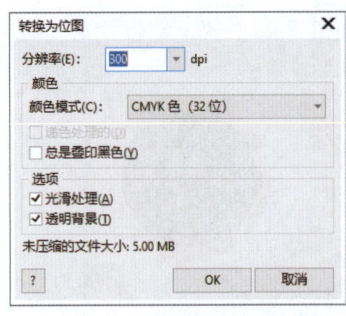

图 8-15 "转换为位图"对话框　　图 8-16 原矢量图　　图 8-17 转换的位图

2. 将位图转换为矢量图

位图转换为矢量图主要是通过描摹实现，包括快速描摹、中心线描摹、轮廓描摹等，如图8-18所示。这些描摹方式的作用介绍如下：

- **快速描摹**：默认为上次使用的描摹方法。
- **中心线描摹**：又被称为"笔触描摹"，使用线条描摹对象，适用于描摹技术图解、地图、线条画和拼版等。
- **轮廓描摹**：又被称为"填充"或"轮廓图描摹"，通过无轮廓的曲线描摹对象，适用于描摹剪贴画、徽标和橡皮图像。

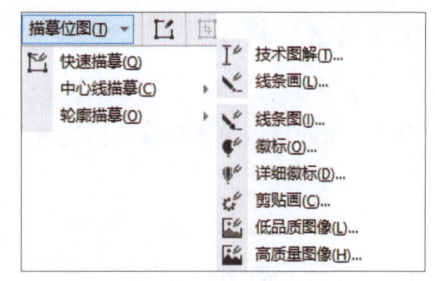

图 8-18 描摹菜单

选择位图，在属性栏中单击"描摹位图"按钮，在弹出的快捷菜单中执行相应的命令即可。位图转换为矢量图前后效果如图8-19和图8-20所示。

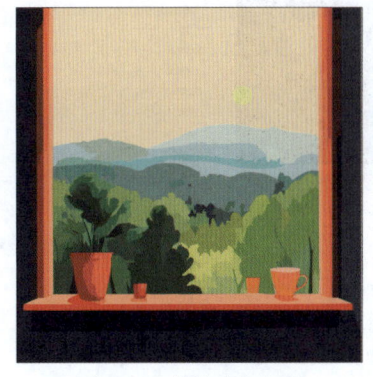

图 8-19 原位图　　图 8-20 转换的矢量图

8.2.2 矫正图像

使用"矫正图像"命令可以快速修正构图偏差的位图图像，提升位图质感，还提供了操作时的实时预览功能，使用户能够在调整过程中灵活地修改图像。

选中要调整的位图图像，执行"位图"→"矫正图像"命令，打开"矫正图像"对话框，如图8-21所示。在该对话框右侧栏中拖动滑块设置参数，图8-22为矫正后效果。

图 8-21 "矫正图像"对话框　　　　　图 8-22 矫正图像

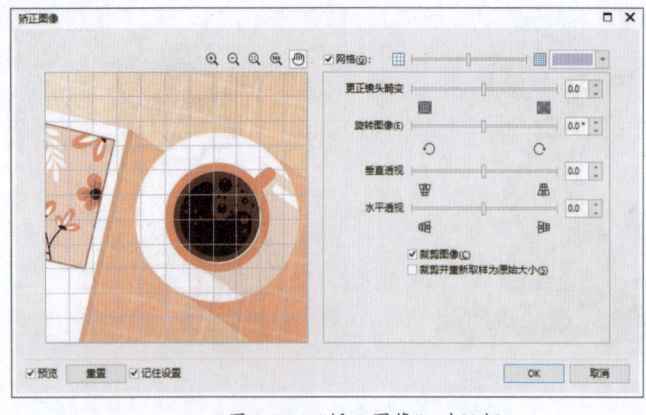

8.2.3 图像调整实验室

"图像调整实验室"命令集成了色相、饱和度、对比度和高光等多种调色功能，允许用户快速、全面地调整图像颜色。这种集成设计提高了调整效率，使用户能够在一个界面中进行多方面的图像优化。

选中位图图像，执行"位图"→"图像调整实验室"命令，打开"图像调整实验室"对话框，如图8-23所示。从中拖动滑块设置参数，图8-24为调整后的效果。

图 8-23 "图像调整实验室"对话框　　　　　图 8-24 调整后效果

知识点拨 在调整过程中若对效果不满意，可单击"图像调整实验室"对话框中的"重置"按钮，快速地将图像返回至原始状态，重新进行调整。

8.2.4 位图遮罩

使用"位图遮罩"命令可以隐藏或显示位图中的颜色。选中位图，执行"位图"→"位图遮罩"命令，打开"位图遮罩"泊坞窗，如图8-25所示。使用"颜色选择器"按钮选择位图中的颜色，勾选要隐藏或显示的通道旁边的复选框，设置公差控制颜色范围，然后选择隐藏或显示选定项，单击"应用"按钮即可。图8-26和图8-27为遮罩前后效果。

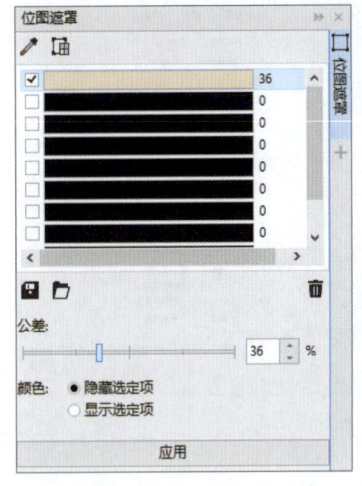

图 8-25 "位图遮罩"泊坞窗　　图 8-26 原图像　　图 8-27 遮罩后效果

实例 将位图转化为矢量图

本案例利用描摹将位图转换为矢量图。

步骤 01 使用AIGC工具通过输入关键词"中餐餐饮连锁品牌标志设计，平面化，简洁"生成图像，如图8-28所示。选择左上角的图像保存。

步骤 02 打开CorelDRAW软件，执行"文件"→"新建"命令，打开"创建新文档"对话框，设置参数，如图8-29所示。设置完成后单击"OK"按钮新建文档。

扫码观看视频

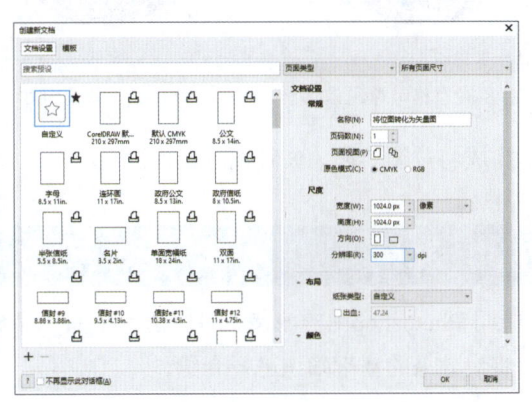

图 8-28 生成图像　　图 8-29 "创建新文档"对话框

步骤 03 按Ctrl+I组合键，导入上一步保存的图像，并设置与页面居中对齐，如图8-30所示。

图 8-30 导入图像

步骤 04 选中导入的位图，单击属性栏中"描摹位图"按钮 描摹位图 ，在弹出的列表中选择"轮廓描摹"→"详细徽标"选项，打开"PowerTRACE"对话框，从中设置参数，如图8-31所示。

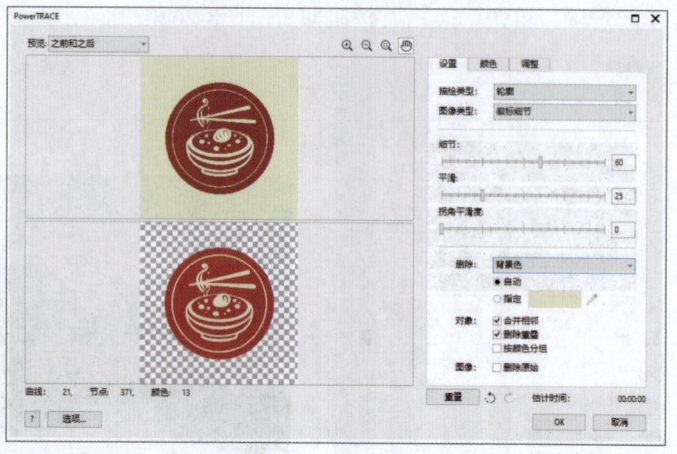

图 8-31 删除背景色

步骤 05 完成后单击"OK"按钮，隐藏原图像，效果如图8-32所示。
步骤 06 选中临摹后的对象，按Ctrl+U组合键取消群组，如图8-33所示。
步骤 07 选中填充区域设置颜色，制作出不同风格的标志效果，如图8-34所示。

图 8-32 隐藏原图像　　图 8-33 取消群组　　图 8-34 调整颜色

至此，完成将位图转换为矢量图的操作。

8.3 认识效果

效果类似于Photoshop中的滤镜，可以赋予平面作品更丰富的表现效果，提升作品的视觉吸引力。下面将对效果的基础知识进行介绍。

■ 8.3.1 "效果"菜单

CorelDRAW中的效果基本集中在"效果"菜单中，如图8-35所示。CorelDRAW软件对这些效果进行了归类，将功能相似的效果归入到一个效果组中，每个效果组中还包含了多个效果命令，图8-36为"艺术笔触"效果组中的效果。

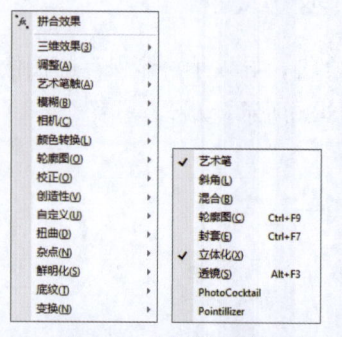

图 8-35 "效果"菜单　　图 8-36 "艺术笔触"效果组

■8.3.2 效果的应用与编辑

CorelDRAW中的效果应用具有非破坏性的特点，用户可以添加、编辑、移除、显示或隐藏效果，而不改变原始对象。选中图像，执行"效果"命令，在弹出的菜单中执行所需的子命令，即可查看效果，图8-37和图8-38为应用效果前后对比效果。选中已添加效果的对象，在"属性"面板"效果"选项卡中，可以对效果属性参数进行设置，如图8-39所示。

图 8-37　原图像 　　　　图 8-38　调整后效果 　　　　图 8-39　"属性"泊坞窗"效果"选项卡

移动鼠标至效果名称处，单击右侧出现的◉按钮可以控制效果的显示或隐藏。单击➕按钮，在弹出的快捷菜单中执行命令可以继续添加新的效果。选中效果后单击🗑按钮，将删除该效果。

8.4　色彩的调整效果

调整效果组是常用的预设效果组，可以调整图像的颜色和色调，包括色阶、调合曲线等多种效果命令，本节将对其中较为常用的效果进行介绍。

■8.4.1　自动调整

"自动调整"效果是软件根据图像的对比度和亮度进行快速的自动匹配，让图像效果更清晰分明。该命令没有参数设置对话框，选中图像，执行"效果"→"调整"→"自动调整"命令即可。图8-40和图8-41分别为调整前后效果。

图 8-40　原图像 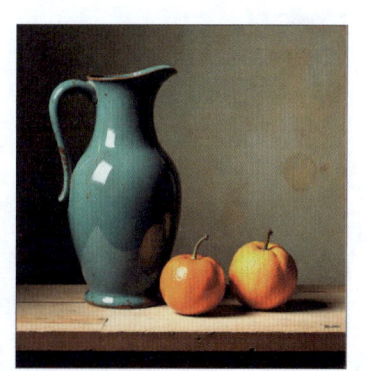　　　　图 8-41　自动调整效果

■ 8.4.2 色阶

"色阶"效果是指在保留阴影和高亮度显示细节的同时，调整位图的色调、颜色和对比度。选中图像，执行"效果"→"调整"→"色阶"命令，在"属性"泊坞窗中将出现对应的参数，从中进行设置即可，如图8-42所示。图8-43和图8-44分别为调整前后效果。

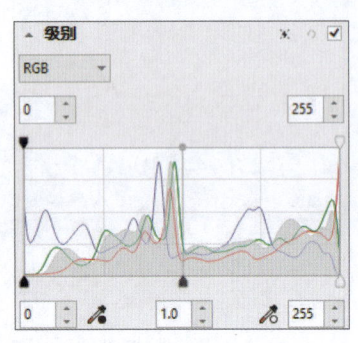

图 8-42 "色阶"选项　　　　图 8-43 原图像　　　　图 8-44 调整后效果

■ 8.4.3 样本&目标

"样本&目标"效果是指使用从图像中选取的色样调整位图中的颜色值，如从图像的阴影、中间调和高光部分选取色样，然后设置目标颜色将其应用于每个色样。选中图像，执行"效果"→"调整"→"样本&目标"命令，在"属性"泊坞窗中将出现对应的参数，从中进行设置即可，如图8-45所示。图8-46和图8-47分别为调整前后效果。

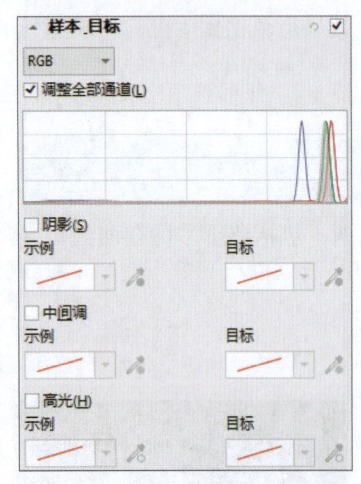

图 8-45 "样本&目标"选项　　　　图 8-46 原图像　　　　图 8-47 调整后效果

■ 8.4.4 调合曲线

"调合曲线"效果是指控制各个像素值，精确调整图像中的阴影、中间值和高光的颜色，从而快速调整图像的明暗关系。选中图像，执行"效果"→"调整"→"调合曲线"命令，在"属性"泊坞窗中将出现对应的参数，从中进行设置即可，如图8-48所示。图8-49和图8-50分别为调整前后效果。

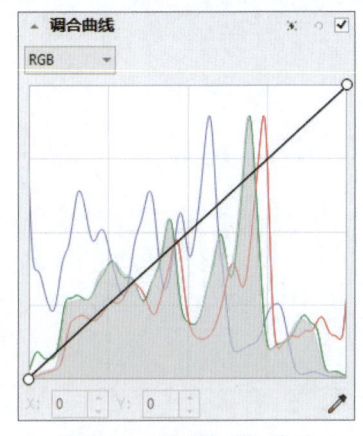

图 8-48　"调合曲线"选项　　　图 8-49　原图像　　　图 8-50　调整后效果

8.4.5　亮度

"亮度"效果是指调整所有颜色的亮度和明亮区域与暗色区域之间的差异。选中图像，执行"效果"→"调整"→"亮度"命令，或按Ctrl+B组合键，在"属性"泊坞窗中将出现对应的参数，从中进行设置即可，如图8-51所示。图8-52和图8-53分别为调整前后效果。

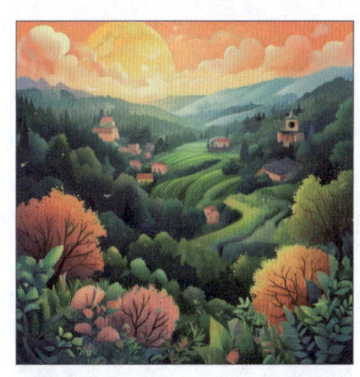

图 8-51　"亮度"选项　　　图 8-52　原图像　　　图 8-53　调整后效果

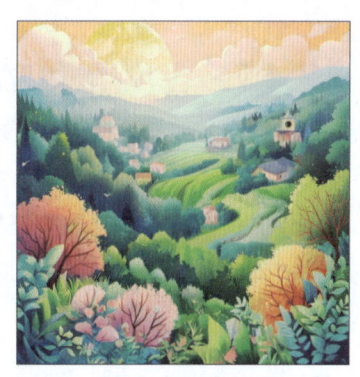

8.4.6　颜色平衡

"颜色平衡"效果是指在原色的基础上添加其他颜色，或通过某种颜色的补色，减少该颜色的数量，从而改变图像色调，达到纠正图像中偏色或制作单色图像的效果。选中图像，执行"效果"→"调整"→"颜色平衡"命令，或按Ctrl+Shift+B组合键，在"属性"泊坞窗中将出现对应的参数，从中进行设置即可，如图8-54所示。图8-55和图8-56分别为调整前后效果。

177

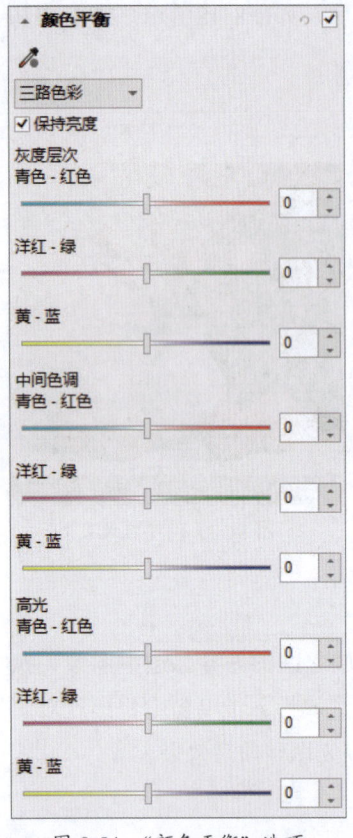

图 8-54 "颜色平衡"选项　　图 8-55 原图像　　图 8-56 调整后效果

■8.4.7 色度/饱和度/亮度

"色度/饱和度/亮度"效果是指调整位图中的颜色通道，并更改色谱中颜色的位置。

选中图像，执行"效果"→"调整"→"色度/饱和度/亮度"命令，或按Ctrl+Shift+U组合键，在"属性"泊坞窗中将出现对应的参数，从中进行设置即可，如图8-57所示。图8-58和图8-59分别为调整前后效果。

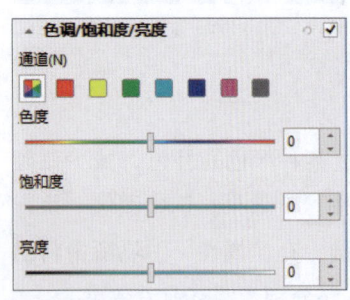

图 8-57 色度/饱和度/亮度选项　　图 8-58 原图像　　图 8-59 调整后效果

■8.4.8 替换颜色

"替换颜色"效果是指替换图像、选定内容或对象中的一种或多种颜色。选中图像,执行"效果"→"调整"→"替换颜色"命令,在"属性"泊坞窗中将出现对应的参数,从中进行设置即可,如图8-60所示。图8-61和图8-62分别为调整前后效果。

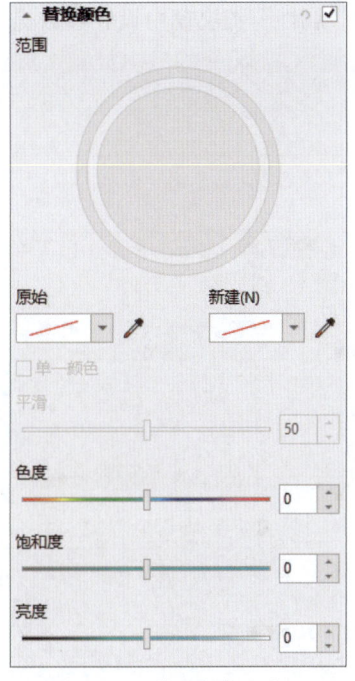

图 8-60 "替换颜色"选项　　图 8-61 原图像　　图 8-62 调整后效果

■8.4.9 取消饱和

"取消饱和"效果是指将位图中每种颜色的饱和度降到零,移除色度组件,并将每种颜色转换为与其相对应的灰度,使图像呈现出黑白照片的效果。选中图像,执行"效果"→"调整"→"取消饱和"命令即可取消饱和。图8-63和图8-64分别为调整前后效果。

图 8-63 原图像　　图 8-64 取消饱和效果

实例 制作黄昏效果

本案例利用色阶和颜色平衡效果制作黄昏效果。

步骤 01 使用AIGC工具通过输入关键词"室内一角"生成图像,如图8-65所示。选择右下角的图像保存。

步骤 02 新建一个1 024×1 024 px的空白文档,按Ctrl+I组合键导入上一步保存的图像,并设置与页面居中对齐,如图8-66所示。

扫码观看视频

步骤 03 选中位图，执行"效果"→"调整"→"色阶"命令，在"属性"泊坞窗中设置参数提亮画面，如图8-67所示，效果如图8-68所示。

图 8-65 生成图像

图 8-66 导入图像

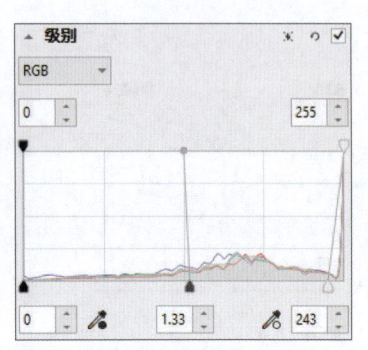

图 8-67 调整色阶

步骤 04 选中位图，执行"效果"→"调整"→"颜色平衡"命令，在"属性"泊坞窗中设置参数，如图8-69所示，效果如图8-70所示。

图 8-68 提亮图像

至此，完成黄昏效果的制作。

图 8-70 设置后效果

图 8-69 设置颜色平衡

8.5 精彩的三维效果

使用三维效果效果组中的效果可以将三维效果应用至图像，如三维旋转、柱面、浮雕等，从而使图像呈现出纵深感。

8.5.1 三维旋转

"三维旋转"效果是指在三维空间内旋转平面图像。选中图像，执行"效果"→"调整"→"三维旋转"命令，在"属性"泊坞窗中将出现对应的参数，如图8-71所示。从中调整交互式三维模型，或设置"垂直"和"水平"参数，进行旋转和定位图像即可。图8-72和图8-73分别为调整前后效果。

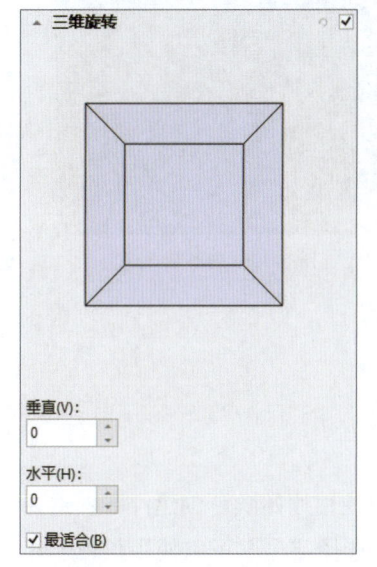

图8-71 "三维旋转"选项　　　图8-72 原图像　　　图8-73 旋转后效果

8.5.2 柱面

"柱面"效果是指模拟圆柱体表面贴图的效果。选中图像，执行"效果"→"调整"→"柱面"命令，在"属性"泊坞窗中将出现对应的参数，从中设置参数即可。如图8-74所示。图8-75和图8-76分别为调整前后效果。

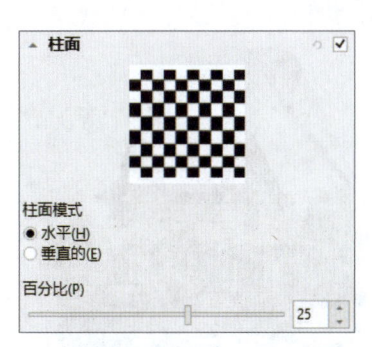

图8-74 "柱面"选项　　　图8-75 原图像　　　图8-76 调整后效果

■ 8.5.3 浮雕

"浮雕"效果是指将平面的图像转换为浮雕,显示出凸脊和裂缝细节。选中图像,执行"效果"→"调整"→"浮雕"命令,在"属性"泊坞窗中将出现对应的参数,从中设置参数即可,如图8-77所示。图8-78和图8-79分别为调整前后效果。

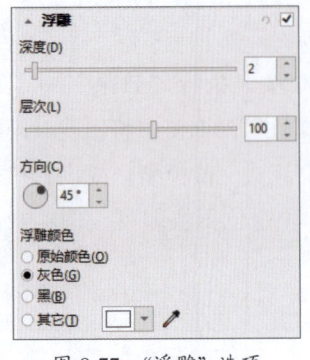

图 8-77 "浮雕"选项　　　图 8-78 原图像　　　图 8-79 调整后效果

"浮雕"效果部分参数的作用介绍如下:
- **深度**:用于设置浮雕中的凸脊和缺口的深度。
- **层次**:用于设置效果的强度。
- **方向**:用于设置光源的方向。
- **浮雕颜色**:用于设置浮雕的颜色。选择"原始颜色"可以使用原始颜色创建浮雕;选择"灰色"可以使用灰色创建浮雕,并伴有中等浮雕高光;选择"黑"可以使用黑色创建浮雕,并伴有高对比度浮雕高光;选择"其它[①]"可以自定义颜色创建浮雕。

■ 8.5.4 卷页

"卷页"效果是指使图像的其中一角卷起,用户可以在"属性"泊坞窗中设置卷起的角。选中图像,执行"效果"→"调整"→"卷页"命令,在"属性"泊坞窗中将出现对应的参数,从中设置参数即可。如图8-80所示。图8-81和图8-82分别为调整前后效果。

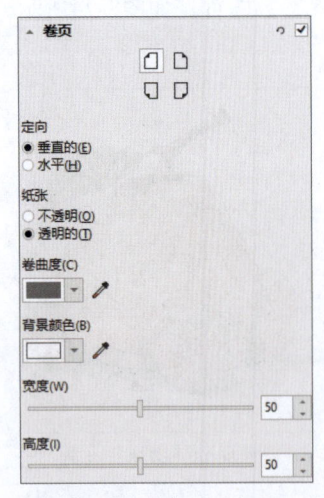

图 8-80 "卷页"选项　　　图 8-81 原图像　　　图 8-82 调整后效果

① 正确写法应为"其他",这里采用"其它"是为与软件保持一致。后续相同问题也采取此方法。

■8.5.5 挤远/挤近

"挤远/挤近"效果是指使图像相对于中心点,朝向或远离屏幕的方向弯曲图像。选中图像,执行"效果"→"调整"→"挤远/挤近"命令,在"属性"泊坞窗中将出现对应的参数,如图8-83所示。单击"中心点选择器"按钮后,在图像上单击确定中心点,然后拖动"挤远/挤近"选项的滑块,或在数值框中输入相应的数值,将使图像产生变形效果。当数值为0时,表示无变化;当数值为正数时,将图像挤远,形成凹效果,如图8-84所示;当数值为负数时,将图像挤近,形成凸效果,如图8-85所示。

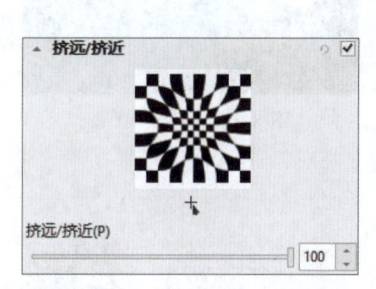

图 8-83 "挤远/挤近"选项　　图 8-84 挤远效果　　图 8-85 挤近效果

■8.5.6 球面

"球面"效果是指沿球面的内侧或外侧弯曲图形,生成凸起或凹陷的效果。选中图像,执行"效果"→"调整"→"球面"命令,在"属性"泊坞窗中将出现对应的参数,如图8-86所示。拖动"百分比"滑块,或直接输入数值:正数将生成凸起的球面效果,如图8-87所示;负数将生成凹陷的球面效果,如图8-88所示。

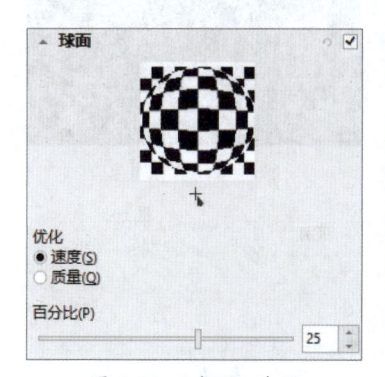

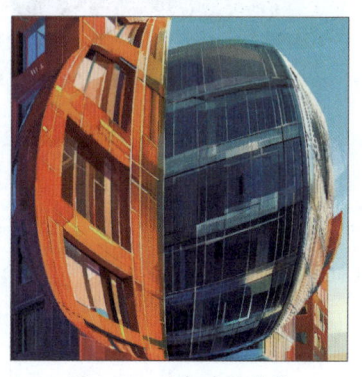

图 8-86 "球面"选项　　图 8-87 凸起球面效果　　图 8-88 凹陷球面效果

■8.5.7 锯齿型

"锯齿型"效果是指创建从中心点向外扭曲的波纹效果,用户可以在"属性"泊坞窗中设置波形的类型和强度。选中图像,执行"效果"→"调整"→"锯齿型"命令,在"属性"泊坞窗中将出现对应的参数,如图8-89所示。图8-90和图8-91分别为调整前后效果。

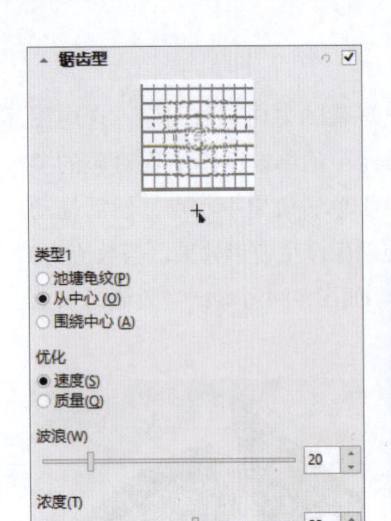

图 8-89 "锯齿型"选项

图 8-90 原图像

图 8-91 调整后效果

实例 制作水波纹效果

本案例利用锯齿型效果制作水波纹效果。

步骤 01 使用AIGC工具通过输入关键词"平静的水面，俯视图"生成图像，如图8-92所示。选择右下角的图像保存。

步骤 02 新建一个1 024×1 024 px的空白文档，按Ctrl+I组合键导入上一步保存的图像，并设置与页面居中对齐，如图8-93所示。

步骤 03 选中位图，执行"效果"→"调整"→"色阶"命令，在"属性"泊坞窗中设置参数，如图8-94和图8-95所示，效果如图8-96所示。

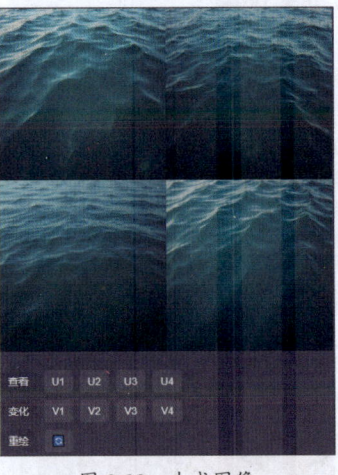

图 8-92 生成图像

图 8-93 导入图像

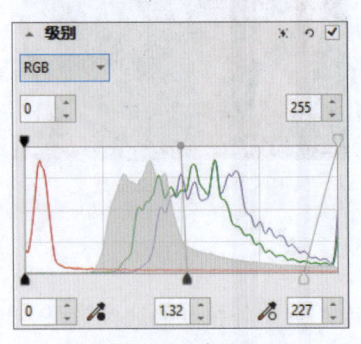

图 8-94 设置色阶（1）

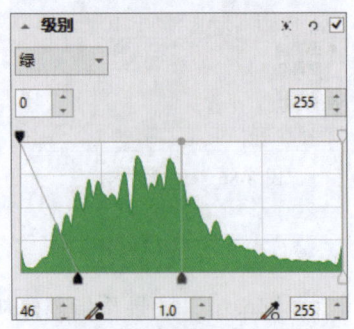

图 8-95 设置色阶（2）

步骤 04 执行"效果"→"调整"→"白平衡"命令，在"属性"泊坞窗中设置参数，如图8-97所示，效果如图8-98所示。

图 8-96　色阶效果　　　　　图 8-97　设置白平衡　　　　　图 8-98　白平衡效果

步骤 05 执行"效果"→"三维效果"→"锯齿型"命令，在"属性"泊坞窗中设置参数，如图8-99所示，效果如图8-100所示。

至此，完成水波纹效果的制作。

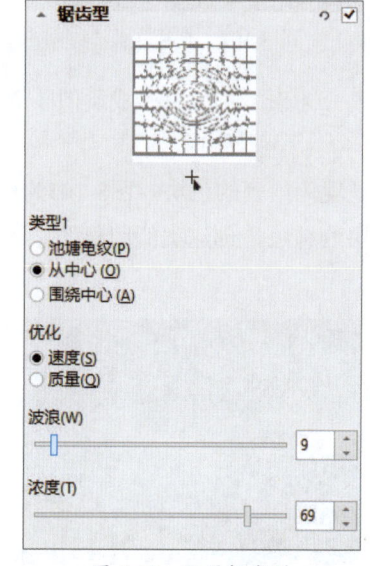

图 8-99　设置锯齿型　　　　　图 8-100　锯齿型效果

8.6　其他常用效果

CorelDRAW提供了丰富的效果，这些效果不仅增强了作品的个性化表达，还提升了作品的深度和层次感。通过灵活运用不同的效果，可以创造出更具吸引力的作品。本节将对"效果"菜单中的其他常用效果进行介绍。

■ 8.6.1　艺术笔触

使用艺术笔触效果组中的效果可以使图像呈现出艺术化的风格质感，包括炭笔画、蜡笔画、印象派等多个效果。其中常用效果的作用介绍如下：

- **炭笔画**：制作类似使用炭笔在图像上绘制的图像效果，多用于对人物图像或照片进行艺术化处理。图8-101和图8-102分别为应用该效果并调整前后效果。
- **单色蜡笔画、蜡笔画、彩色蜡笔画**：这3种效果都为蜡笔效果，可以快速将图像中的像素分散，模拟出蜡笔画的效果。图8-103为应用"蜡笔画"效果后的图像效果。

图 8-101　原图像　　　　　图 8-102　炭笔画效果　　　　　图 8-103　蜡笔画效果

- **立体派**：将类似颜色的像素分为正方形，以生成类似于立体派绘画的图像。图8-104为应用该效果后的图像效果。
- **浸印画**：使图像像素外观呈现为绘画的色块。图8-105为应用该效果后的图像效果。
- **印象派**：将图像转换为小块的纯色，创建类似印象派作品的效果。图8-106为应用该效果后的图像效果。

图 8-104　立体派效果　　　　　图 8-105　浸印画效果　　　　　图 8-106　印象派效果

- **调色刀**：使图像中相近的颜色相互融合，生成用调色刀在画布上涂抹颜料的效果。图8-107为应用该效果后的图像效果。
- **钢笔画**：使图像看起来像运用交叉阴影或点画绘制的图像。图8-108为应用该效果后的图像效果。
- **点彩派**：分析图像的主色并将其转换为点，快速赋予图像一种点彩画派的风格。图8-109为应用该效果后的图像效果。

图 8-107　调色刀效果　　　　　图 8-108　钢笔画效果　　　　　图 8-109　点彩派效果

- **木版画**：通过刮除黑色表面以显示白色或其他颜色，使图像看起来像刮涂绘画。图8-110为应用该效果后的图像效果。
- **素描**：使图像生成铅笔素描绘画的手稿效果，可以选择碳色或颜色绘制。图8-111为应用该效果后的图像效果。
- **水彩画**：描绘出图像中的景物形状，同时对图像进行简化、混合、渗透，进而生成水彩画的效果。图8-112为应用该效果后的图像效果。

图 8-110　木版画效果　　　　　图 8-111　素描效果　　　　　图 8-112　水彩画效果

- **水印画**：为图像创建水印斑点绘画的效果。图8-113为应用该效果后的图像效果。
- **波纹纸画**：使图像看起来好像绘制在带有底纹的波纹纸上。图8-114为应用该效果后的图像效果。

图 8-113　水印画效果　　　　　图 8-114　波纹纸画效果

8.6.2 模糊

使用模糊效果组中的效果可以柔化图像的像素，使其边缘平滑，呈现出模糊的效果，该组中包括定向平滑、高斯式模糊等多个效果，其中常用效果的作用介绍如下：

- **调节模糊**：可以为图像应用4种模糊效果，如图8-115所示。为图像应用该效果后，在"属性"泊坞窗中设置参数即可。
- **定向平滑**：平滑图像中逐渐变化的区域，同时保留边缘细节和纹理。
- **羽化**：柔化图像边缘。图8-116和图8-117分别为应用该效果并调整前后效果。

图 8-115 "调节模糊"选项　　图 8-116 原图像　　图 8-117 羽化效果

- **高斯式模糊**：根据高斯分布模糊图像焦点，并按照钟形曲线向外扩展像素信息。图8-118为应用该效果后的图像效果。
- **锯齿状模糊**：为图像添加细微的锯齿状模糊效果，变形不明显。
- **低通滤波器**：可以去除图像中锐边和细节，让图像的模糊效果更柔和。图8-119为应用该效果后的图像效果。
- **动态模糊**：模仿拍摄运动物体的手法，通过使像素进行某一方向上的线性位移产生运动模糊效果。图8-120为应用该效果后的图像效果。

图 8-118 高斯式模糊效果　　图 8-119 低通滤波器效果　　图 8-120 动态模糊效果

- **放射式模糊**：使图像产生从中心点旋转的模糊效果。中心点处的图像效果不变，离中心

点越远，效果越强烈。图8-121为应用该效果后的图像效果。
- **智能模糊**：选择性地为画面中的部分像素区域创建模糊效果。图8-122为应用该效果后的图像效果。
- **平滑**：减小相邻像素之间的色调差别，在保持细节的情况下平滑图像。
- **柔和**：使图像中的粗糙边缘变得平滑和柔和，同时保留重要的图像细节。
- **缩放**：使图像中的像素从中心点向外生成放射的模糊效果，离中心点越近，模糊效果越弱。图8-123为应用该效果后的图像效果。

图 8-121 放射式模糊效果　　图 8-122 智能模糊效果　　图 8-123 缩放效果

8.6.3 相机

使用相机效果组中的效果可以模拟摄影过滤器产生的效果，制作出镜头光晕、棕褐色色调等图像效果。该组中包括着色、扩散等多个效果，其中常用效果的作用介绍如下：

- **着色**：将图像中的颜色替换为单一颜色。图8-124和图8-125分别为应用该效果并调整前后效果。
- **扩散**：通过分布图像像素填充空白区域，移除杂点，从而柔化图像。图8-126为应用该效果后的图像效果。

图 8-124 原图像　　图 8-125 着色效果　　图 8-126 扩散效果

- **照片过滤器**：模拟在相机镜头前添加彩色滤镜拍摄的图像效果，如图8-127所示。
- **镜头光晕**：在图像上生成光环，模拟相机对准直射的阳光时出现的光晕效果，如图8-128所示。

- **照明效果**：在图像上添加光源，制作出灯光或阳光照明的效果，如图8-129所示。

图 8-127　照片过滤器效果　　　图 8-128　镜头光晕效果　　　图 8-129　照明效果

- **棕褐色色调**：模拟褐色胶片拍摄的图像效果，如图8-130所示。
- **焦点滤镜**：模拟制作景深效果，如图8-131所示。
- **延时**：提供一些预设的图像效果，以供用户选择应用，如图8-132所示。

图 8-130　棕褐色色调效果　　　图 8-131　焦点滤镜效果　　　图 8-132　"延时"选项

■8.6.4　颜色转换

使用颜色转换效果组中的效果可以改变图像的颜色和外观，包括位平面、半色调、梦幻色调和曝光4种效果，这些效果的作用介绍如下：

- **位平面**：将图像缩小至基本的RGB颜色组成，并使用纯色显示色调更改，适用于分析图像的渐变。图8-133和图8-134分别为应用该效果并调整前后效果。

图 8-133　原图像　　　　　　　图 8-134　位平面效果

- **半色调**：将图像转换为一系列大小不同的点，以表示不同的色调。图8-135为应用该效果后的图像效果。
- **梦幻色调**：将图像中的颜色转换为明亮的电子色，如图8-136所示。
- **曝光**：反转图像色调，制作出类似照相中底片的效果，如图8-137所示。

图 8-135　半色调效果　　　　　图 8-136　梦幻色调效果　　　　　图 8-137　曝光效果

8.6.5　轮廓图

使用轮廓图效果组中的效果可以检测并强调图像中的轮廓，包括边缘检测、查找边缘、描摹轮廓和局部平衡4种效果，这些效果的作用介绍如下：

- **边缘检测**：检测图像边缘，并转换为单色背景上的线条。图8-138和图8-139分别为应用该效果并调整前后效果。
- **查找边缘**：定位图像边缘，并将边缘转换为实线或虚线，多用于高对比度图像。图8-140为应用该效果后的图像效果。

图 8-138　原图像　　　　　图 8-139　边缘检测效果　　　　　图 8-140　查找边缘效果

- **描摹轮廓**：使用16色调色板高光显示图像元素的边缘，如图8-141所示。
- **局部平衡**：增大图像边缘附近的对比度，并展示亮部和暗部的细节。图8-142为应用该效果后的图像效果。

图 8-141 描摹轮廓效果　　　　图 8-142 局部平衡效果

8.6.6 创造性

使用创造性效果组中的效果可以利用各种不同的形状和底纹改变图像的外观，该组中包括晶体化、织物等11种效果。其中常用效果的作用介绍如下：

- **艺术样式**：使用神经网络技术将一个图像的样式传输到另一个图像的内容上。通过分析多种样式图像，包括底纹、图案和艺术作品，人工智能提取语义内容并进行样式转换，生成模拟参考图像的底纹、颜色和视觉效果的样式图像。图8-143为该效果的属性参数。应用该效果并调整前后对比效果如图8-144和图8-145所示。

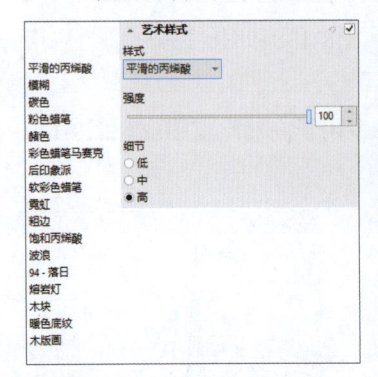

图 8-143 "艺术样式"选项　　图 8-144 原图像　　图 8-145 艺术样式效果

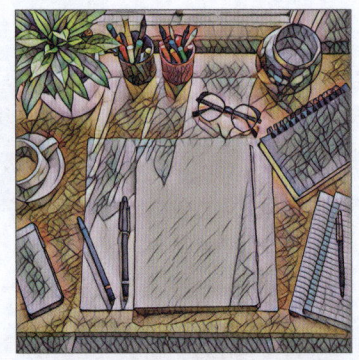

- **晶体化**：使图像看起来像是由晶体组成，如图8-146所示。
- **织物**：模拟纺织品编织图像的效果，如图8-147所示。
- **框架**：为图像添加边框。

图 8-146 晶体化效果　　图 8-147 织物效果

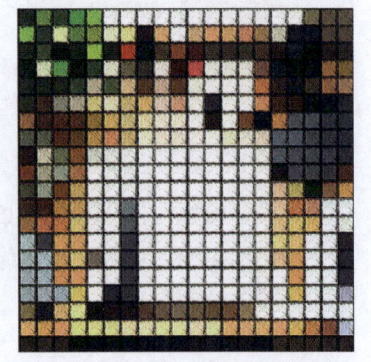

- **玻璃砖**：使图像产生像是透过厚玻璃块所看到的效果，如图8-148所示。
- **马赛克**：将原图像分割为若干个颜色块，形成马赛克的效果。图8-149为应用该效果后的图像效果。
- **散开**：将图像中的像素扩散，从而扭曲图像，图8-150为应用该效果后的图像效果。

图 8-148　玻璃砖效果 　　　　图 8-149　马赛克效果 　　　　图 8-150　散开效果

- **茶色玻璃**：对图像应用透明的有色色调，产生类似透过彩色玻璃看到的图像效果。图8-151为应用该效果后的图像效果。
- **彩色玻璃**：将图像转换为彩色玻璃制品效果，如图8-152所示。
- **虚光**：在图像周围添加一个边框，使图像根据边框向内产生朦胧效果。图8-153为应用该效果后的图像效果。
- **旋涡**：使图像绕指定的中心产生旋转效果，如图8-154所示。

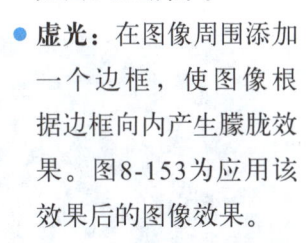

图 8-151　茶色玻璃效果 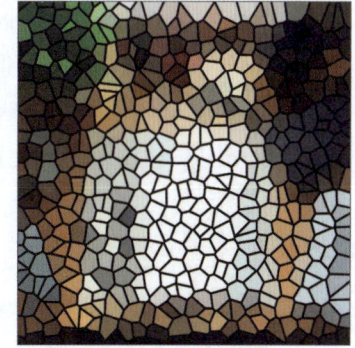　　　　图 8-152　彩色玻璃效果

图 8-153　虚光效果 　　　　图 8-154　旋涡效果

8.6.7　扭曲

使用扭曲效果组中的效果可以使图像发生扭曲变形，呈现出不同的图像外观。该组中包括块状、置换、网孔扭曲等12种效果。其中常用效果的作用介绍如下：

- **块状**：将图形分裂为杂乱的块状，形成拼贴镂空效果。应用该效果并调整前后对比效果如图8-155和图8-156所示。
- **置换**：根据置换图扭曲当前图像，置换映射的值显示为图像中的表格、颜色和扭曲图案。图8-157为应用该效果后的图像效果。

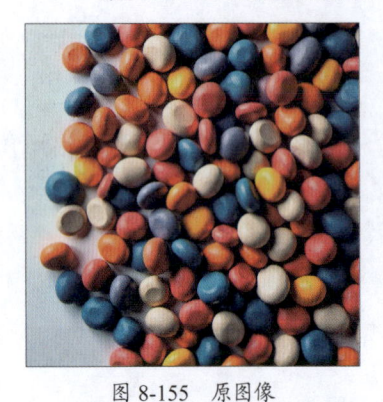

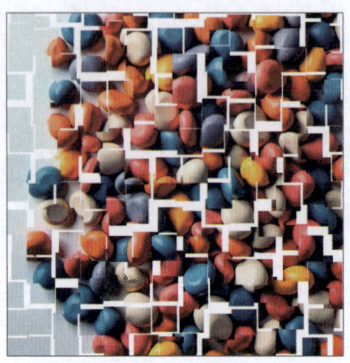

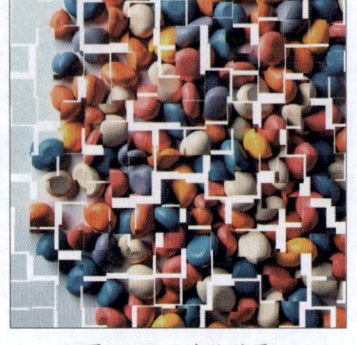

图 8-155　原图像　　　　　　图 8-156　块状效果　　　　　　图 8-157　置换效果

- **网孔扭曲**：通过重新定位叠加网格上的节点变形图像。图8-158为该效果的属性参数。
- **偏移**：按照设定的数值偏移整个图像，并按照指定的方法填充偏移后留下的空白区域。图8-159为应用该效果后的图像效果。
- **像素**：将图像分割为正方形、矩形或者射线的单元。图8-160为应用该效果后的图像效果。

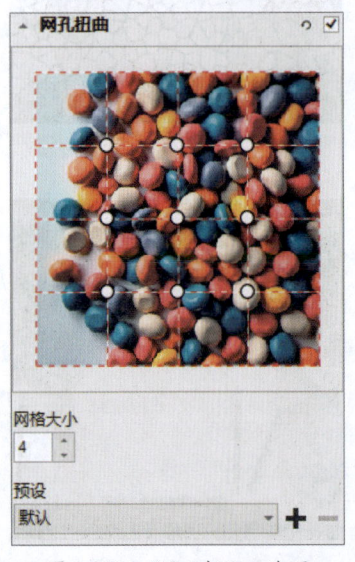

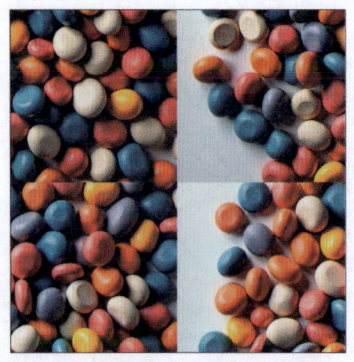

图 8-158　"网孔扭曲"选项　　　　图 8-159　偏移效果　　　　　图 8-160　像素效果

- **龟纹**：通过为图像添加波纹产生变形效果。图8-161为应用该效果后的图像效果。
- **切变**：将图形的形状映射到线段的形状上，通过调整线段扭曲图像。图8-162为该效果的属性参数。

- **旋涡**：使图像按照指定的方向、角度和旋涡中心产生旋涡效果，如图8-163所示。

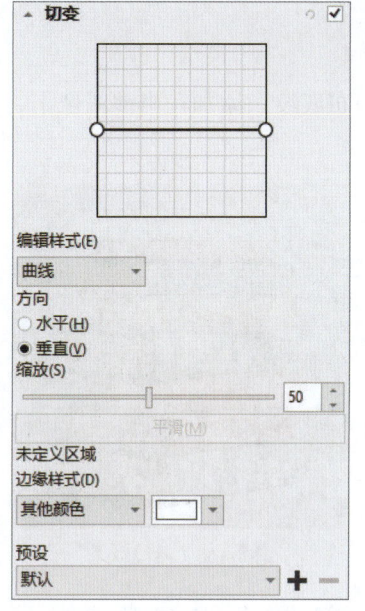

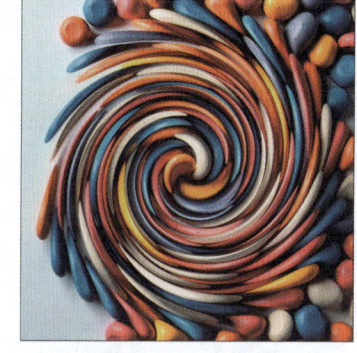

图 8-161 龟纹效果　　　图 8-162 "切变"选项　　　图 8-163 旋涡效果

- **平铺**：将图像作为平铺块平铺在整个图像范围中，多用于制作纹理背景效果。图8-164为应用该效果后的图像效果。
- **湿笔画**：使图像产生一种类似于油画未干透，使颜料看起来有种流动感的效果。图8-165为应用该效果后的图像效果。
- **涡流**：在图像上添加流畅、旋转的图案。
- **风吹效果**：在图像上制作出物体被风吹动后形成的拉丝效果。图8-166为应用该效果后的图像效果。

图 8-164 平铺效果　　　图 8-165 湿笔画效果　　　图 8-166 风吹效果

■8.6.8　底纹

使用底纹效果组中的效果可以为图像添加底纹，如砖墙、气泡、画布等，还可以创建蚀刻和底色。该组中包括砖墙、鹅卵石、塑料等12种效果，其中常用效果的作用介绍如下：

- **砖墙**：模拟砖形底纹，使图像看上去像是砖墙上的画。应用该效果并调整前后对比效果如图8-167和图8-168所示。
- **气泡**：模拟鼓泡的泡沫效果。
- **画布**：将其他图像作为画布底纹，添加在当前图像上，图8-169为应用该效果后的图像效果。

图 8-167　原图像　　　　　图 8-168　砖墙效果　　　　　图 8-169　画布效果

- **鹅卵石**：模拟鹅卵石拼贴的效果，如图8-170所示。
- **折皱**：通过形成波浪线叠加，使图像看起来有皱折，如图8-171所示。
- **蚀刻**：模拟蚀刻图像的效果，图8-172为应用该效果后的图像效果。

图 8-170　鹅卵石效果　　　图 8-171　折皱效果　　　　　图 8-172　蚀刻效果

- **塑料**：使图像看起来像是塑料制成的，如图8-173所示。
- **石灰墙**：重新分布像素，使图像看上去好像绘制于石灰墙上，如图8-174所示。

图 8-173　塑料效果　　　　　图 8-174　石灰墙效果

- **浮雕**：模拟浮雕的效果，如图8-175所示。
- **网格门**：模拟透过网格门观看图形的效果，如图8-176所示。
- **石头**：模拟石头纹理的效果，如图8-177所示。
- **底色**：使图像看起来像在画布上创作，然后被颜料层覆盖的绘画。图8-178为应用该效果后的图像效果。

图 8-175　浮雕效果

图 8-176　网格门效果

图 8-177　石头效果

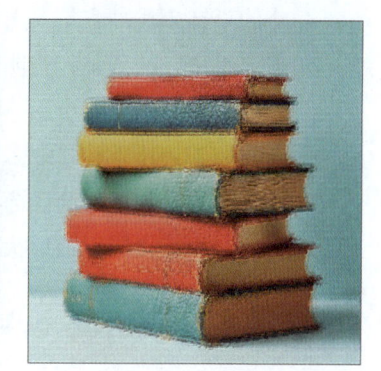

图 8-178　底色效果

8.6.9　Pointillizer（矢量马赛克）效果

使用Pointillizer（矢量马赛克）效果可以通过任意数量选定的矢量图或位图，创建矢量马赛克。选中对象，执行"效果"→"Pointillizer"命令，在"Pointillizer"泊坞窗中设置属性参数，如图8-179所示。设置完成后单击"应用"按钮即可。应用该效果并调整前后对比效果如图8-180和图8-181所示。

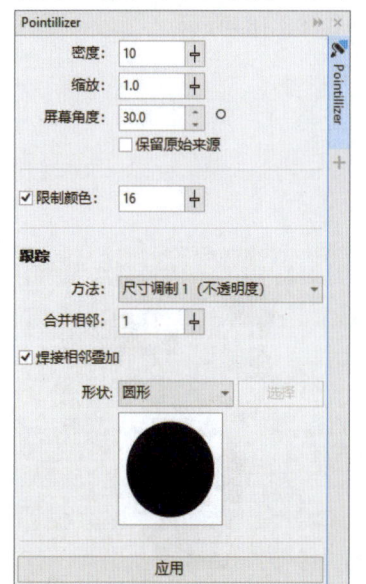

图 8-179　"Pointillizer"泊坞窗

图 8-180　原图像

图 8-181　调整后效果

"Pointillizer"泊坞窗中部分常用属性参数的作用介绍如下：
- **密度**：用于设置每平方英寸的平铺数量，数值越大，平铺数量越多。
- **缩放**：用于调整所有平铺的大小。值大于1时，平铺会放大；值小于1时，平铺会缩小。
- **屏幕角度**：用于设置每行平铺绕水平轴旋转的角度。取值为正时，按逆时针方向旋转行，反之为顺时针。
- **保留原始来源**：勾选该选项，将保留原图。
- **限制颜色**：用于控制渲染马赛克的颜色数。
- **方法**：用于设置解析源图的方法，包括"均匀（白色无光泽）""尺寸调制1（不透明度）"和"尺寸调制2"（亮度）3种方式。选择"均匀（白色无光泽）"时将使用相同大小的平铺生成马赛克；选择"尺寸调制1（不透明度）"时，将根据取样的不透明度值生成大小不一的平铺，透明度越低，平铺越大；选择"尺寸调制2（亮度）"时，将根据源图的亮度值生成大小不一的平铺，越亮平铺越小。
- **合并相邻**：用于设置最多可以将多少个颜色相似的平铺合并为单个平铺。
- **焊接相邻叠加**：勾选该选项，可将重叠的平铺焊接在一起。
- **形状**：用于设置平铺形状，包括圆形、方形和自定义3种。

8.6.10 PhotoCocktail（位图马赛克）效果

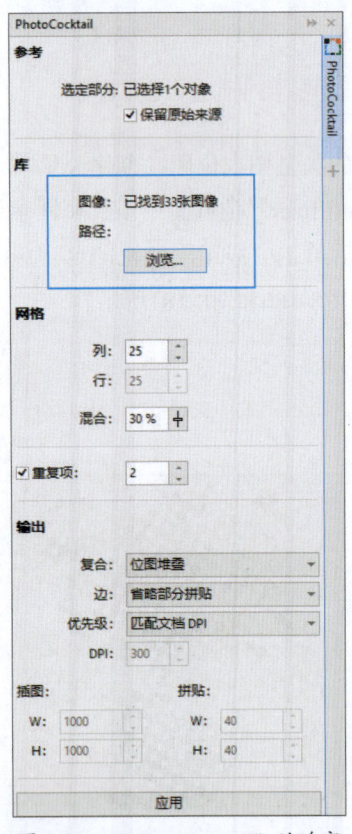

使用PhotoCocktail（位图马赛克）效果可以将照片和矢量图转换为由选定图像组成的马赛克。选择对象，执行"效果"→"PhotoCocktail"命令，在"PhotoCocktail"泊坞窗中设置属性参数，包括选择要用作平铺的图像文件夹，如图8-182所示。设置完成后单击"应用"按钮即可。应用该效果并调整前后对比效果如图8-183和图8-184所示。

图 8-182 "PhotoCocktail"泊坞窗　　　图 8-183 原图像　　　图 8-184 调整后效果

"PhotoCocktail"泊坞窗中部分常用属性参数的作用介绍如下：
- **列**：用于设置平铺列数，数值越大，马赛克呈现的细节越多。
- **行**：用于显示行数，该数字基于列自动计算。
- **混合**：指定参考颜色与平铺颜色相调和的范围，数值越高，与参考图像越像。
- **重复项**：勾选该复选框，将在最终的马赛克中重复平铺。
- **复合**：用于设置输出的内容，选择"单个位图"可以将马赛克渲染为单个光栅化图像，调和效果融入图像中；选择"位图堆叠"可以生成单个光栅化图像，调和效果作为单个对象位于顶层；选择"位图数组"可以创建一组位图平铺，调和效果作为单个对象位于顶层。
- **边**：用于设置边缘周围不平整平铺的处理方法。
- **优先级**：设置输出质量。

> **知识点拨** CorelDRAW的"效果"菜单中还包括一些其他效果，用户可以根据需要进行应用。

实例 制作景深效果

本案例利用焦点滤镜效果制作景深效果。

步骤01 使用AIGC工具通过输入关键词"景色优美，花草丛生"生成图像，如图8-185所示。选择右上角的图像保存。

步骤02 新建一个1 024×1 024 px的空白文档，按Ctrl+I组合键导入上一步保存的图像，并设置与页面居中对齐，如图8-186所示。

步骤03 选中位图，执行"效果"→"调整"→"色阶"命令，在"属性"泊坞窗中设置参数，提亮画面，如图8-187所示。效果如图8-188所示。

图8-185 生成图像　　图8-186 导入图像　　图8-187 设置色阶

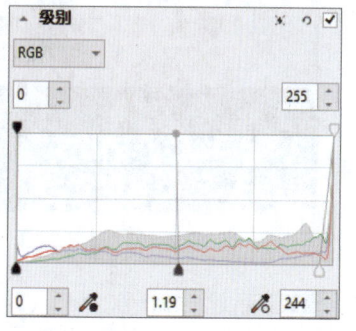

步骤04 执行"效果"→"相机"→"焦点滤镜"命令，在"属性"泊坞窗中设置参数，如图8-189所示。

步骤05 单击"中心点选择器"按钮，在图像左下角单击设置中心点，效果如图8-190所示。

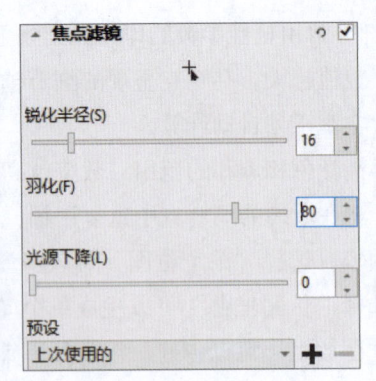

图8-188 提亮画面效果　　图8-189 设置焦点滤镜　　图8-190 焦点滤镜效果

至此，完成景深效果的制作。

课堂演练：制作千图成像效果

学习完本章内容，下面制作千图成像效果。

步骤01 使用AIGC工具通过输入关键词"人物肖像画，彩铅"生成图像，如图8-191所示。选择右上角的图像保存。

扫码观看视频

步骤02 使用相同的方法，生成大量图像，如图8-192所示。

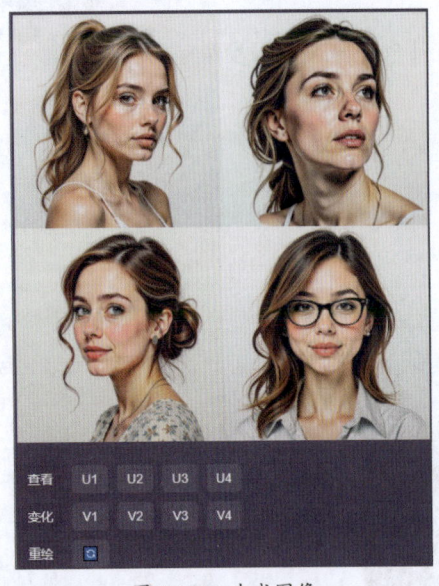

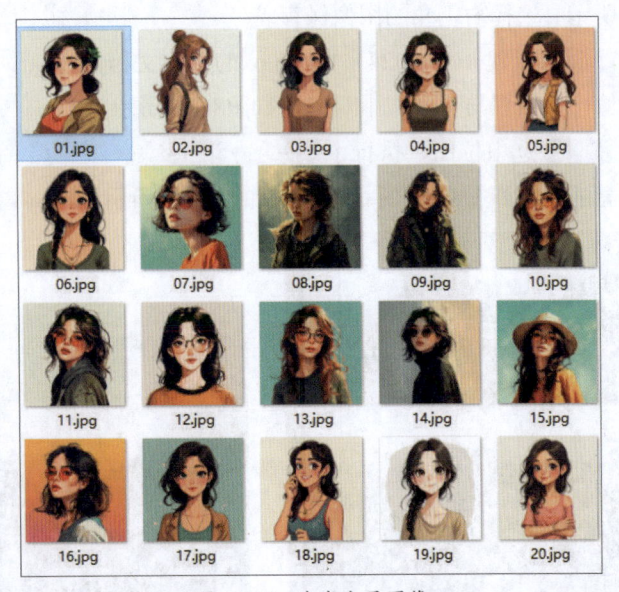

图8-191 生成图像　　图8-192 生成大量图像

步骤03 新建一个1 024×1 024 px的空白文档，按Ctrl+I组合键导入"**步骤01**"中生成的主图图像，并设置与页面居中对齐，如图8-193所示。

步骤04 选中图像，执行"效果"→"调整"→"色度/饱和度/亮度"命令，在"属性"泊坞窗中设置参数，降低图像饱和度，如图8-194所示，效果如图8-195所示。

图 8-193　导入图像 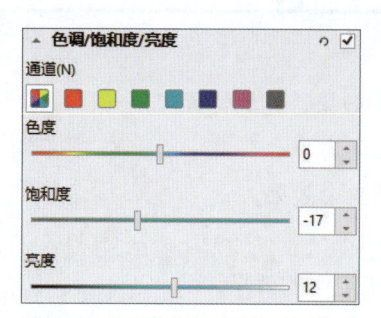　　　图 8-194　设置色调/饱和度/亮度 　　　图 8-195　降低图像饱和度效果

步骤 05 执行"效果"→"PhotoCocktail"命令，在"PhotoCocktail"泊坞窗中单击"浏览"按钮打开"选择图像库."对话框，选择"图像"文件夹，如图8-196所示。

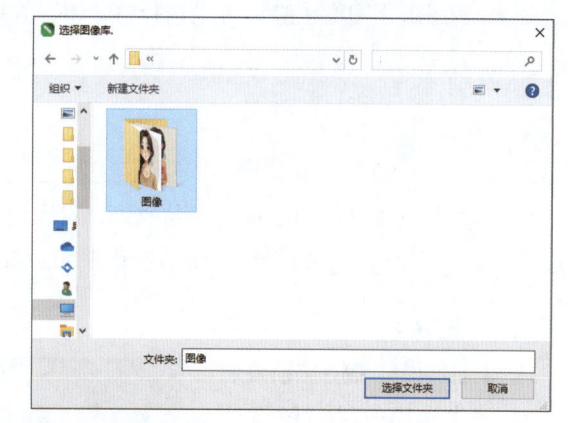

图 8-196　选择"图像"文件夹

步骤 06 设置完成后单击"选择文件夹"按钮，返回至CorelDRAW软件，在"PhotoCocktail"泊坞窗中设置参数，如图8-197所示。

步骤 07 完成后单击"应用"按钮，应用设置，如图8-198所示。

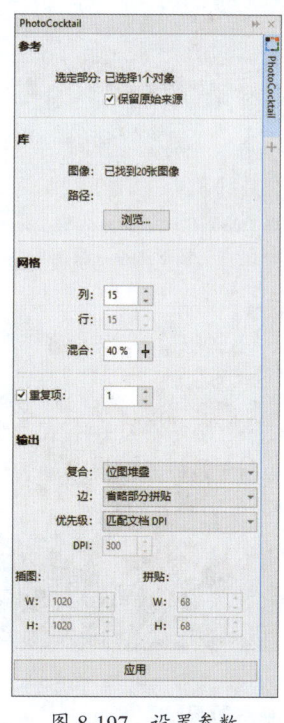

至此，完成千图成像效果的制作。

图 8-197　设置参数 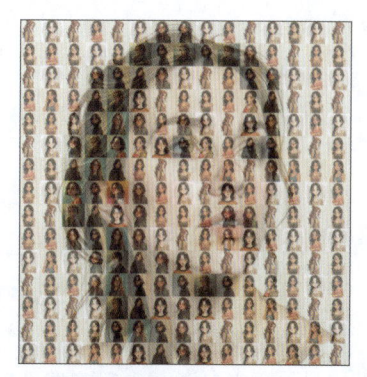　　　图 8-198　设置后效果

模块8　位图与效果

201

课后作业

一、选择题

1. 使用浮雕效果创建凸起的效果,光源位置应在（　　）。
   A. 上方　　　　　　B. 下方　　　　　　C. 右下角　　　　　　D. 左上角
2. 扭曲效果组中包含（　　）个效果。
   A. 9　　　　　　　B. 10　　　　　　　C. 11　　　　　　　　D. 12
3. （　　）效果是轮廓图效果组中的效果。
   A. 查找边缘　　　　B. 样本&目标　　　C. 马赛克　　　　　　D. 画布
4. 若想虚化图像边缘,可以选择（　　）效果。
   A. 虚光　　　　　　B. 羽化　　　　　　C. 平滑　　　　　　　D. 柔和

二、填空题

1. 在CorelDRAW软件中,描摹有_____、_____、_____3种方式。
2. 若想快速制作图像重复拼贴效果,可以使用_____效果。
3. _____效果可以快速制作旧照片效果。

三、上机题

上机实操1：制作素描效果

制作素描效果,图像处理前后效果对比如图8-199和图8-200所示。

思路提示：
- 使用AIGC工具生成图像,导入素材并调整。
- 为素材对象添加素描效果和色阶效果。

图8-199　原图像 　　　　　　图8-200　素描效果

上机实操2：制作水彩画效果

制作水彩画效果,图像处理前后效果对比如图8-201和图8-202所示。

思路提示：
- 使用AIGC工具生成图像,导入素材并调整其亮度和饱和度。
- 为素材添加水彩画效果和画布效果。

图8-201　原图像 　　　　　　图8-202　水彩画效果

模块 9　海报设计

内容概要　本模块内容主要聚焦于海报设计。首先，通过介绍海报设计的基础知识，帮助读者建立起对海报设计的基本认识。其次，详细阐述海报的构成要素、作用以及设计过程中需要注意的事项，为读者提供设计海报的指导原则。最后，通过具体实践——音乐节活动海报的设计，展示如何借助AIGC技术辅助创意生成和素材制作，从而显著提升海报设计的效率和质量。

知识要点
- 海报设计基础知识。
- 海报的构成要素。
- 海报的作用。
- 海报设计注意事项。

数字资源

【本模块素材】
"素材文件\模块9"目录下

9.1 海报设计基础知识

海报设计是一种重要的视觉传播形式,旨在通过图像和文字有效地传达特定活动的信息和氛围。

9.1.1 认识海报

海报是一种平面设计作品,通常用于宣传、广告或艺术展示,它可以传达多种信息,包括产品、活动等。海报的设计可以是抽象的、艺术性的,或者以信息传递为主,如图9-1~图9-3所示。

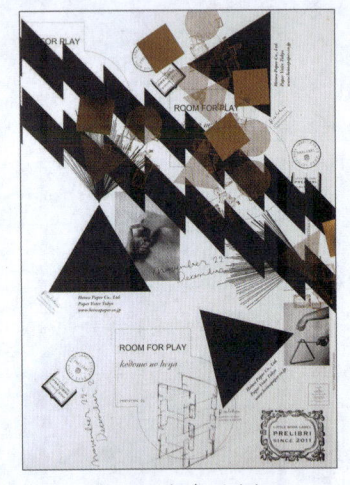

图 9-1 抽象型海报　　　图 9-2 艺术型海报　　　图 9-3 信息传递型海报

根据用途和内容的不同,海报可以分为多种类型,其中,活动海报是专门用于宣传特定活动的海报,如音乐会、展览、比赛、会议等。它的设计目标是吸引观众的注意力,激发他们的兴趣,并提供关键信息以促使他们参与活动,如图9-4~图9-6所示。

图 9-4 音乐会海报(1)　　　图 9-5 展览海报　　　图 9-6 音乐会海报(2)

9.1.2 海报的构成要素

海报的构成要素是构成其视觉表达和信息传递的基本单元，这些要素相互协作，共同营造出吸引目标受众并有效传达活动信息的视觉效果。以下是活动海报的主要构成要素。

1. 主题与标题

主题是指海报的核心概念或中心思想，决定了整体的设计风格、色彩搭配和图形选择。标题通常位于海报的显眼位置，简短有力地概括活动名称或主题，吸引观众的注意力。在设计上可以使用大号字体，选择与活动主题相符的字体风格和颜色，以增强视觉冲击力，如图9-7所示。

图 9-7　海报主题与标题

2. 图像与图形

使用与活动相关的高质量图片，如活动现场、嘉宾、产品等，以增加海报的吸引力和真实感，如图9-8所示。图形包括图标、抽象形状、线条等，用于补充文字信息，强化视觉效果，或作为设计元素构建整体构图。

图 9-8　产品图像

3. 文字信息

文字是传达活动详细信息的关键。在设计上，应使用简洁明了的语言，以确保信息易于阅读。可以使用项目符号或短句，以便观众快速获取信息。具体要素如下：

- **活动名称**：明确告知观众海报所宣传的活动名称。
- **时间与地点**：提供活动举办的具体时间和地点，便于观众安排参与。
- **亮点与特色**：简要介绍活动的独特卖点或亮点，激发观众的兴趣。
- **主办方与协办方**：标注活动的组织者和合作伙伴，增加活动的权威性和可信度。
- **联系方式与报名方式**：提供报名热线、官网链接或二维码等，方便观众了解详情并参与。

4. 字体与版式

活动海报的构成要素中，字体与版式是两个至关重要的方面，它们共同决定了海报的视觉风格和信息传递效果。字体是海报设计中用于表达文字信息的元素，它不仅承载着内容，还通过其独特的形态、风格和气质影响着观众的感受。在选择字体时，需要考虑以下几个因素。

- **文艺类活动**：如音乐会、诗朗诵、艺术展等，可以选择具有艺术感、流畅或手写风格的字体，营造出一种文艺、浪漫或温馨的氛围。
- **科技/创新类活动**：如科技展览、创业分享会等，可以选择无衬线体或带有几何感或棱角分明的字体，以增强科技氛围，如图9-9所示。
- **户外运动/冒险类活动**：如徒步旅行、自驾游、攀岩比赛等，可以选择粗犷、有力或带有一定运动感的字体，如粗体无衬线字体或具有动态感的自定义字体，传递出活动的活力与冒险精神。
- **教育/公益类活动**：如讲座、公益活动、募捐活动等，倾向于选择经典、稳重或温馨的字体，以传达出活动的正式性、专业性或亲和力。也可以尝试带有手写或手绘元素的字体，如图9-10所示。

图 9-9　科技类海报

图 9-10　公益类海报

在版式设计中，要清晰地划分信息的层次。通常，标题或主信息应最为突出，使用较大的字号和醒目的颜色；次要信息则可以适当缩小字号或置于较不显眼的位置。运用对齐和网格系统可以使海报看起来更加整洁、有序。对齐方式可以是左对齐、右对齐、居中对齐或两端对齐，具体取决于海报的整体风格和布局需求。

5. 色彩搭配

色彩在海报设计中起着至关重要的作用。合理的色彩搭配能够营造特定的氛围，影响观众的情绪和感受，提升海报的吸引力和感染力，如图9-11所示。在设计海报时，应确保文字与背景之间有足够的对比度，以提高可读性。例如，在深色背景上使用白色或亮色文字，反之亦然。此外，可以使用不同的颜色来强调重要信息或关键词，但应避免使用过多的颜色，以免造成视觉混乱。

图 9-11　同色系色彩搭配

6. 品牌标识

添加主办方的名称和标志能够增强活动的可信度和品牌形象。在设计时，通常将其放在海报的底部或角落，确保不干扰主要信息的传达，但又能被观众识别。

■ 9.1.3　海报的作用

海报作为一种视觉传播媒介，在活动策划与宣传中扮演着极其重要的角色，其主要作用可以归纳为以下几个方面。

1. 信息传递

活动海报最直接的作用是传递活动信息。通过文字、图形和色彩等元素的组合，海报能够清晰地传达活动的主题、时间、地点、内容和参与方式等关键信息，使目标受众能够快速了解并决定是否参与。

2. 吸引注意

在众多视觉信息中，一张设计精美、富有创意的活动海报能够迅速吸引人们的注意力。通过独特的视觉效果、醒目的色彩搭配和吸引人的标题，海报能够激发人们的好奇心和兴趣，促使他们进一步了解和关注活动。

3. 塑造形象

活动海报也是品牌形象塑造的重要组成部分。通过海报的设计风格和色彩搭配，可以传达活动的定位、品牌形象和价值观。一张符合品牌形象且设计精良的海报，能够提升品牌知名度和美誉度，增强目标受众对品牌的认知和认同。

4. 营造氛围

活动海报能够通过视觉元素的设计来营造特定的氛围。例如，文艺类活动的海报可采用柔和的色彩、流畅的线条和温馨的元素，营造浪漫、文艺的氛围；而户外运动类活动的海报则可使用粗犷的字体、动感的图形和鲜艳的色彩，传达活力和冒险感。这种氛围的营造有助于吸引与目标受众心理需求相契合的参与者。

5. 促进互动

在一些互动性强的活动中，海报还可以作为互动环节的入口或引导。例如，通过扫描海报上的二维码或关注海报上的社交媒体账号，参与者可以获取更多活动信息、参与线上互动或享受特定优惠。这种互动方式不仅增加了活动的趣味性和参与感，还有助于扩大活动的影响力和传播范围。

9.1.4 海报设计注意事项

海报的设计是一个复杂的过程，它需要考虑到多个方面的注意事项，以确保海报能够有效地传达活动信息并吸引目标受众的注意。以下是一些关于活动海报设计的注意事项。

1. 明确主题与目的

海报的主题应清晰明确，直接反映活动的核心内容和性质。设计时要确保主题在视觉上突出，使观众一眼就能理解海报的主旨，明确海报的目的，如宣传活动、吸引参与者或提升品牌知名度等，这将为整个设计过程提供明确的指导方向。

2. 图像与配色

使用清晰、高分辨率的图像，确保视觉效果吸引人。图像应与活动主题相关，能够引起观众的兴趣。选择与活动主题和氛围相符的色彩搭配。配色应和谐，避免使用过多刺眼的颜色，确保视觉舒适度。

3. 视觉冲击力

视觉冲击力是吸引观众注意力的关键。通过独特的图像、鲜明的色彩、巧妙的排版等方式，营造出引人注目的视觉效果，使海报在众多信息中脱颖而出。

4. 遵守法律法规

在设计过程中，必须严格遵守相关的法律法规和道德规范，确保海报内容不侵犯他人的隐私和知识产权，不涉及违法违规的内容，维护良好的社会风气。

5. 可适用性

考虑到海报可能在不同媒介和环境下展示（如印刷品、电子屏幕、社交媒体等），设计时需要考虑其可适用性，确保海报在不同尺寸、分辨率和显示方式下都能呈现良好的视觉效果和可读性。

6. 审核与校对

在发布前，对海报内容进行仔细的审核至关重要。检查所有信息的准确性，确保没有遗漏或错误，特别是关键信息（如时间、地点、联系方式等），必须反复核对，以避免误导观众。

9.2 音乐节活动海报

海报的制作过程可以分为3个主要环节：海报创意生成、素材生成和最终的海报制作。在这个过程中，利用人工智能技术（AI）进行创意和素材生成，可以显著提高效率和创意水平。以下是关于音乐节活动海报制作的详细流程，包括AI辅助的创意生成、素材生成和海报制作。

9.2.1 海报创意生成

在海报创意生成环节，设计师需要进行创意的构思和策划，以确定海报的整体方向和主题。如果没有很明确的设计主题，可以借助AIGC（人工智能生成内容）平台进行设计方案的生成。以下内容是利用"文心一言"为活动海报生成的设计方案。

问：制作一个学校音乐节活动海报，请列举3~4个活动主题。
答：制作学校音乐节活动海报时，选择富有吸引力和创意的主题能够极大地提升活动的吸引力和参与度。
以下是4个适合学校音乐节的活动主题建议。

1."音梦启航·青春旋律"

主题理念：此主题强调音乐节作为学生音乐梦想起航的平台，通过热情洋溢的旋律展现年轻人的活力与激情。海报设计中可以融入帆船、星空、音符等元素，象征学生在音乐海洋中扬帆远航，追逐自己的梦想。

2. "跨界融合·音乐无界"

主题理念：此主题鼓励不同音乐风格、文化背景的融合，打破界限，让音乐成为连接人心的桥梁。海报设计可以采用拼接、重叠等手法，将传统乐器与现代电子音乐、东方旋律与西方和声等元素巧妙结合，展现音乐的多样性和包容性。

3. "时光回响·经典再现"

主题理念：此主题聚焦于经典音乐的传承与致敬，通过演绎经典曲目，让师生们共同回味那些触动心灵的音乐瞬间。海报设计可以复古风格为主，融入老式唱片、留声机、经典电影海报等元素，营造出怀旧而温馨的氛围。

4. "绿色音浪·环保之声"

主题理念（额外建议）：鉴于当前环保意识的提升，此主题将音乐节与环保理念相结合，倡导绿色生活，用音乐的力量呼吁大家关注环境保护。海报设计可以采用清新自然的色调，展示绿色植物、清洁的水源等生态元素，同时融入音符、乐器等音乐元素，传达出音乐与自然和谐共生的美好愿景。

这些主题不仅各具特色，还能根据学校的具体情况和学生的兴趣进行灵活调整，以确保活动海报的吸引力和活动的成功举办。

设计师可以根据AI生成的创意提案，选择合适的主题，生成相配的设计方案。

问：以"跨界融合·音乐无界"为主题，鼓励不同音乐风格、文化背景的融合，打破界限，让音乐成为连接人心的桥梁。请根据此生成海报的设计方案（3~4个）。

答：当然，以"跨界融合·音乐无界"为主题，我们可以设计几种不同风格但都强调音乐多样性和文化融合的海报方案。

以下是3个设计方案。

方案一：色彩碰撞·音乐交响

设计概念：

背景：采用鲜明的色彩碰撞作为背景，例如，蓝色与橙色的渐变或对比色块，象征不同音乐风格与文化的碰撞与融合。

中心元素：在海报中央设计一个由多种乐器（如传统二胡、现代吉他、非洲鼓、爵士萨克斯等）交织而成的图案，这些乐器以3D或剪影形式呈现，仿佛正在进行一场跨界的交响乐演奏。

文字：主标题"跨界融合·音乐无界"使用金色或银色字体，置于顶部中央，副标题"让每一种声音，都成为连接你我的桥梁"则位于底部，字体稍小但清晰可见。

细节：在乐器周围散布着各种文化符号的装饰元素，如中国结、非洲面具、欧洲音乐符号等，增添文化的多样性。

方案二：时空隧道·音乐之旅

设计概念：

背景：创建一个时空隧道的视觉效果，使用深蓝到浅蓝的渐变色代表时间的流逝，隧道内布满闪烁的星光或光点，象征无限可能与未知的探索。

中心元素：在隧道中心绘制一位音乐家（可以是抽象的剪影或具体形象）手持一种乐器（如融合了多种元素的独特乐器）正在演奏，同时周围环绕着来自不同文化背景的音符和旋律，它们交织在一起，形成一幅壮观的画面。

文字：主标题以动态光影效果出现在隧道的起点或终点，副标题则沿着隧道边缘以流动的形式展现，增加动感。

细节：在隧道两侧或底部，可以添加小型的插图或图标，展示不同文化风格的代表性乐器或音乐场景，如中国的古筝、印度的西塔琴、西方的古典钢琴等。

方案三：音符桥梁·心灵相通

设计概念：

背景：采用简洁的白色或淡雅的米色作为背景，营造一种纯净而宁静的氛围。

中心元素：在海报中央，设计一座由音符和旋律线组成的桥梁，桥梁两端分别站着来自不同文化背景的音乐家（可以是卡通形象或剪影），他们正通过这座桥梁进行音乐上的交流与互动。桥梁下方可以是一片象征和平与融合的海洋或草原。

文字：主标题"跨界融合·音乐无界"以优雅的手写体或艺术字体出现在桥梁上方或下方，副标题"音乐，让心灵跨越界限"则作为桥梁上的装饰性文字，与音符融为一体。

细节：在桥梁周围或背景中可以点缀一些小型的音符、乐器或文化符号，以增加画面的丰富性和趣味性。同时，可以利用光影效果或色彩渐变来强调桥梁的立体感和音乐的流动感。

下面将对方案一的内容进行优化。

问：我觉得方案一比较好，可以再详细一点吗？

答：当然可以，以下是对方案一"色彩碰撞·音乐交响"的详细设计方案。

方案一：色彩碰撞·音乐交响

一、设计概念深化

本方案旨在通过鲜明的色彩对比与融合，展现不同音乐风格与文化背景的跨界交融，强调音乐作为无国界的语言，能够跨越界限，连接人心。色彩的选择与音乐的多样性相呼应，营造出一种既冲突又和谐的美学体验。

二、背景设计

色彩选择：主色调采用蓝色与橙色的对比，蓝色代表宁静、深邃，象征音乐中的沉思与探索；橙色代表热情、活力，象征音乐中的激情与创造。两者之间的渐变过渡，意味着从一种音乐风格到另一种风格的自然转换与融合。

图案元素：背景中可以微妙地融入抽象的音波图案或细微的旋律线条，这些元素以淡色或透明处理，不抢夺中心元素的风头，但又能为整个画面增添音乐的氛围。

三、中心元素设计

乐器交织图案：中心位置设计一个复杂的乐器交织图案，每种乐器都以剪影或简化的形式呈现，在确保识别度的同时保持整体的和谐统一。乐器种类应涵盖传统与现代、东方与西方，如中国的琵琶、西方的古典小提琴、非洲的鼓、现代的架子鼓等，以展示音乐的多元性。

光影效果：为乐器交织图案添加柔和的光影效果，如柔和的光晕或光线的折射，使图案看起来更加立体、生动，仿佛乐器正在演奏中散发出迷人的光芒。

四、文字设计

主标题："跨界融合·音乐无界"采用金色或银色字体，置于海报顶部中央，字体风格应大气、有力，以吸引观众的注意力。

副标题："让每一种声音，都成为连接你我的桥梁"位于海报底部，字体稍小但清晰可读，颜色可选与背景形成对比的深色系，如深蓝色或黑色，确保阅读舒适度。

五、细节装饰

文化符号：在乐器交织图案周围或海报边缘，添加各种文化符号的装饰元素，如中国结、非洲面具、欧洲音乐符号等，这些元素以小巧精致的形式出现，不突兀但又能增添文化的多样性。

色彩点缀：在海报的某些角落或空白处，用与主色调相协调的亮色进行点缀，如蓝色或橙色的圆点、条纹等，增加画面的活跃度和趣味性。

六、整体风格

整个海报的设计风格应既现代又充满艺术感，色彩对比鲜明但不刺眼，图案复杂但有序，文字简洁而有力。通过视觉上的冲击与和谐，传达出"跨界融合·音乐无界"的主题思想，激发观众对音乐多样性和文化融合的兴趣与共鸣。

下面将对海报的文字内容进行生成。

问：请根据方案一，生成具体的文字内容（副标题为英文，突出音乐的多样性）。

答：当然，以下是根据方案一"色彩碰撞·音乐交响"生成的具体文字内容，副标题采用英文并突出音乐的多样性。

主标题：

跨界融合·音乐无界

副标题（英文，突出音乐多样性）：

Where Diversity Unites in Musical Harmony

活动信息：

日期：2025年11月10日

时间：19:30 PM - 22:00 PM

地点：××××学院音乐厅

亮点介绍：

✨跨界探索，音乐融合无界限——打破常规，融合无限。本次盛会不仅是一场音乐的狂欢，更是一次文化的深度对话。传统乐器与现代电子的激情碰撞，东方旋律与西方和声的完美交融，让您在每一次音符跳跃中都能感受到音乐跨越时空的魅力。

🎵音乐桥梁，连接你我心灵——这不仅是一场演出，更是一次心灵的触碰。不同背景的音乐人携手，用音乐搭建起沟通的桥梁，让每一个音符都成为传递情感、促进理解的使者。在这里，没有隔阂，只有共鸣，让我们共同聆听跨越界限的天籁之音。

🎵音乐工坊，零距离新体验——活动特设音乐工坊环节，让您亲身体验中西乐器的魅力。从古筝的悠扬到吉他的热情，从二胡的深情到电子琴的前卫，每一种乐器都承载着不同的文化与情感。在这里，您可以亲手弹奏，感受音乐跨越界限的无限可能。

邀请语：

🎵跨界融合，音乐无界——邀您共赴一场跨越时空的音乐之旅！在这里，每一种音乐风格都能找到它的归宿，每一种文化背景都能绽放异彩。让我们在旋律的海洋中相遇，感受音乐跨越界限的力量，用心灵对话，共创一个无界的音乐宇宙。不见不散，期待与您共享这份无与伦比的音乐盛宴！

9.2.2 海报素材生成

下面将根据在"文心一言"生成的设计方案，在Midjourney平台中生成海报背景素材。

步骤 01 在Midjourney中输入背景关键词，效果如图9-12所示。

步骤 02 选择右上角图像继续变化，效果如图9-13所示。

步骤 03 查看右下角图像并保存，如图9-14所示。

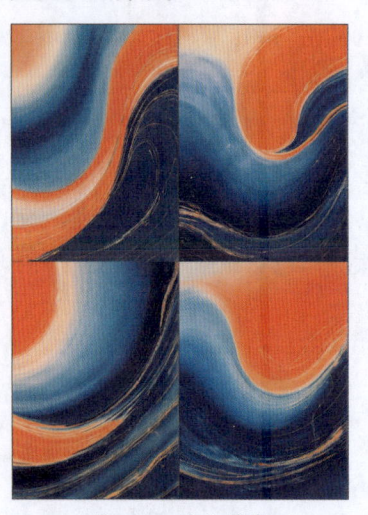

图 9-12　生成图像　　　　图 9-13　优化图像　　　　图 9-14　保存图像

知识点拨 背景的关键词可以根据AI生成的背景设计方案进行提取，例如："色彩选择：主色调采用蓝色与橙色的对比，两者之间的渐变过渡，手绘方式。图案元素：背景中可以微妙地融入抽象的音波图案或细微的旋律线条，这些元素以淡色或透明处理，不抢夺中心元素的风头，但又能为整个画面增添音乐的氛围。"

9.2.3 海报制作

根据AI生成的设计方案完成构思后，便可使用CorelDRAW进行海报的制作。在设计过程中，可以对方案进行优化调整。

1. 制作背景部分

海报背景的制作涉及的知识点有文档创建、效果、裁剪工具、对齐与分布等。

步骤01 打开CorelDRAW，单击"新文档"按钮，在弹出的"创建新文档"对话框中设置宽700 mm、高1 000 mm的文档参数，如图9-15所示。

步骤02 按Ctrl+I组合键，选择素材图像导入至文档中，效果如图9-16所示。

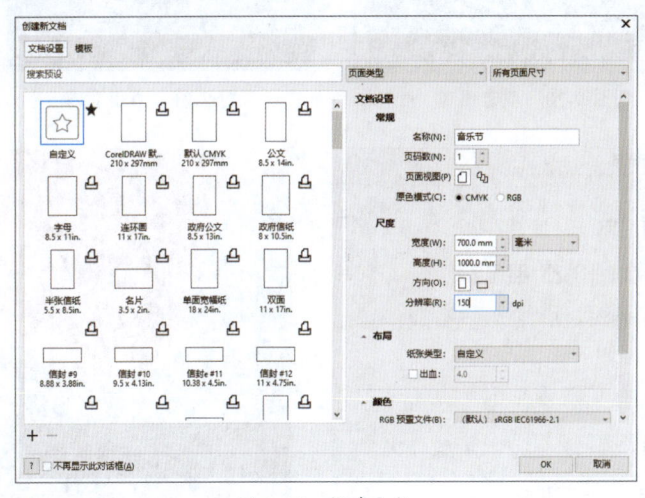

图9-15 新建文档　　图9-16 导入图像

步骤03 执行"效果"→"扭曲"→"湿笔画"命令，在弹出的"属性"泊坞窗中设置参数，如图9-17所示。

步骤04 在"预设"下拉列表框中选择"明亮中间色调"，如图9-18所示，效果如图9-19所示。

图9-17 设置效果属性　　图9-18 添加预设效果

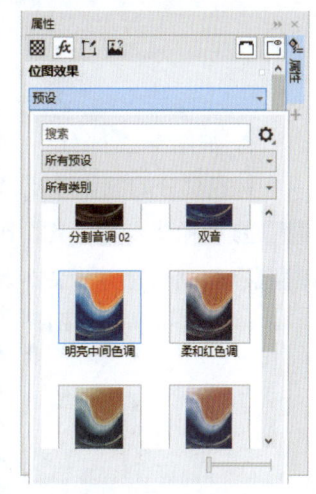

步骤05 选择裁剪工具，拖动鼠标定义裁剪区域，在属性栏中设置宽为700 mm、高为100 mm，调整裁剪范围，效果如图9-20所示。

步骤06 单击"裁剪"按钮应用效果，如图9-21所示。

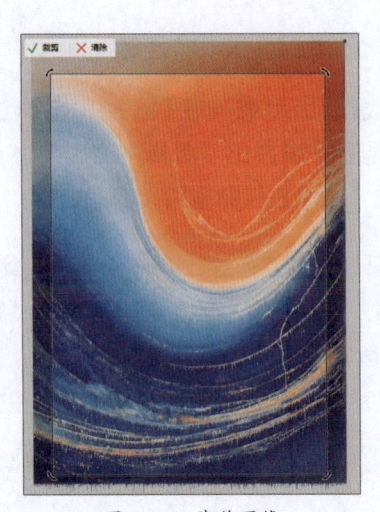

图 9-19　应用预设效果　　　　图 9-20　裁剪图像　　　　图 9-21　应用裁剪

步骤 07 在"对齐与分布"泊坞窗中分别单击"水平居中对齐"和"垂直居中对齐"按钮，如图 9-22 所示，效果如图 9-23 所示。

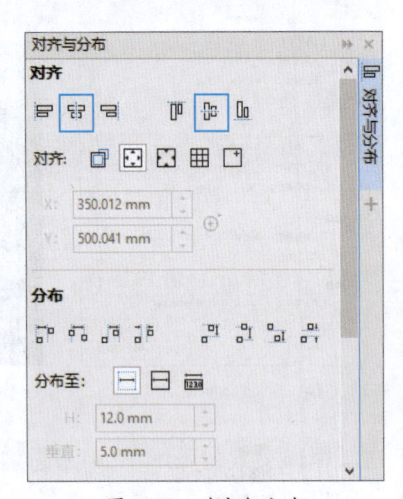

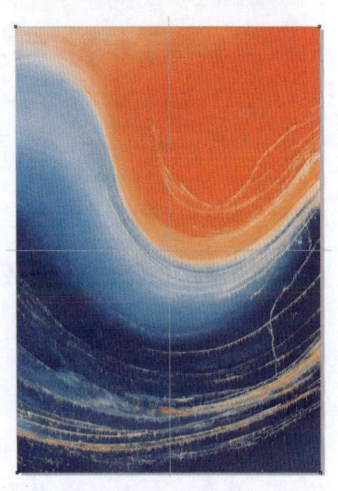

图 9-22　对齐与分布　　　　图 9-23　应用"水平居中对齐"和"垂直居中对齐"效果

2. 制作标题部分

标题部分的制作涉及的知识点有艺术笔、阴影、文本工具和字符与段落的设置等。

步骤 01 选择艺术笔工具，在属性栏中设置参数，如图 9-24 所示。

步骤 02 绘制"跨界"文本效果，如图 9-25 所示。

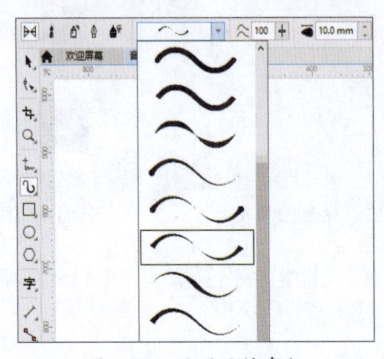

图 9-24　设置画笔参数　　　　图 9-25　绘制文本效果

步骤 03 全选后,选择艺术笔工具,在属性栏中更改画笔参数,如图9-26所示,应用效果如图9-27所示。

图 9-26 设置艺术笔参数

步骤 04 调整大小至画面左上方,如图9-28所示。

步骤 05 全选后创建组,更改填充颜色为白色,效果如图9-29所示。

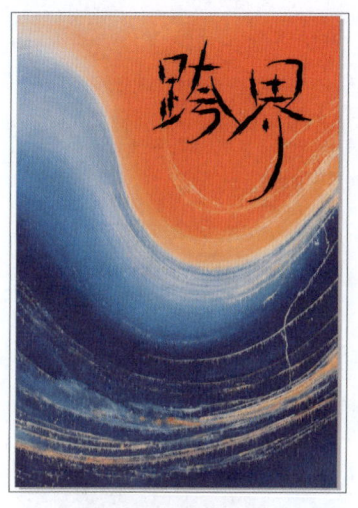

图 9-27 应用效果　　　　　图 9-28 调整位置　　　　　图 9-29 更改颜色

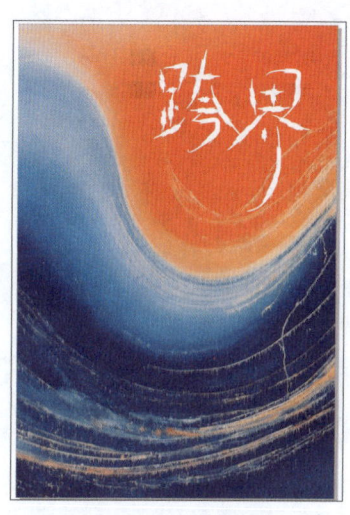

步骤 06 选择阴影工具,添加阴影,如图9-30所示,效果如图9-31所示。

图 9-30 设置阴影参数

步骤 07 移动至中间的位置,效果如图9-32所示。

步骤 08 选择文本工具输入文本,效果如图9-33所示。

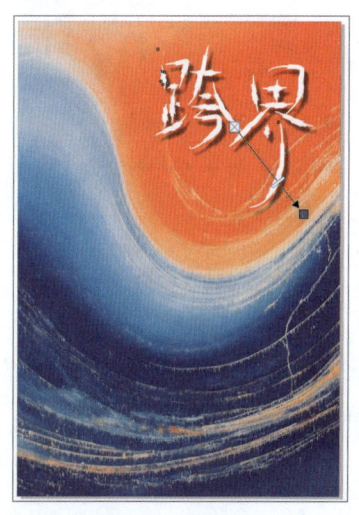

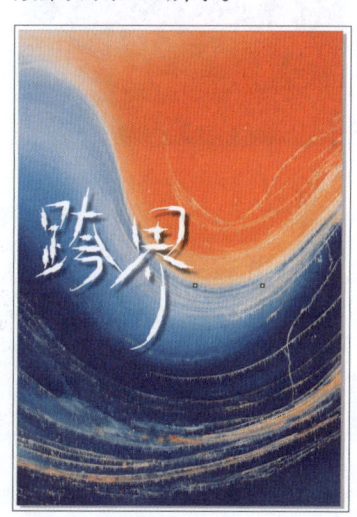

图 9-31 添加阴影　　　　　图 9-32 调整位置　　　　　图 9-33 添加文本

步骤09 继续输入文本,在"文本"泊坞窗中设置参数,如图9-34和图9-35所示,效果如图9-36所示。

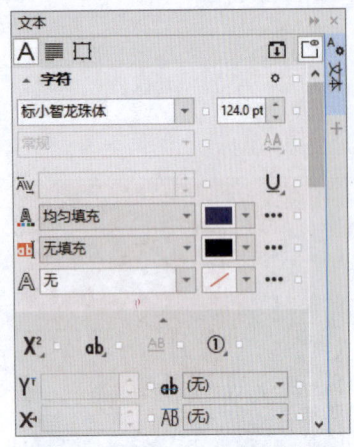

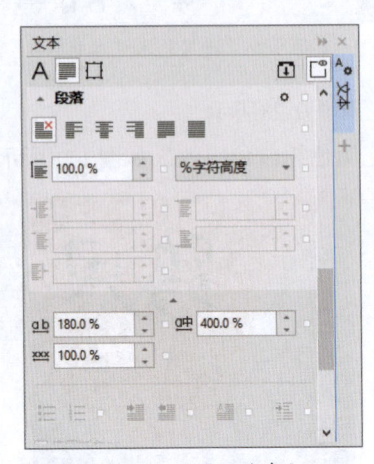

图9-34 设置字符参数　　图9-35 设置段落参数　　图9-36 添加阴影

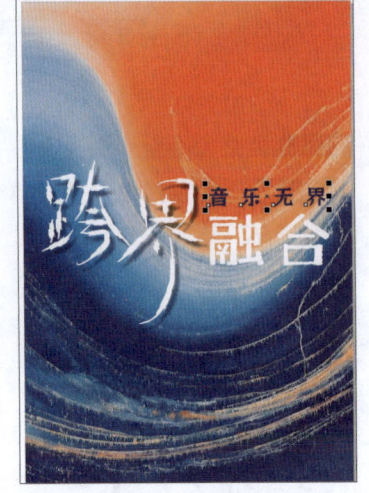

步骤10 继续输入文本,在"文本"泊坞窗中设置参数,如图9-37所示,效果如图9-38所示。

步骤11 按Ctrl+A组合键全选,编组后如图9-39所示。

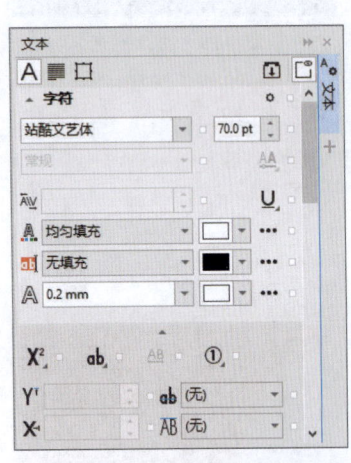

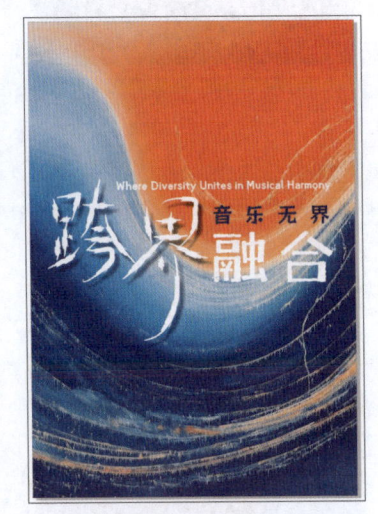

图9-37 添加文本　　图9-38 输入英文　　图9-39 编组

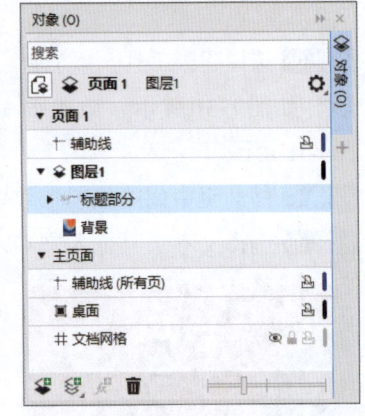

3. 制作装饰图像部分

装饰图像部分的制作涉及的知识点有效果、Powerclip图文框、阴影、文本工具、字符与段落的设置等。

步骤01 导入多个乐器素材,如图9-40所示。

步骤02 框选所有乐器,执行"效果"→"艺术笔触"→"素描"命令,效果如图9-41所示。

模块9 海报设计

知识点拨 乐器素材可以在AIGC平台中生成，也可以在免版权网站中获取。保存后，可以在Photoshop中抠除背景，方便在CorelDraw中的后续操作。

图 9-40 导入素材　　　　图 9-41 应用素描效果

步骤 03 在"属性"泊坞窗中添加"明亮中间色调"预设，如图9-42所示。

步骤 04 在"属性"泊坞窗中设置参数，如图9-43所示，效果如图9-44所示。

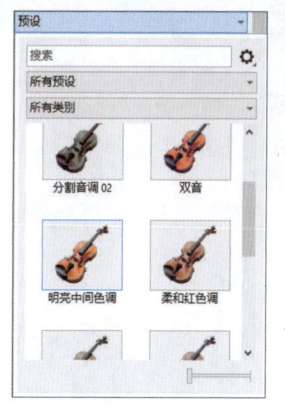

图 9-42 添加预设　　　　图 9-43 设置参数

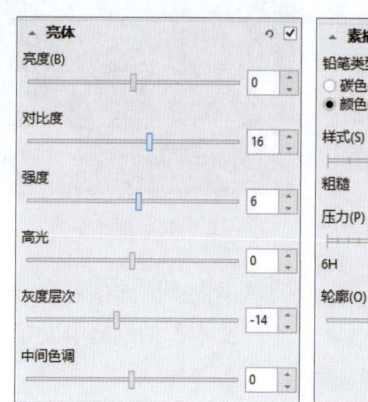

步骤 05 移动部分素材至文档中，效果如图9-45所示。

图 9-44 应用效果　　　　图 9-45 调整显示位置

217

步骤 06 选择矩形工具，绘制矩形，单击鼠标右键，在弹出的快捷菜单中选择"框类型"→"创建空Powerclip图文框"选项，效果如图9-46所示。

步骤 07 将底部的架子鼓移动至框内，更改轮廓为无，双击进入到隔离模式，更改架子鼓大小，完成调整后效果如图9-47所示。

步骤 08 选择文本工具，输入文本，在"文本"泊坞窗中设置参数，如图9-48所示，效果如图9-49所示。

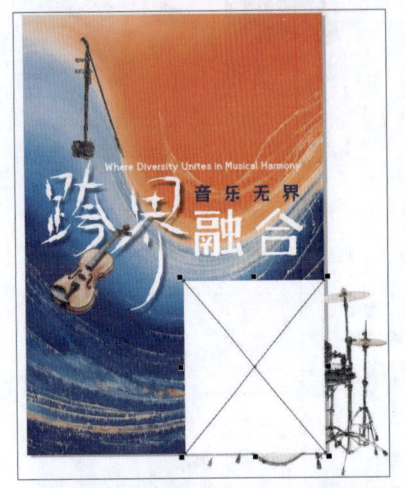

图 9-46 创建空 Powerclip 图文框 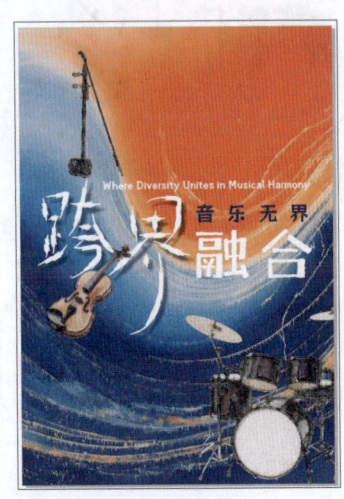　　　　图 9-47 调整显示 　　　　图 9-48 设置文本参数

步骤 09 选择阴影工具，创建阴影，效果如图9-50所示。

步骤 10 选择文本工具，输入3组文本，在"文本"泊坞窗中设置参数，如图9-51所示，效果如图9-52所示。

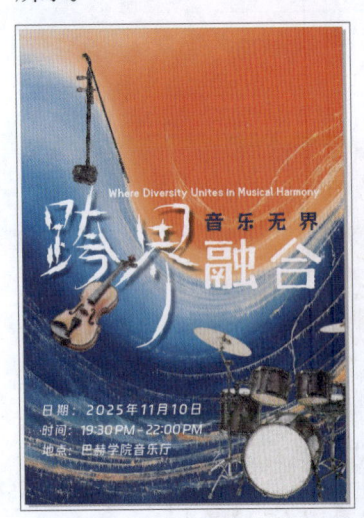

图 9-49 添加文本内容 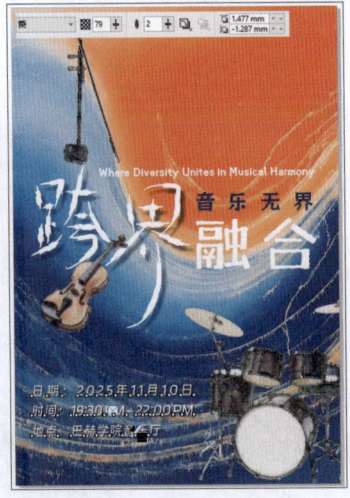　　　　图 9-50 添加阴影效果 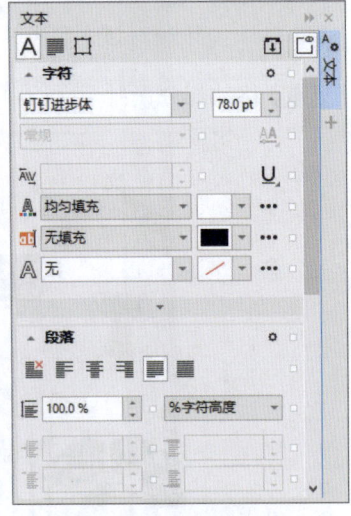　　　　图 9-51 设置文本参数

步骤 11 继续输入文本内容"邀您共赴一场跨越时空的音乐之旅"，在"文本"泊坞窗中设置参数，如图9-53所示。

步骤 12 选择阴影工具，创建阴影，效果如图9-54所示。

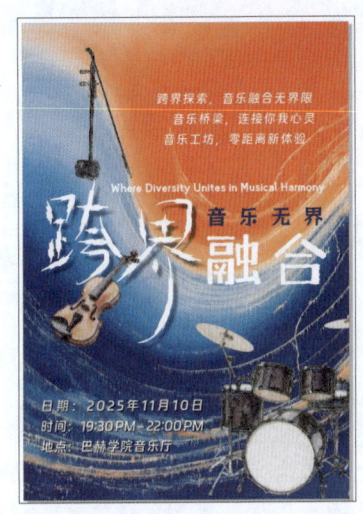

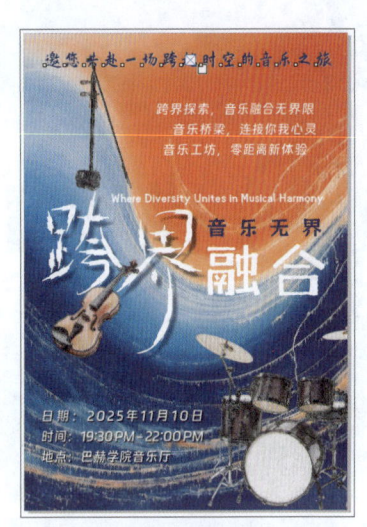

图 9-52　添加文本内容　　　　图 9-53　设置文本参数　　　　图 9-54　添加阴影效果

步骤 13 将乐器素材移动至文档中，分别添加Powerclip图文框并调整显示，效果如图9-55所示。

步骤 14 在"对象"泊坞窗中调整显示，最终效果如图9-56所示。

至此，完成音乐节活动海报的制作。

图 9-55　调整素材位置　　　　　　　　　图 9-56　最终效果

模块 10 标志设计

内容概要

本模块主要聚焦于标志设计,分别介绍了标志的类别、表现形式、设计流程和注意事项。通过对不同类别和表现形式的标志进行分析和比较,帮助读者理解各种标志的特点和适用场景,为后续的设计实践提供了有益的参考。通过具体实践——以电竞战队标志设计为例,详细阐述了标志设计的全过程,每一步都进行了详细的讲解和示范。

知识要点

- 标志的类别。
- 标志的表现形式。
- 标志的设计流程。
- 标志设计的注意事项。

数字资源

【本模块素材】
"素材文件\模块10"目录下

10.1 标志设计基础知识

标志（Logo）是品牌形象的核心部分，通过具体的图形、符号或文字方式将企业的理念、价值观和精神转化为视觉符号。它不仅代表企业形象，也是消费者识别和记忆品牌的重要工具。

■ 10.1.1 标志的类别

标志根据其用途和功能可以分为商业性标志、非商业性标志和公共系统标志三类。以下是对这三类标志的详细介绍。

1. 商业性标志

商业性标志，也称为商标，是企业在商业活动中用于标识自身产品或服务的视觉符号，旨在有别于竞争对手。注册商标享有法律保护，可帮助企业维护品牌权益。商业性标志不仅代表企业的产品或服务，还承载着企业的文化、理念和价值观，向消费者传递品牌价值。其应用场景如下：

- **企业宣传资料**：如企业宣传册、名片、网站等，图10-1为华为官网界面。商业性标志作为企业的形象代表，通常会出现在这些资料中。
- **产品包装**：商品包装上的标志是消费者识别品牌的重要途径之一。
- **线上平台**：在企业的官方网站、社交媒体账号等线上平台上，商业性标志也是必不可少的元素，有助于建立和维护企业的品牌形象。

图 10-1 华为官网效果欣赏

2. 非商业性标志

非商业性标志主要用于标识非盈利组织、政府机构、学校和文化活动等特定组织或活动的身份。这些标志通常蕴含丰富的文化内涵和象征意义，能够传达组织或活动的理念和宗旨，有助于塑造良好形象，提升公众知名度和美誉度。其应用场景如下：

- **活动宣传**：在各类文化、公益、教育等活动中，非商业性标志作为活动标识，帮助公众识别和记忆活动信息。
- **社交媒体**：非商业性组织在社交媒体上发布信息时，也会使用其标志作为身份标识，增强信息的可信度和传播力，如图10-2所示。

- **志愿者活动**：在志愿者活动中，非商业性标志作为志愿者身份的象征，传递出了无私奉献和积极向上的精神风貌。

图 10-2　公益宣传界面效果欣赏

3. 公共系统标志

公共系统标志主要用于公共场所，为公众提供指示、警示或信息服务，以确保公共秩序和安全。这类标志通常采用标准化设计，具有高度的易识别性，能够在短时间内向公众传达明确的信息。其应用场景如下：

- **道路交通**：如道路交通指示标志、交通警示标志等，用于指导交通参与者的行为，确保道路交通的安全和顺畅。
- **公共设施**：如医院、机场、火车站等公共场所的指示标志和警示标志，为公众提供便利的导航和安全提醒。
- **安全防护**：如消防栓、灭火器、应急避难场所等安全设施的标志，提醒公众注意安全防护并采取相应的应急措施，如图10-3所示。

图 10-3　应急指示效果欣赏

10.1.2　标志的表现形式

标志的表现形式多种多样，根据不同的设计理念和需求，可以划分为多个类别。以下是几种常见的标志表现形式。

1. 具象表现形式

具象表现的标志是遵循于客观图形元素存在的一种形式，它通过具体的图形元素直观地表达品牌形象或理念。具体形式包括：

- **人物造型图形元素**：运用人物或其部分（如头像、手势等）展现品牌亲和力与情感联系，如老干妈、十三香、KFC等，如图10-4所示。
- **动物造型图形元素**：借助动物形象象征力量、速度、智慧等特质，增强品牌识别度和吸引力，如京东、天猫、始祖鸟等，如图10-5所示。
- **植物造型图形元素**：利用花卉、树木等植物元素传达自然、健康、环保理念，提升品牌形象，如茶叶品牌、城市绿化或环保机构标志等。
- **器物造型图形元素**：展示传统或现代器物，凸显产品特点、功能或品牌历史文化，如各类博物馆、银行或酒类品牌标志，如图10-6所示。

- **自然造型图形元素**：运用自然景观或自然现象元素，传达自然和谐之感，促进环保理念传播，如环保/公益组织、旅游品牌或户外运动品牌等。

图 10-4　人物造型　　　　图 10-5　动物造型　　　　图 10-6　器物造型

2. 抽象表现形式

抽象表现形式则是以完全抽象的几何图形元素表达标志的含义，具有抽象含义和象征意味。具体形式包括：

- **几何图形**：使用圆形、方形、三角形等基本几何形状或它们的组合，通过形状本身或其排列方式传达抽象概念，如中国银行、美菱电器等，如图10-7所示。
- **线条艺术**：利用线条的粗细、长短、曲直等变化，创造出富有动感和表现力的图形，如耐克、可口可乐、奔驰等。
- **符号化图形**：将复杂信息简化为具有高度识别性的图形符号，快速传达品牌核心理念，如中国联通、国家电网等，如图10-8所示。

图 10-7　几何图形　　　　　　　图 10-8　符号化图形

- **色块组合**：通过不同颜色、形状和大小的色块搭配，创造视觉冲击力和层次感，强化品牌形象，如微软、Google等，如图10-9所示。
- **负空间**：利用图形周围的空白区域，创造视觉平衡和独特构图，增强标志的简洁感和深度，如FedEx等。
- **象征性图形**：通过隐喻和联想，将抽象概念具象化为图形，传达品牌的精神内涵和价值观，如中国铁路、中国石油、中国红十字会等，如图10-10所示。

图 10-9　色块组合　　　　　　　图 10-10　象征性图形

3. 文字表现形式

文字表现形式是直接利用品牌名称或简称的字体设计呈现品牌的名称。它具有易读、易记的特点，能够在短时间内让受众了解品牌名称。根据使用的文字类型，可以进一步细分为以下几类。

- **纯文本**：最直接的一种形式，纯文本标志直接使用品牌的完整名称作为视觉标识。它能够清晰无误地传达品牌信息，便于消费者记忆与识别，如小红书、OPPO等，如图10-11所示。
- **首字母缩写标志**：该类标志既保留了品牌的核心识别元素，又简化了视觉表达，使标志更加简洁明了。首字母缩写标志在国际化品牌中尤为常见，因为它们能够跨越语言障碍，实现全球范围内的统一识别，如大疆、比亚迪等，如图10-12所示。
- **手写体标志**：手写体标志采用手写风格的字体设计，赋予品牌以亲切、温暖或个性化的形象。手写体标志往往具有独特的韵味和情感色彩，能够拉近品牌与消费者之间的距离，如红旗、网易等，如图10-13所示。

图10-11 纯文本　　　　图10-12 首字母缩写　　　　图10-13 手写体

除了上述主要形式外，标志设计还可以采用图文结合、徽章式、动态等多种形式。这些形式各有特点，适用于不同的品牌定位和设计需求。

■ 10.1.3 标志的设计流程

标志的设计流程通常包括多个步骤，以确保最终的标志能够有效传达品牌的核心价值和个性。以下是常见的标志设计流程。

- **了解客户需求**：与客户深入沟通，了解其企业或品牌背景、定位、行业特点以及对标志的期望和要求。
- **创意构思**：根据客户需求进行创意构思，挖掘设计元素，形成初步的设计方案。这一阶段需要运用抽象形象、象征性图案等元素进行创意设计。
- **画面设计**：在创意构思的基础上进行详细的画面设计，包括标志的文字、图形、色彩、字体等方面的设计。这一阶段需要注重设计的细节和整体效果的协调。
- **修改完善**：根据客户反馈对标志进行修改和完善，直至客户满意。在修改过程中，需要与客户保持密切沟通，确保设计方案符合其要求和期望。
- **打印输出**：确定标志设计完成后，将其打印出来并应用于企业的各种宣传材料中。同时，也需要准备好标志的电子文件，以便在不同媒介和场合下使用。

■ 10.1.4 标志设计注意事项

在设计标志时，需要注意多个方面以确保标志的有效性和吸引力。一些关键方面如下：
- **简洁性**：标志应该简洁明了，避免过多的细节和复杂的图形。简单的标志更易于记忆和识别，能够集中表现品牌的核心特征或识别元素，使观众一眼就能理解其意义。
- **可识别性**：确保标志在视觉上与众不同，避免与其他品牌标志相似，减少混淆。无论大小或颜色如何变化，标志都应保持清晰可辨。
- **适应性**：标志需要在不同的尺寸和媒介上都能有效展示，包括印刷品、数字屏幕、社交媒体等。要考虑标志在不同色彩背景下的表现，确保单色或反色版本也具有良好的可读性。
- **时间性**：设计应具有前瞻性，考虑品牌未来的发展方向和市场需求，确保标志不会迅速过时。虽然追求持久性，但也应考虑到未来可能需要进行的小幅调整或更新。
- **文化敏感性**：如果品牌具有国际性，标志应避免使用可能引起文化误解或负面联想的元素。确保标志尊重所有文化和受众，避免使用具有冒犯性的符号或图像。
- **色彩选择**：了解不同色彩在心理学中的含义，选择能够传达品牌特性和情感的色彩。确保标志中的色彩对比度足够高，以便在各种背景下都能清晰可见。
- **字体选择**：选择易于阅读的字体，避免过于花哨或难以辨认的字体。如果标志中包含文字，确保字体与品牌的其他视觉元素保持一致。
- **反馈与测试**：在设计过程中不断收集客户的反馈，并根据需要进行调整。在最终确定之前，让目标受众对标志进行测试，以了解他们的反应和偏好。
- **法律合规性**：确保标志不侵犯任何现有的版权或商标权。了解并遵守所在行业的规范和标准。

10.2 电竞战队标志设计

电竞战队标志的设计流程主要包括3个关键环节：背景的制作、主体元素的绘制和文本的添加。以下是关于电竞战队标志设计制作的详细流程。

■ 10.2.1 背景的制作

标志背景的制作涉及的知识点有文档的创建、矩形工具、形状工具、填充与轮廓、变换、造型等。

步骤01 打开CorelDRAW，单击"新文档"按钮，在弹出的"创建新文档"对话框中设置宽70 mm、高50 mm的文档参数，如图10-14所示。

步骤 02 选择矩形工具，绘制宽度为26 mm、高为32 mm的矩形，如图10-15所示。

图 10-14 新建文档

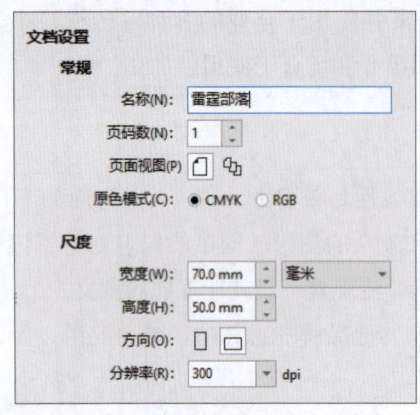

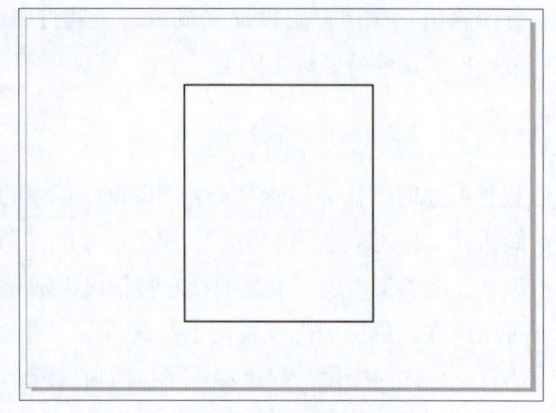

图 10-15 绘制矩形

步骤 03 选择形状工具，拖动矩形的一个角，将矩形变为圆角矩形，效果如图10-16所示。

步骤 04 设置圆角矩形的轮廓为无、填充为黑色，效果如图10-17所示。

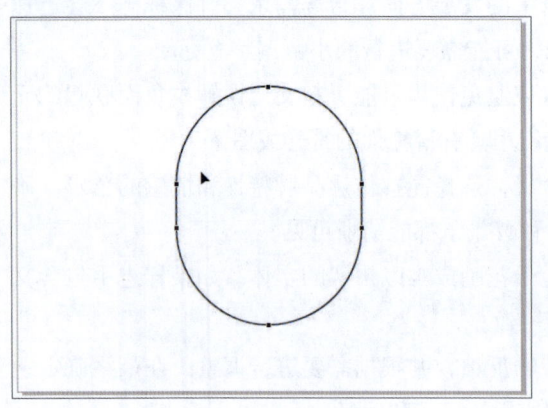

图 10-16 调整圆角半径

图 10-17 填充颜色

步骤 05 在键盘上按"+"键复制图形，"对象"泊坞窗中显示效果如图10-18所示。

步骤 06 为复制的图形添加黄色的轮廓线描边，如图10-19所示。

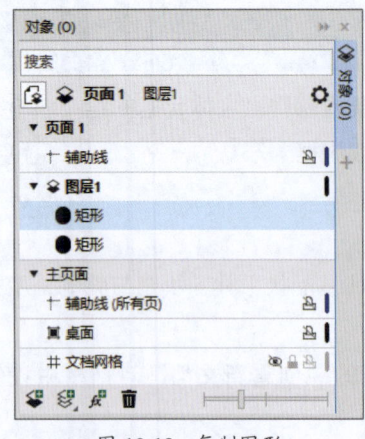

图 10-18 复制图形

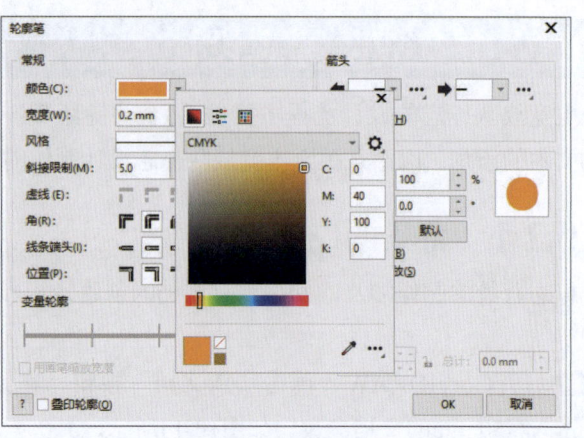

图 10-19 设置轮廓参数

步骤 07 更改其宽度为25 mm、高度为31 mm，效果如图10-20所示。

步骤 08 在键盘上按"+"键复制图形，将轮廓宽度改为0.1 mm，如图10-21所示。

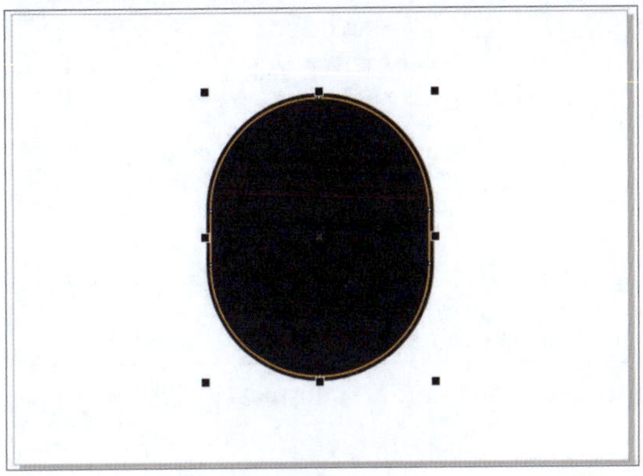

图 10-20　更改圆角矩形参数（1） 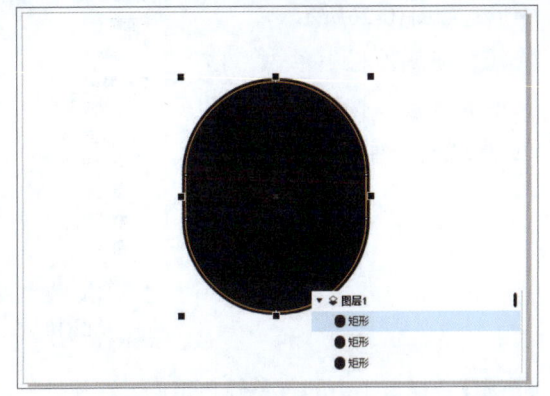　　　　图 10-21　复制并更改矩形宽度（1）

步骤 09 更改其宽度为23 mm、高度为29 mm，效果如图10-22所示。

步骤 10 在键盘上按"+"键复制图形，更改为宽度为22.3 mm、高度为28.3 mm，如图10-23所示。

图 10-22　更改圆角矩形参数（2）　　　　图 10-23　复制并更改矩形宽度（2）

步骤 11 设置圆角矩形的轮廓为无、填充为黄色，效果如图10-24所示。

步骤 12 在键盘上按"+"键复制图形，按住Shift键等比例缩小，如图10-25所示。

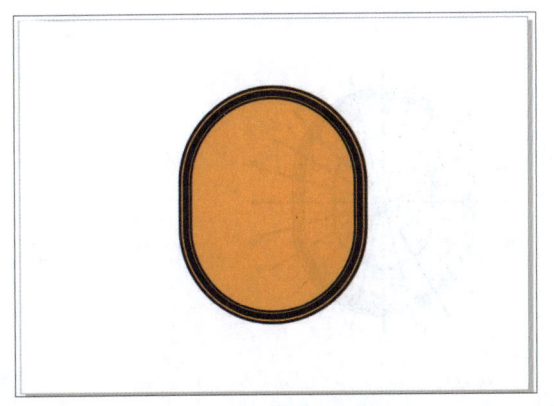

图 10-24　更改填充颜色 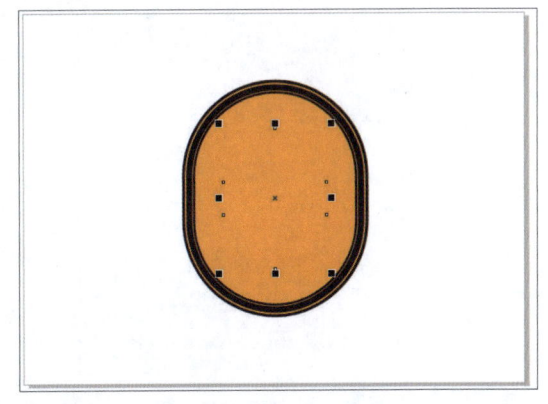　　　　图 10-25　复制并调整显示

步骤 13 继续复制图形，加选被复制图形下侧的黄色圆角矩形，如图10-26所示。

步骤 14 在属性栏中单击"移除前面对象"按钮，将黄色图形修剪，如图10-27所示。

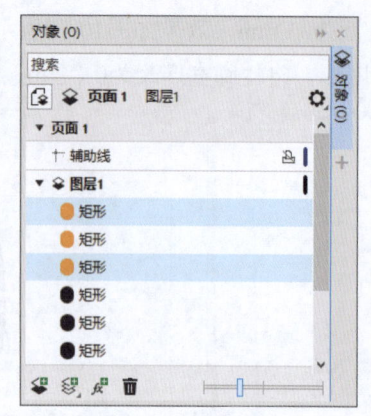

图 10-26 选择图形　　图 10-27 修剪图形

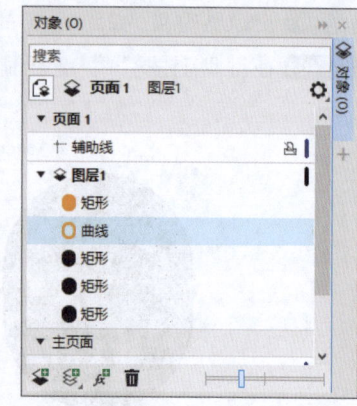

步骤 15 选择最上方的黄色圆角矩形，在属性栏中的"高度"和"宽度"数值框中输入"-1.2"，（在原来大小的基础上，宽度和高度分别去掉1.2 mm），效果如图10-28所示。

步骤 16 选择钢笔工具，在图形的中间位置绘制黑色线段，线段宽度设置为0.4 mm，如图10-29所示。

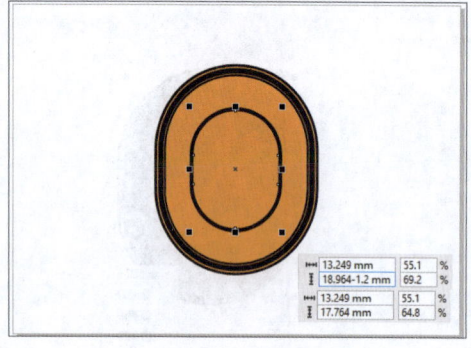

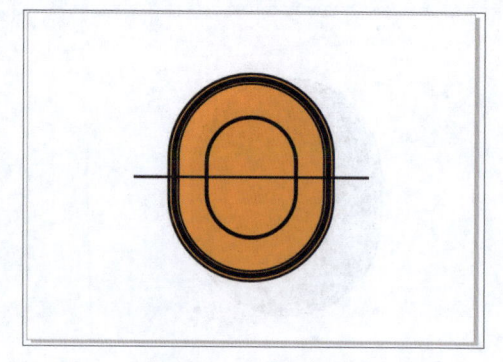

图 10-28 调整显示　　图 10-29 绘制黑色线段

步骤 17 按Ctrl+Shift+Q组合键，将轮廓线转换为路径。在"变换"泊坞窗中设置参数，如图10-30所示。

步骤 18 单击"应用"按钮应用效果，如图10-31所示。

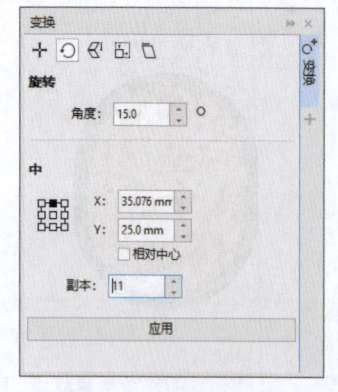

图 10-30 设置变换参数　　图 10-31 应用变换效果

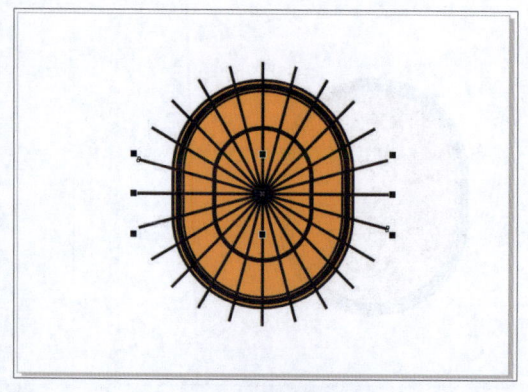

步骤 19 选择所有线段图形，在属性栏中单击"焊接"按钮，效果如图10-32所示。

步骤 20 选中线段图形与下侧的黄色环状图形，单击"移除前面对象"按钮，效果如图10-33所示。

图 10-32　焊接图形

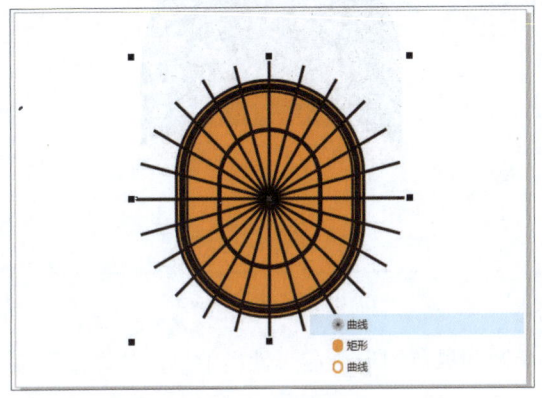

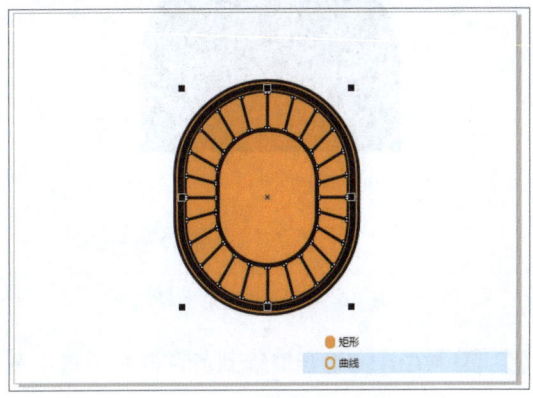

图 10-33　移除前面对象效果

10.2.2　主体元素的绘制

主体元素的绘制涉及的知识点有矩形工具、形状工具、钢笔工具、填充与轮廓、造型等。

步骤 01 在"对象"泊坞窗中选择所有的图层，按Ctrl+G组合键编组，重命名为"背景"，锁定该图层组后隐藏，如图10-34所示。

步骤 02 选择矩形工具，绘制宽度为15 mm、高为12 mm的矩形，轮廓为无，填充为黑色，效果如图10-35所示。

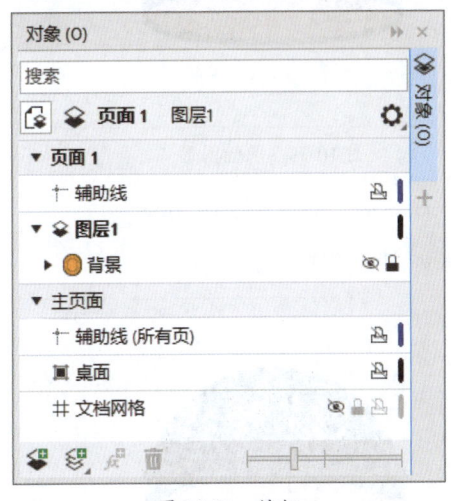

图 10-34　编组

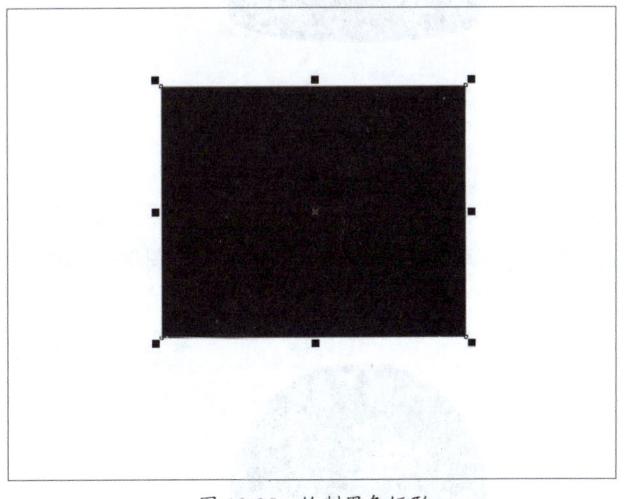

图 10-35　绘制黑色矩形

步骤 03 在属性栏中单击"同时编辑所有角"按钮，解锁，将矩形的左上角和右上角设置为8 mm，效果如图10-36所示。

步骤 04 选择椭圆形工具，绘制宽度为15 mm的椭圆，填充为黄色，效果如图10-37所示。

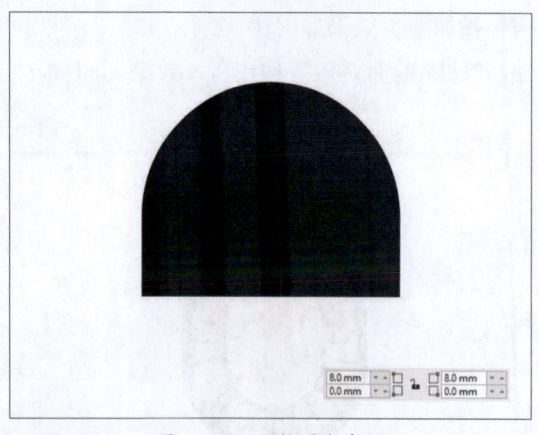

图 10-36　调整圆角半径

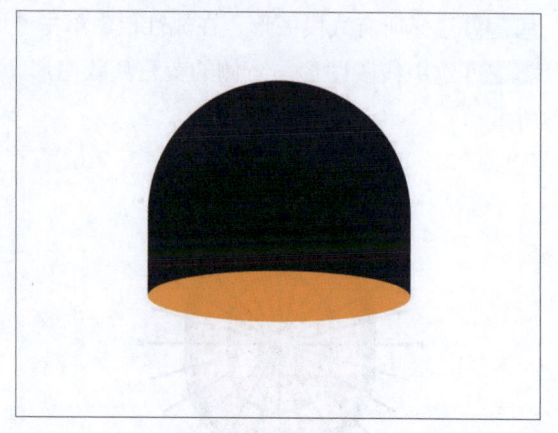

图 10-37　绘制椭圆形

步骤 05 按Ctrl+C组合键复制黄色椭圆，选中黄色椭圆和黑色图形，在属性栏中单击"焊接"按钮，效果如图10-38所示。

步骤 06 按Ctrl+V组合键粘贴黄色椭圆，适当向内收缩一些，效果如图10-39所示。

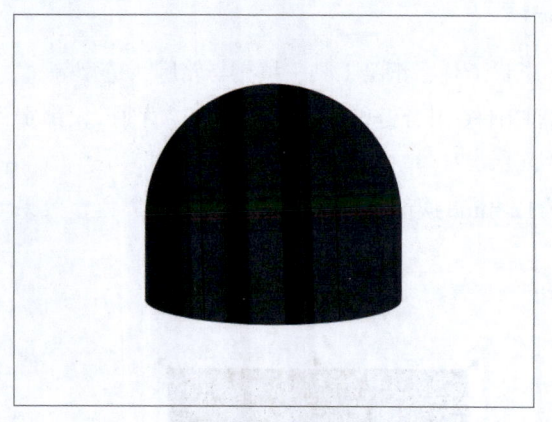

图 10-38　焊接图形

图 10-39　收缩图形

步骤 07 选择矩形工具，绘制和黄色椭圆等宽的矩形，填充任意色，效果如图10-40所示。

步骤 08 复制黄色椭圆，向上移动并增加图形的高度，效果如图10-41所示。

图 10-40　绘制矩形

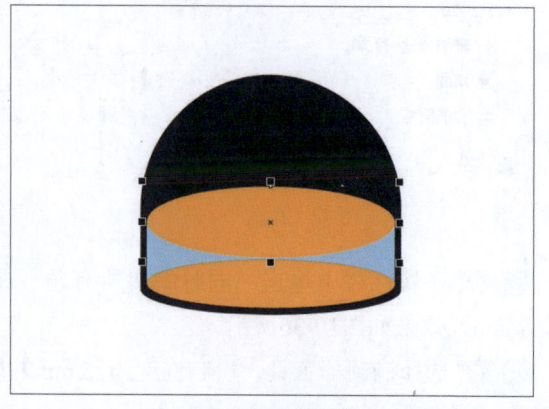

图 10-41　复制并调整椭圆

步骤 09 选择上方的椭圆和矩形，在属性栏中单击"焊接"按钮，效果如图10-42所示。

步骤 10 更改填充颜色为黄色，效果如图10-43所示。

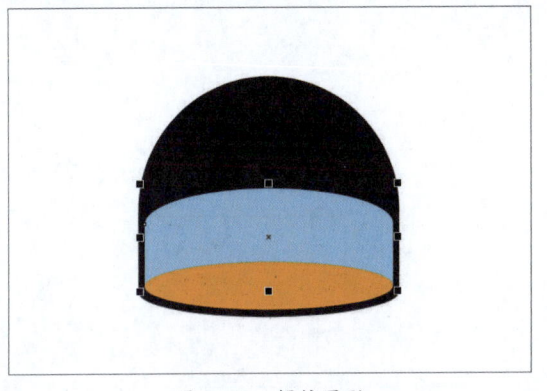

图 10-42 焊接图形

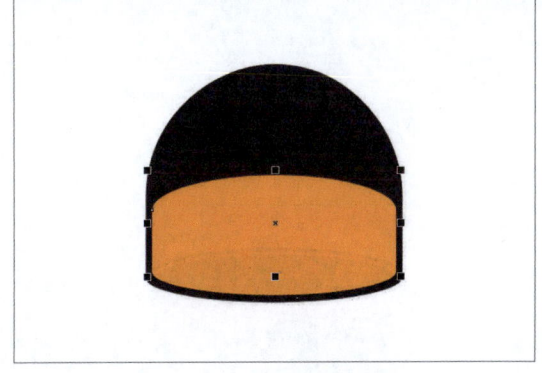

图 10-43 更改填充颜色

步骤 11 选择并复制下方的椭圆，在属性栏中设置轮廓宽度为0.2 mm，效果如图10-44所示。

步骤 12 将复制的圆形再粘贴到视图中，填充为黑色，并适当缩小一些，效果如图10-45所示。

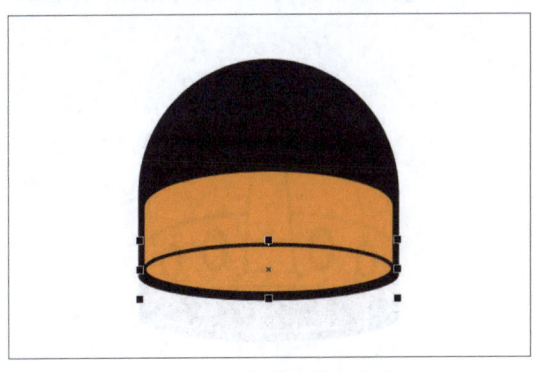

图 10-44 复制并更改宽度

图 10-45 复制并调整显示

步骤 13 选择最底层的黑色图形，在键盘上按"+"键复制图形，更改填充颜色，效果如图10-46所示。

步骤 14 在属性栏内图形的宽度和高度参数栏中分别减去1 mm，缩小图形的大小，效果如图10-47所示。

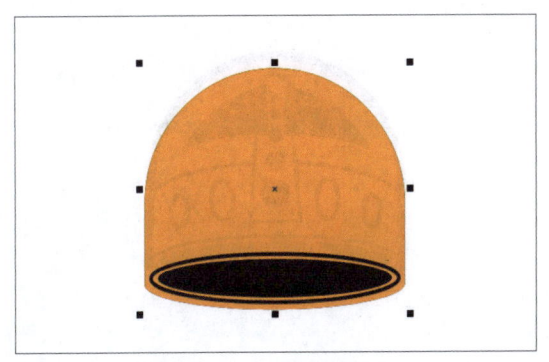

图 10-46 复制并粘贴图形

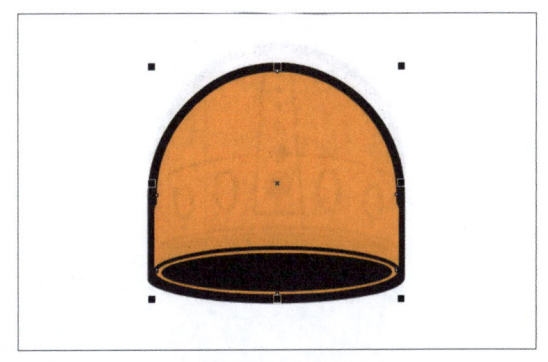

图 10-47 缩小图形

步骤 15 选择焊接的图形，添加0.2 mm的轮廓描边，效果如图10-48所示。

步骤 16 选择椭圆形工具，绘制多个椭圆和正圆，效果如图10-49所示。

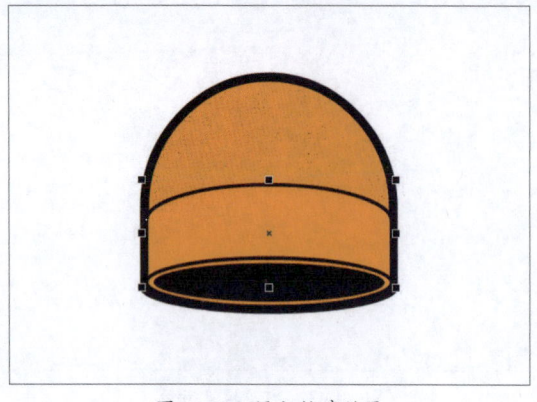

图 10-48　添加轮廓效果

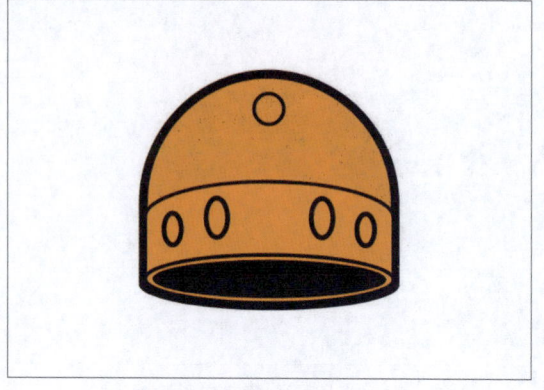

图 10-49　绘制椭圆形和正圆

步骤 17 选择钢笔工具，绘制梯形路径，效果如图10-50所示。

步骤 18 加选正圆，在属性栏中单击"焊接"按钮，更改填充颜色为黄色，效果如图10-51所示。

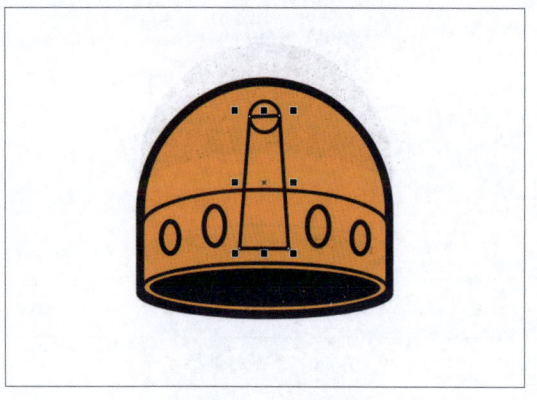

图 10-50　绘制梯形

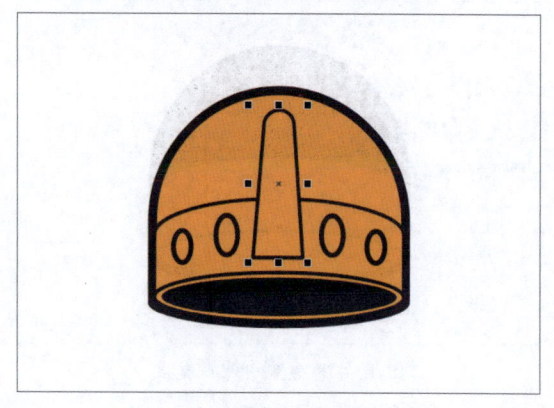

图 10-51　焊接图形

步骤 19 选择椭圆形工具，绘制多个大小不一的正圆，效果如图10-52所示。

步骤 20 选择钢笔工具，绘制多个图形，效果如图10-53所示。

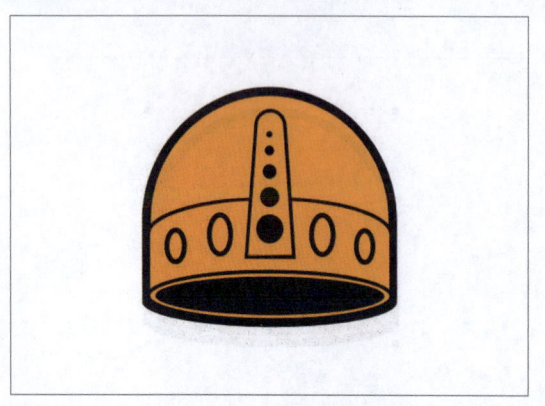

图 10-52　绘制多个正圆

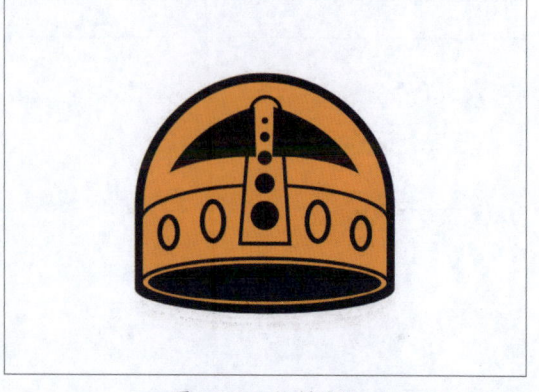

图 10-53　绘制路径

步骤 21 在"对象"泊坞窗中选择两个图形图层,向下移动调整,效果如图10-54所示。

步骤 22 选择矩形工具,绘制宽度为5 mm、高度为2 mm的矩形,设置轮廓线宽度为0.4 mm,使用形状工具调整圆角半径,如图10-55所示。

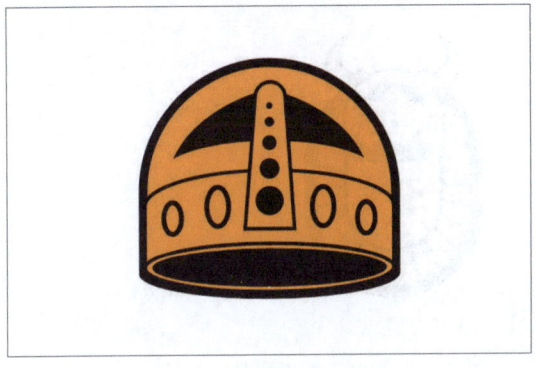

图 10-54　调整图形显示

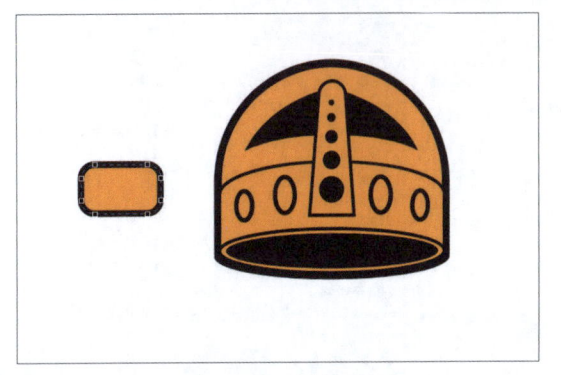

图 10-55　绘制矩形

步骤 23 选择钢笔工具,绘制路径,使用属性滴管工具吸取圆角矩形的样式应用,效果如图10-56所示。

步骤 24 继续绘制路径,填充白色,效果如图10-57所示。

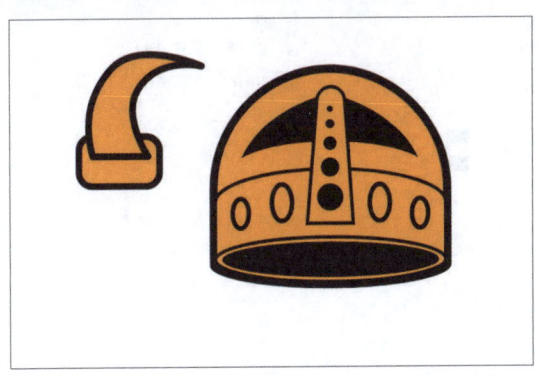

图 10-56　拾取并应用属性效果

图 10-57　绘制图形

步骤 25 调整显示位置,将圆角矩形移动到顶部,然后将绘制的图形群组,效果如图10-58所示。

步骤 26 将绘制的角图形移动到头盔图形的底部并复制,创建出两个角图形,效果如图10-59所示。

图 10-58　编组

图 10-59　复制并调整显示

步骤27 按Ctrl+A组合键全选，按Ctrl+G组合键编组，在"对象"泊坞窗中重命名，显示"背景"图层组，效果如图10-60所示。

步骤28 调整头盔的显示位置，效果如图10-61所示。

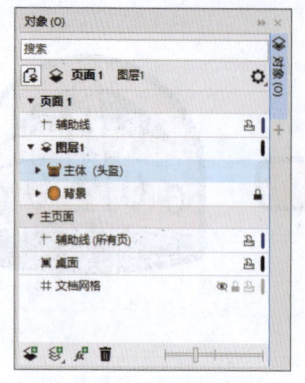

图 10-60　编组　　　　　　图 10-61　调整显示位置

10.2.3　文本的添加

文本的添加涉及到的知识点有文本工具、"文本"泊坞窗、钢笔工具、填充与轮廓、"文本"命令等。

步骤01 选择文本工具，输入文本，在"文本"泊坞窗中设置参数，如图10-62所示。

步骤02 继续设置段落参数，如图10-63所示。

步骤03 居中对齐，效果如图10-64所示。

步骤04 在"文本"泊坞窗中设置轮廓宽度为1.0 mm，单击按钮，在弹出的"轮廓笔"对话框中设置参数，如图10-65所示，效果如图10-66所示。

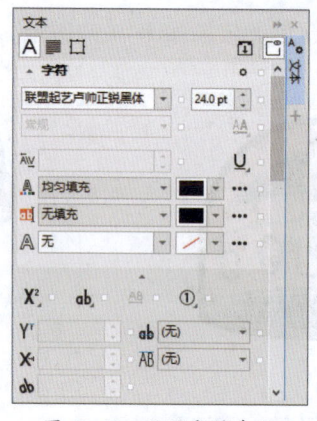

图 10-62　设置字符参数　　　　图 10-63　设置段落参数

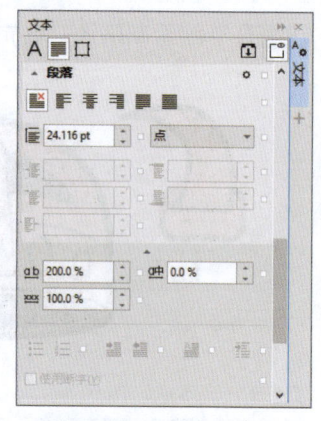

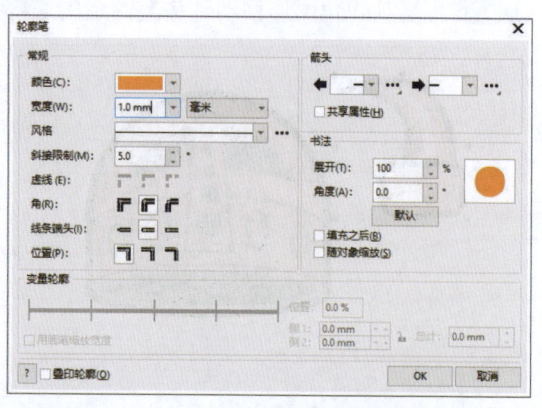

图 10-64　居中对齐　　　　　　图 10-65　设置轮廓参数

模块10 标志设计

步骤 05 选择文本后，在键盘上按"+"键复制图形，"对象"泊坞窗显示效果如图10-67所示。

图 10-66 应用效果（1）

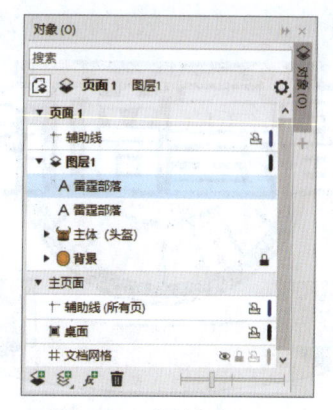

图 10-67 复制文字（1）

步骤 06 设置填充为白色，描边为0.5 mm的黑色，如图10-68所示，效果如图10-69所示。

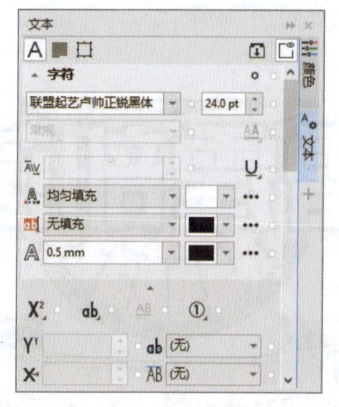

图 10-68 更改字符参数

图 10-69 应用效果（2）

步骤 07 选择钢笔工具，绘制闭合路径（填充为黄色、轮廓宽度为0.2 mm、轮廓颜色为黑色），效果如图10-70所示。

步骤 08 绘制黑色闭合路径，复制后水平翻转，效果如图10-71所示。

图 10-70 绘制图形

图 10-71 绘制并复制图形

235

步骤 09 继续绘制闭合路径，复制后水平翻转，效果如图10-72所示。

步骤 10 调整图层顺序，效果如图10-73所示。

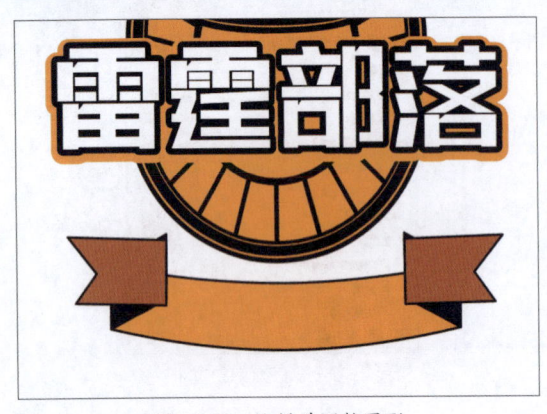

图 10-72　绘制并调整图形　　　　　　图 10-73　调整图层顺序

步骤 11 使用钢笔工具绘制曲线线段，移动复制多个，效果如图10-74所示。

步骤 12 继续绘制曲线线段，效果如图10-75所示。

图 10-74　绘制曲线　　　　　　图 10-75　继续绘制曲线

步骤 13 使用文本工具输入文本，在"文本"泊坞窗中设置参数，如图10-76所示，效果如图10-77所示。

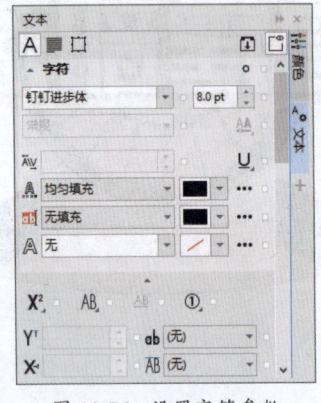

图 10-76　设置字符参数　　　　　　图 10-77　应用效果

步骤 14 将文本与曲线左对齐，沿文本右侧向左拖动，使其宽度相同，效果如图10-78所示。

步骤 15 加选底部曲线，执行"文本"→"使文本适合路径"命令，效果如图10-79所示。

图 10-78 调整文本宽度

图 10-79 使文本适合路径

步骤 16 框选横幅和文本内容，创建组后重命名为"横幅口号"，效果如图10-80所示。

步骤 17 调整图层组顺序，效果如图10-81所示。

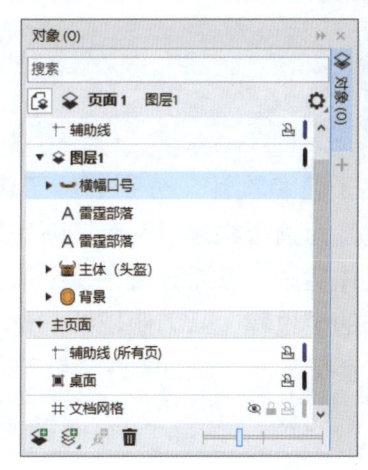

图 10-80 编组

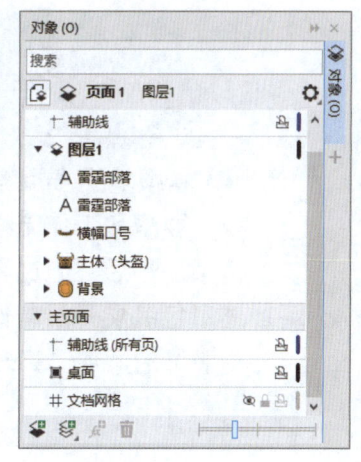

图 10-81 调整图层顺序

步骤 18 调整摆放位置，最终效果如图10-82所示。

至此，完成电竞战队标志的制作。

图 10-82 最终效果

模块 11　包装设计

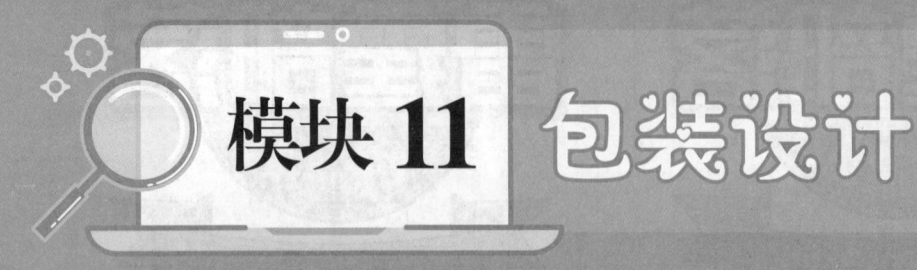

内容概要

本模块主要聚焦于包装设计，分别介绍了包装设计的目的、类型、要素和工作流程，为读者构建了一个清晰而系统的包装设计知识体系。最后，通过具体实践——以牙膏包装平面图设计为例，详细阐述了包装展开图制作的全过程，从刀版图的制作、底纹的绘制到文字与装饰的添加，每一步都进行了详细的讲解和示范。

知识要点

- 包装设计的目的。
- 包装设计的类型。
- 包装设计的要素。
- 包装设计的流程。

数字资源

【本模块素材】
"素材文件\模块11"目录下

11.1　包装设计基础知识

包装设计是指为产品创建外部包装的过程，包括选择材料、形状、颜色、图案和文字等元素，以确保产品在运输、储存和销售过程中的安全性和吸引力，如图11-1所示。

图 11-1　系列包装效果图

11.1.1　包装设计的目的

包装设计的目的多种多样，旨在满足产品从生产经销售到消费者手里的整个过程中的各种需求。包装设计的主要目的如下：

1. 保护产品

包装设计的最基本、也是最直接的目的是通过合理的包装结构和材料选择，保护产品在生产、运输、储存和销售过程中免受物理冲击、化学侵蚀、微生物污染等外部因素的损害，确保产品的完整性和品质。

2. 传递信息

作为产品的重要展示窗口，包装设计承担着向消费者传达商品信息的重要任务。通过包装上的文字、图形和色彩等元素，消费者可以了解产品的品牌、特性、使用方法、生产日期和保质期等关键信息，为购买决策提供依据。

3. 提升吸引力

精美的包装设计能够吸引消费者的眼球，激发购买欲望。通过创新的设计理念和表现手法，包装设计可以赋予产品独特的个性和魅力，使其在众多竞品中脱颖而出，增加消费者的购买兴趣和意愿。

4. 促进销售

包装设计对产品的销售具有直接影响。优秀的包装设计不仅能够提升产品的吸引力和品牌形象，还能增加产品的附加值，提高市场竞争力，从而带动销售量增长。同时，包装设计也可以作为营销策略的一部分，通过包装上的促销信息和限量版设计等方式吸引消费者购买。

5. 提升品牌形象

包装设计是品牌形象建设的重要组成部分。通过统一的设计风格、色彩搭配和图案元素，包装设计可以强化品牌识别度，传递品牌价值观和文化内涵，提升品牌知名度和美誉度。一个优秀的包装设计不仅能够吸引消费者的关注，还能加深消费者对品牌的印象和认同感。

6. 方便使用与储存

合理的包装设计还应考虑产品的使用便捷性和储存稳定性。通过巧妙的结构设计和材料选择，使包装易于开启、重新密封或重复使用，方便消费者使用产品。同时，包装设计也应考虑产品的储存条件和环境要求，确保产品在储存过程中保持良好的品质和状态。

11.1.2 包装设计的类型

包装设计作为商品与消费者之间的第一道视觉交流桥梁，类型多样，旨在满足不同的产品特性、保护需求、市场定位和消费者偏好的要求。以下是一些主要的包装设计类型分类。

1. 按材料分类

根据所使用的材料，包装可以分为以下几种类型。

- **纸质包装**：包括纸盒、纸袋、纸板箱等，环保且成本较低，广泛应用于食品、日用品等领域，如图11-2所示。
- **塑料包装**：包括塑料袋、瓶等塑料容器，具有轻便、防水、耐摔等特性，形状多变，常用于零食、液体、化妆品、电子产品等包装，如图11-3所示。

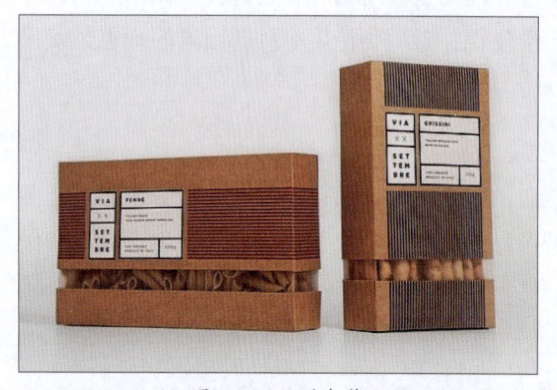

图 11-2　纸质包装　　　　　　　图 11-3　塑料包装

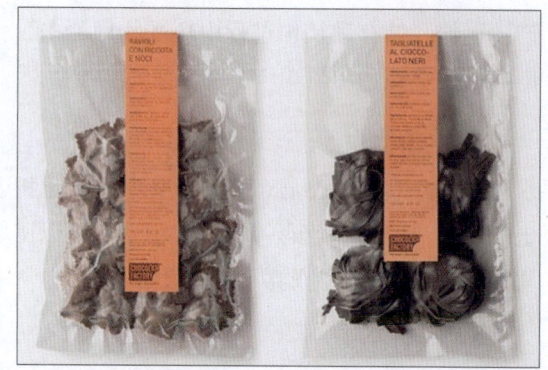

- **金属包装**：如铝罐、铁罐，具有优异的防氧化和防潮性能，常用于饮料、罐头食品等，如图11-4所示。
- **玻璃包装**：透明度高，美观且环保、可回收，具备良好的密封性和防腐性，但相对较重且易碎，常用于高端饮料、调味品和化妆品等，如图11-5所示。
- **特殊材料包装**：如布料、竹制品、生物降解材料等，强调环保和独特性。

图 11-4　金属包装

图 11-5　玻璃包装

2. 按形态结构分类

根据包装的形态和结构，主要可以分为以下几种类型。

- **盒装**：通常用于小型产品，如化妆品、药品和电子产品，便于展示和储存。
- **瓶装**：广泛用于液体产品，如饮料、调味品和化妆品，瓶子的设计可以影响产品的使用体验。
- **袋装**：轻便且易于携带，适合零食、干果、粉末状产品等。
- **罐装**：用于液体和固体食品，罐装可以提供良好的密封性和保鲜效果。

3. 按保护功能分类

根据包装的保护功能，主要可以分为以下几种类型。

- **运输包装**：设计侧重于保护产品在长途运输和储存中的安全，防止破损、挤压、潮湿等，常用材料包括坚固的纸箱、木箱、塑料托盘等，如图11-6所示。
- **销售包装**：直接面向消费者，不仅具备保护功能，更注重吸引力和品牌展示，常采用精美的纸盒、塑料瓶、玻璃瓶、金属罐等，并融入吸引人的图案和文字说明，如图11-7所示。

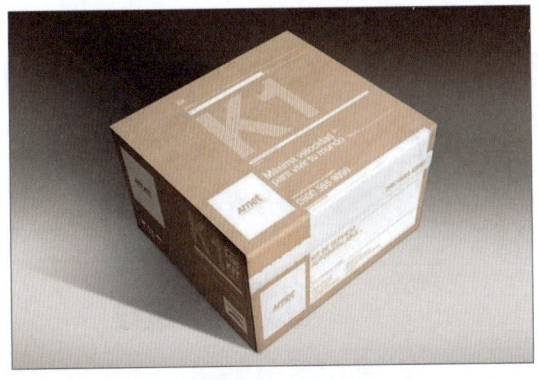

图 11-6　运输包装

图 11-7　销售包装

4. 按市场定位分类

根据目标市场的不同，包装可以分为以下几种类型。

- **高端包装**：专为奢侈品和高档商品设计，采用高品质材料和精美设计，旨在提升品牌形象和产品价值，如图11-8所示。
- **普通包装**：面向大众市场，设计简约，成本控制得当，满足基本功能需求。
- **经济包装**：旨在降低成本，适合低价位产品，通常使用简单材料和设计，如图11-9所示。

图 11-8　高端包装

图 11-9　经济包装

5. 按特殊用途分类

根据特定用途，包装可以分为以下几种类型。

- **礼品包装**：强调节日氛围和赠送意义，设计精美，常配有丝带、蝴蝶结等装饰元素，如图11-10所示。
- **促销包装**：通过附加赠品、优惠信息等方式吸引消费者购买，如"买一送一"包装。
- **便携式包装**：专为便于携带和使用的包装设计，如旅行装、迷你装等，如图11-11所示。
- **环保包装**：采用可回收、可降解材料，减少环境影响，符合现代绿色消费趋势。

图 11-10　礼品包装

图 11-11　便携式包装

不同类型的包装设计在功能、材料和市场需求上各有侧重。选择合适的包装类型不仅能提升产品的吸引力，还能有效保护产品，满足消费者的需求。

11.1.3 包装设计的要素

包装设计的要素涉及多个方面，这些要素共同构成了包装的整体效果，影响着产品的市场吸引力和消费者体验。以下是对包装设计主要要素的详细阐述。

1. 视觉元素

视觉元素是包装设计中最直接影响消费者的部分，包括：

（1）色彩

色彩是包装设计中极具视觉冲击力的元素，能够直接影响消费者的情绪和购买欲望。色彩的选择应根据产品的特性和目标消费群体的喜好确定，同时还要考虑色彩搭配的和谐性和吸引力。

（2）图案

图案包括实体图案和象征性图案。实体图案可以是绘画或照片形式，用于美化产品并传递产品信息。象征性图案则通过抽象或具象的图形来展现产品的属性和风格，增强产品的识别度。

（3）文字

文字是包装设计中不可或缺的信息传递工具。品牌文字包含产品名和企业名，有助于树立品牌形象。说明文字则提供产品的用法、配料、储存方式等信息，应简洁、易懂。广告文字则可以适当活泼，但不宜过于夸张，以此吸引消费者注意。

2. 结构与材质

结构与材质是影响包装功能和美观的重要因素。

- **尺寸与形状**：包装的尺寸和形状应根据产品的特性和市场需求确定。合适的尺寸和形状能够保护产品、方便运输和储存，并增加包装的视觉吸引力。
- **材质**：包装材质的选择对产品的保护效果、成本和环保性都有重要影响。常见的包装材质包括纸张、塑料、金属和玻璃等，每种材质都有其独特的特点和应用范围。
- **结构设计**：结构设计包括包装的盒型、开启方式、内部分隔等。合理的结构设计能够提高包装的稳定性，方便消费者打开和关闭，并增加产品的附加功能。

3. 品牌与信息

品牌与信息的传达是包装设计的核心。

- **品牌识别度**：包装上的品牌名称、标志和标识应清晰醒目，以便消费者快速识别品牌。同时，包装设计应与品牌形象保持一致，以增强品牌的统一性和延续性。
- **信息传递**：包装应清晰传达产品的信息，包括用途、成分、保质期等。文字说明应简洁明了，编排规范，符合目标消费者的阅读习惯和语言风格。

4. 功能性与便利性

包装的功能性和便利性直接影响消费者的使用体验。

- **保护功能**：包装应能够保护产品免受损坏和污染，保持产品的品质和有效期。这要求包装材料具有一定的强度和耐用性，以及良好的密封性和防潮性。

- **便携功能**：包装应方便消费者携带和使用，适应不同的使用场景。例如，便携式包装可以设计成小巧轻便的样式，方便消费者随身携带。

5. 环保与可持续性

随着消费者环保意识的增强，环保与可持续性越来越受到重视。
- **环保要求**：随着环保意识的增强，包装设计也需要符合环保要求。这包括使用可回收、可降解的材料，减少包装废弃物对环境的污染。
- **可持续性**：包装设计应考虑产品的整个生命周期，包括生产、使用、回收和再利用等环节。通过优化包装设计，可以减少资源消耗和环境污染，实现可持续发展。

■11.1.4 包装设计的流程

包装设计的流程是一个综合性的过程，涉及从设计的立项与调研，直至最终编制设计说明书的多个环节。以下是包装设计的主要流程。

1. 市场调研与定位

这一阶段分析市场上同类产品的包装设计，总结竞争对手的优势和不足。通过调研收集消费者反馈，辨别市场趋势和机会。明确产品的定位，包括目标消费群体、品牌形象和市场需求，以便为后续设计提供方向。

2. 创意构思与风格确定

这一阶段进行头脑风暴，生成多种设计创意，尝试多样的包装形式。根据产品特性和品牌定位，确定包装设计的整体风格，如简约、复古、现代等。同时，确保设计与品牌形象的一致性。

3. 材料与结构设计

这一阶段根据产品的特性和保护需求，选择合适的包装材料，如纸质、塑料、金属、玻璃等，并考虑材料的环保性和可回收性。设计包装的内部结构和外部形状，确保其在运输和储存中的安全性和稳定性，同时考虑开封方式和使用便利性。

4. 视觉设计

这一阶段绘制详细的设计草图，包括外观造型、色彩搭配、图形图案和文字排版等。确保设计不仅符合品牌形象，还能有效传达产品信息，吸引目标消费者的注意。

5. 样品制作与测试

这一阶段将设计图纸交给生产厂家，制作初步样品。邀请目标消费者或产品相关方对样品进行评价，收集反馈意见，并测试包装的功能性和视觉效果，以便进行优化改进。

6. 定稿与生产准备

根据测试结果和反馈意见，对设计进行必要的调整和优化，确保最终设计满足市场需求和消费者期望。最终确定包装设计方案，并准备详细的生产文件，包括设计图纸、材料清单、生产流程等，为生产厂家提供全面指导。

11.2 牙膏包装平面图设计

牙膏包装平面的制作过程可以分为3个主要环节：制作刀版图、底纹的绘制和文字与装饰素材的添加。以下是关于牙膏包装平面图设计制作的详细流程。

■ 11.2.1 制作刀版图

刀版图的制作涉及到的知识点有文档的创建、矩形工具、形状工具、填充与轮廓、变换、造型等。

步骤01 打开CorelDRAW，单击"新文档"按钮，在弹出的"创建新文档"对话框中设置宽70 mm、高50 mm的文档参数，如图11-12所示。

步骤02 选择矩形工具，绘制宽度为210 mm、高度为47 mm的矩形，轮廓宽度为细线，如图11-13所示。

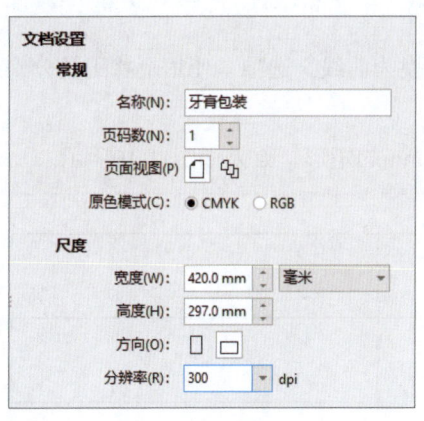

图 11-12　新建文档　　　　　　图 11-13　绘制矩形

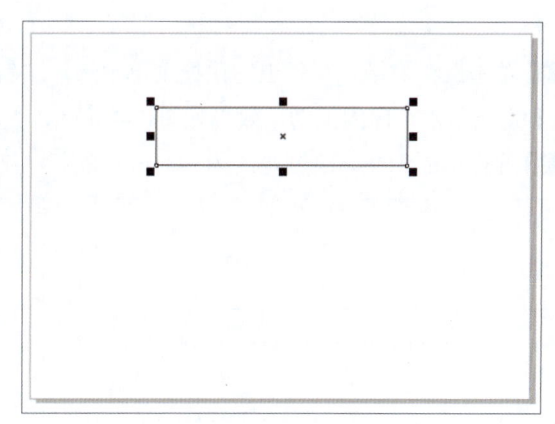

步骤03 在"变换"泊坞窗中设置参数，如图11-14所示。

步骤04 单击"应用"按钮，效果如图11-15所示。

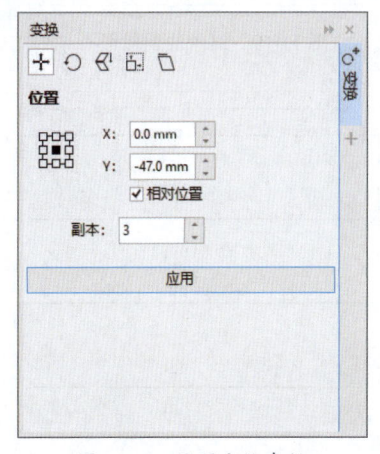

图 11-14　设置变换参数　　　　图 11-15　应用变换效果

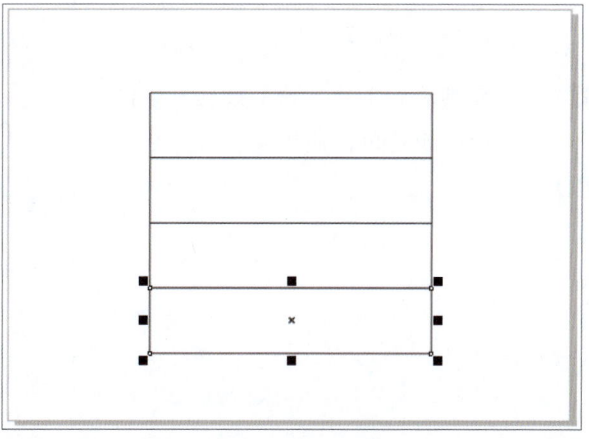

步骤 05 选择矩形工具，绘制宽度为210 mm、高度为15 mm的矩形，如图11-16所示。

步骤 06 在"属性"泊坞窗中设置轮廓宽度为0.3 mm、线条样式为虚线，效果如图11-17所示。

图 11-16　绘制矩形

图 11-17　设置轮廓参数

步骤 07 单击鼠标右键，在弹出的快捷菜单中选择"转换为曲线"选项，使用形状工具分别选择左上和右上节点，向内拖动，效果如图11-18所示。

步骤 08 选择矩形工具，绘制宽度为39 mm、高度为47 mm的矩形，效果如图11-19所示。

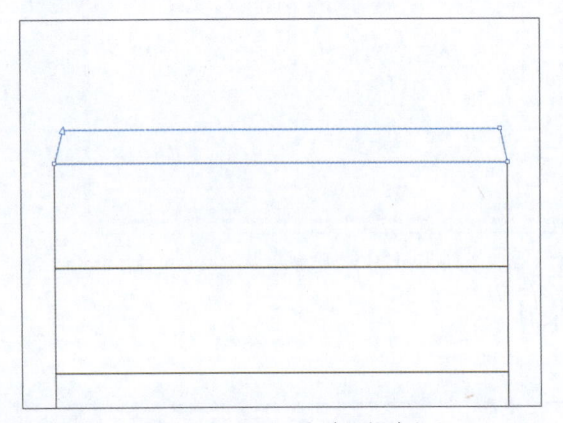

图 11-18　绘制曲线并调整节点

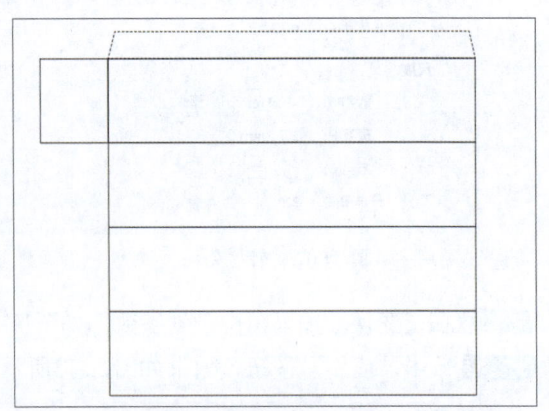

图 11-19　继续绘制矩形

步骤 09 选择属性滴管工具，拾取虚线梯形的样式，在矩形边缘处单击应用其样式，效果如图11-20所示。

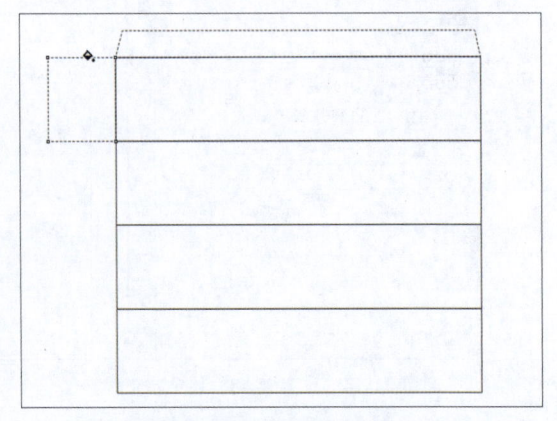

图 11-20　拾取并应用属性

步骤 10 在键盘上按"+"键复制该虚线矩形，更改宽度为15 mm，向左移动，效果如图11-21所示。

步骤 11 选择形状工具框选左侧两个节点，调整圆角半径为7.5 mm，效果如图11-22所示。

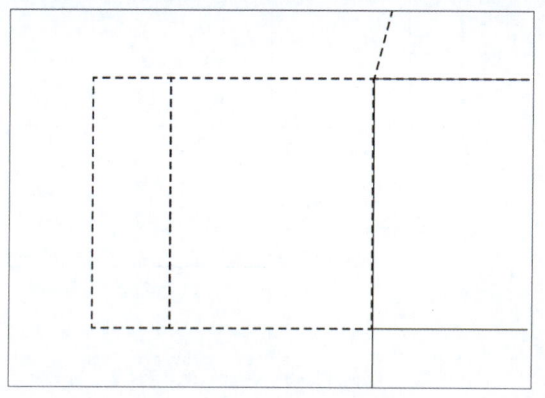

图 11-21　复制并调整其宽度

图 11-22　调整圆角半径

步骤 12 分别选择右侧第3个和第5个矩形，更改其高度为39 mm，效果如图11-23所示。

步骤 13 调整矩形间的间距，效果如图11-24所示。

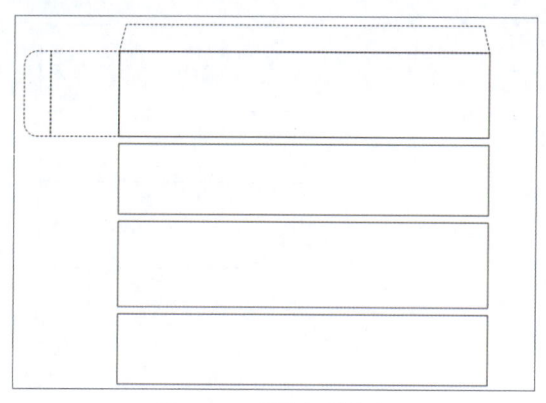

图 11-23　调整矩形高度

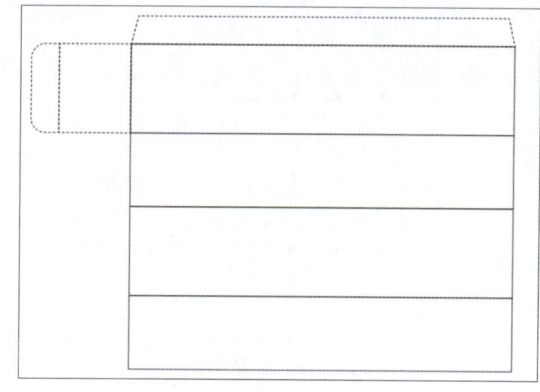

图 11-24　调整矩形间距

步骤 14 复制虚线矩形，更改宽度为5 mm、高度为39 mm，调整显示位置，效果如图11-25所示。

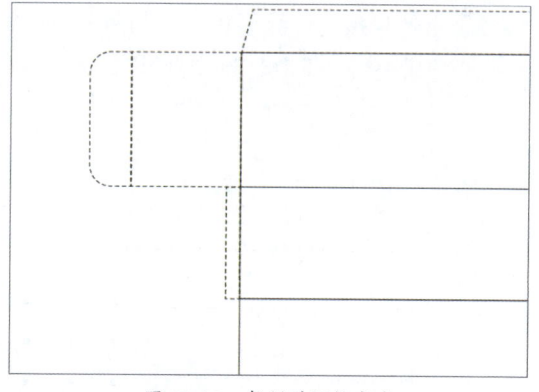

图 11-25　复制并调整宽度

步骤 15 继续复制矩形，更改宽度为18 mm、高度为30 mm，调整显示位置，使其居中对齐，效果如图11-26所示。

步骤 16 选择右侧细长矩形,转换为曲线后,使用形状工具调整左侧节点,效果如图11-27所示。

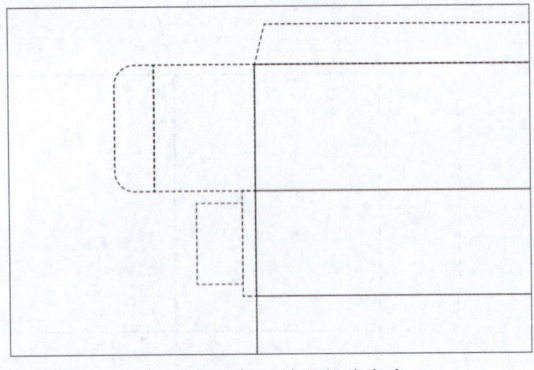

图 11-26 复制并调整其宽度

图 11-27 调整节点

步骤 17 使用选择工具加选左侧矩形,在属性栏中单击"焊接"按钮,效果如图11-28所示。

步骤 18 选择上方的两个虚线形状,按Ctrl+G组合键编组,效果如图11-29所示。

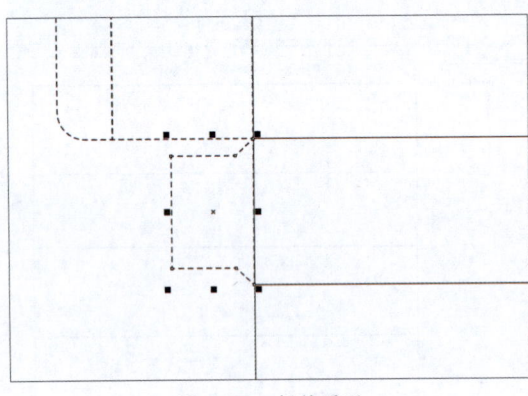

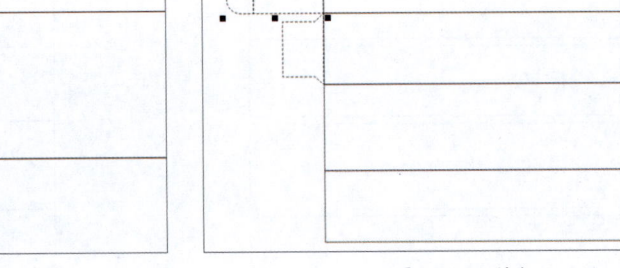

图 11-28 焊接图形

图 11-29 编组

步骤 19 复制后水平翻转,移动至右侧,效果如图11-30所示。

步骤 20 选择焊接的虚线形状,复制两个后调整其位置,显示效果如图11-31所示。按Ctrl+A组合键全选后编组,重命名为"刀版",锁定图层组。

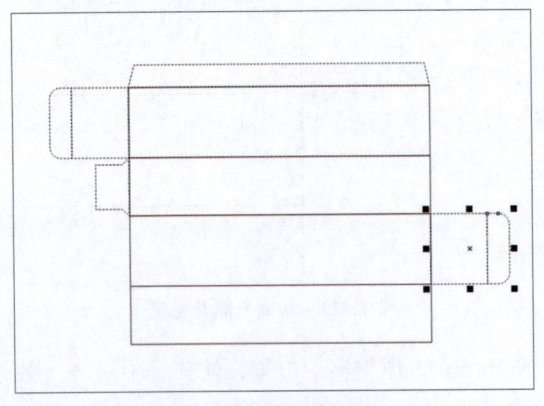

图 11-30 移动复制组

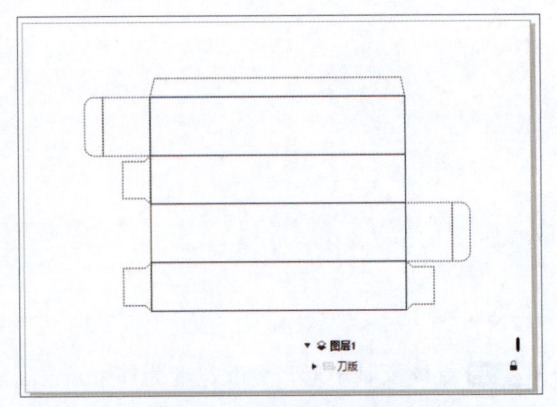

图 11-31 移动复制组并编组

■ 11.2.2 底纹的绘制

底纹的绘制涉及的知识点有文档的创建、矩形工具、形状工具、填充与轮廓、变换、造型等。

步骤 01 选择矩形工具，绘制宽度为204 mm、高度为41 mm的矩形，如图11-32所示。

步骤 02 在"属性"泊坞窗中单击"填充"按钮，设置渐变参数，如图11-33所示。

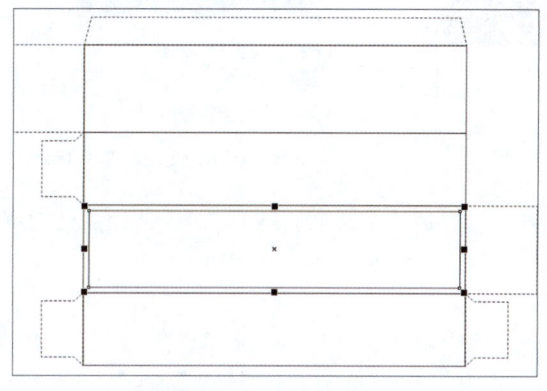

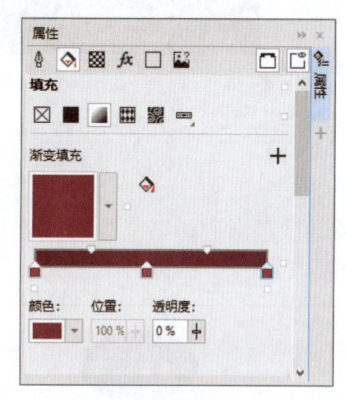

图 11-32 绘制矩形　　　　图 11-33 设置填充颜色

> 提示：渐变颜色的值分别为（C29、M100、Y49、K15）、（C24、M84、Y41、K15）和（C29、M100、Y49、K15）。

步骤 03 设置轮廓宽度为无，效果如图11-34所示。

步骤 04 使用椭圆形工具绘制高度为75 mm、高度为45 mm的椭圆，填充橙色（M40、Y63），效果如图11-35所示。

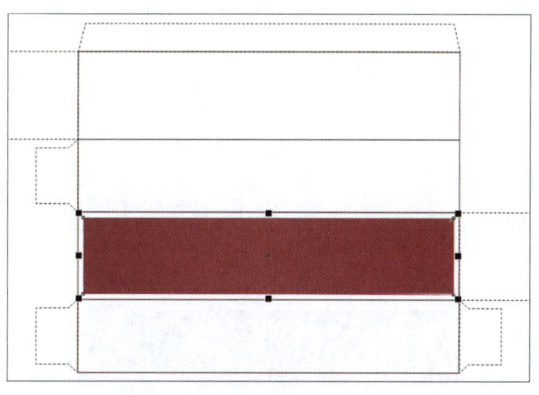

图 11-34 轮廓为无　　　　图 11-35 绘制椭圆

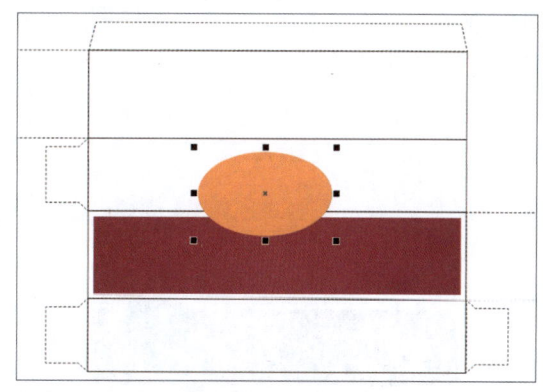

步骤 05 复制椭圆，更改宽度为66 mm、高度为38 mm，效果如图11-36所示。

步骤 06 在"属性"泊坞窗中单击"渐变填充"按钮，设置渐变参数，如图11-37所示，效果如图11-38所示。

> 提示：渐变颜色的值分别为（C100、M100）、（C100、M50）和（C100、M100）。

图 11-36　复制并调整其宽度

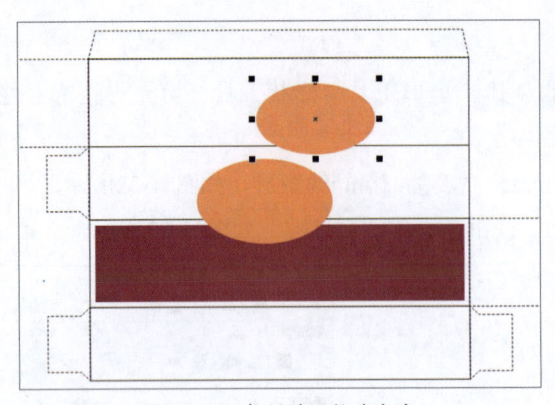

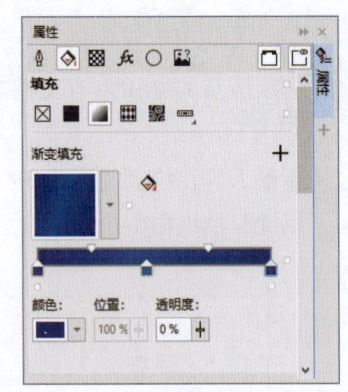

图 11-37　设置渐变参数

步骤 07 移动蓝色渐变椭圆至黄色椭圆上方，加选黄色椭圆后旋转45°，效果如图11-39所示。

图 11-38　应用效果

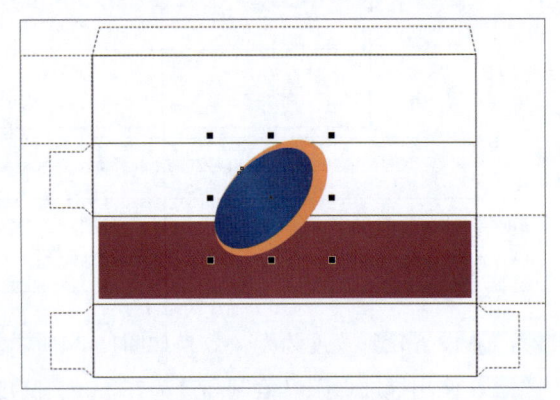

图 11-39　调整旋转角度

步骤 08 在属性栏中单击"修剪"按钮，调整显示位置，如图11-40所示。

步骤 09 复制黄色的形状，使用形状工具调整节点，效果如图11-41所示。

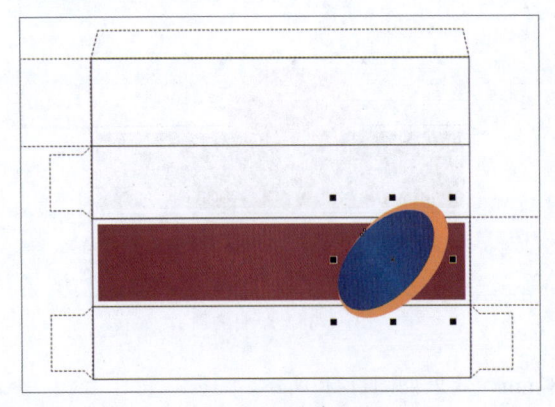

图 11-40　修剪效果

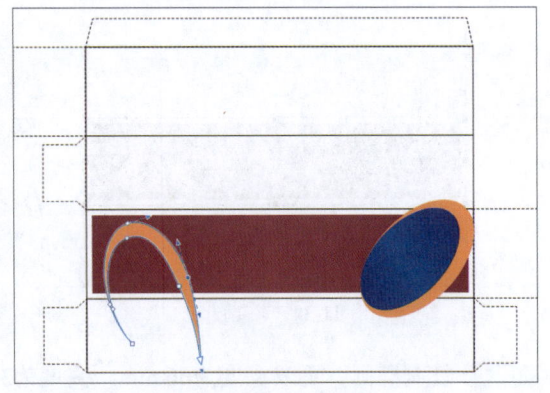

图 11-41　复制并调整形状

步骤 10 水平翻转后更改填充颜色（C20、M71、Y34、K10），效果如图11-42所示。

步骤 11 添加均匀透明度，效果如图11-43所示。

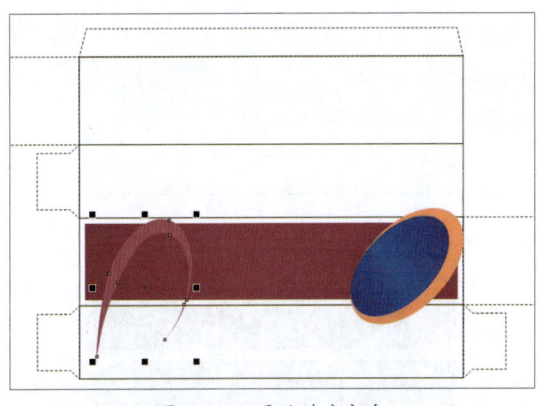

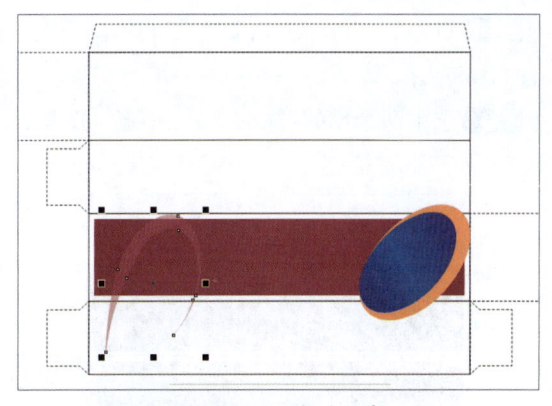

图 11-42　更改填充颜色　　　　　　　　　图 11-43　调整透明度

步骤 12　选择红色渐变矩形，单击鼠标右键，在弹出的快捷菜单中选择"框类型"→"创建空 Powerclip 图文框"选项，效果如图 11-44 所示。

步骤 13　在"对象"泊坞窗中调整图层顺序，效果如图 11-45 所示。

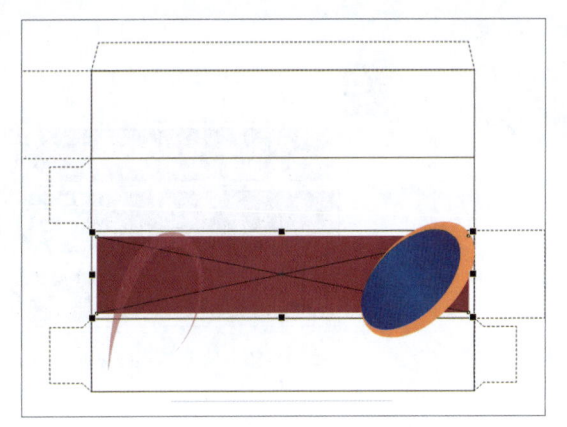

图 11-44　创建空 Powerclip 图文框　　　　　　　图 11-45　调整图层顺序

步骤 14　将"Powerclip 矩形"图层下方的椭圆形和曲线移动至框内，双击进入到隔离模式，调整其大小与显示位置，完成调整后效果如图 11-46 所示。

步骤 15　复制"Powerclip 矩形"图层，调整高度为 33 mm，效果如图 11-47 所示。

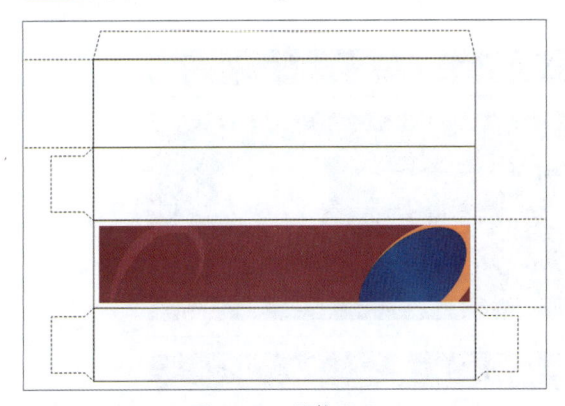

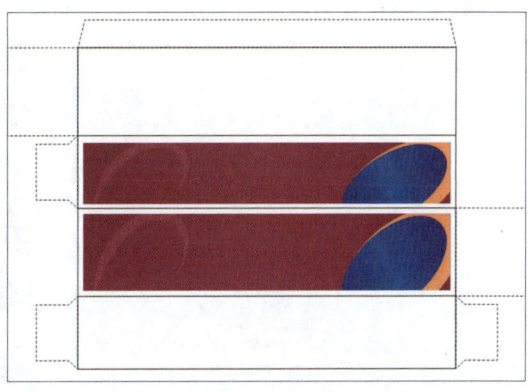

图 11-46　调整显示　　　　　　　　　图 11-47　移动复制并更改其高度

步骤 16 进入到"Powerclip矩形"的隔离模式，删除多余的图形，复制后调整显示位置，效果如图11-48所示。

步骤 17 选中两个窄的"Powerclip矩形"图层，水平翻转，效果如图11-49所示。

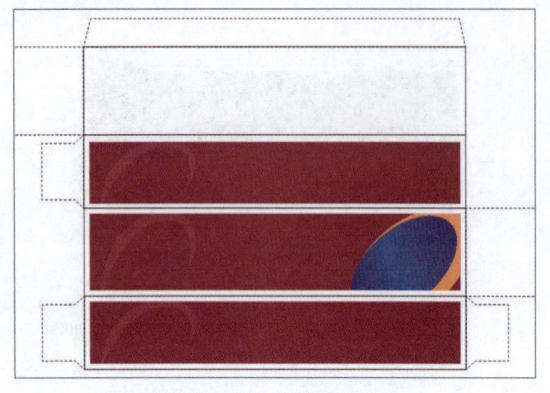

图 11-48 调整显示　　　　图 11-49 水平翻转

步骤 18 选择矩形工具，绘制宽度33 mm、高度41 mm的矩形，使用属性滴管工具拾取红色渐变，在矩形边缘处单击填充应用，复制后移动位置，效果如图11-50所示。

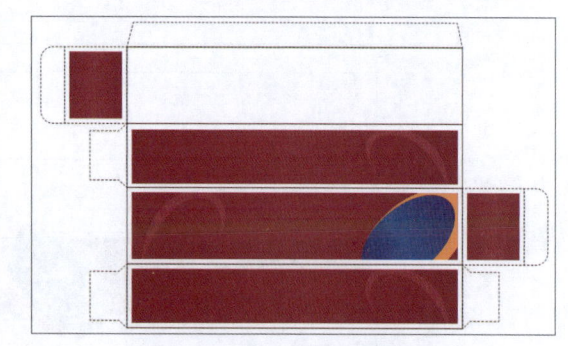

图 11-50 绘制矩形并拾取属性

11.2.3 文字与装饰的添加

文字与装饰的添加涉及的知识点有文件导入、矩形工具、"属性"泊坞窗、文本工具、"文本"泊坞窗等。

步骤 01 打开素材文件"素材.cdr"，如图11-51所示。

步骤 02 选择并复制牙膏至文档中，效果如图11-52所示。

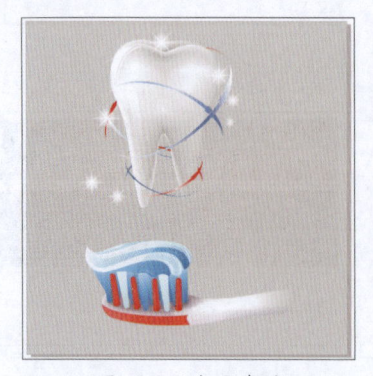

图 11-51 打开素材　　　　图 11-52 复制素材

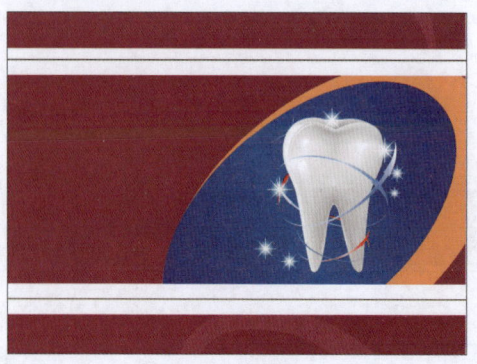

步骤 03 选择矩形工具,绘制宽度为204 mm、高度15 mm的矩形,在"属性"泊坞窗中设置填充颜色,如图11-53所示。

步骤 04 更改轮廓宽度为0.5 mm、颜色为白色,效果如图11-54所示。

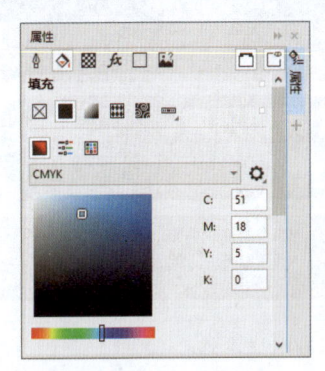

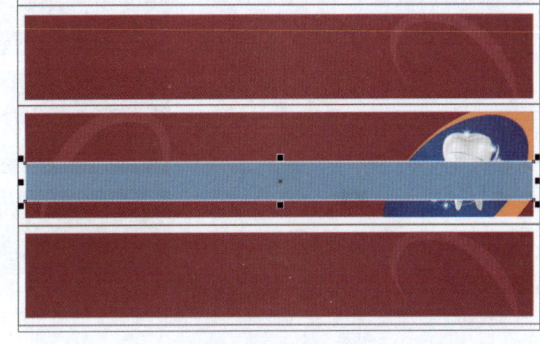

图 11-53 设置填充参数　　　　图 11-54 添加轮廓

步骤 05 在"属性"泊坞窗中依次单击"透明度"和"渐变透明度"按钮,如图11-55所示,效果如图11-56所示。

图 11-55 设置透明度参数　　　　图 11-56 应用透明度效果

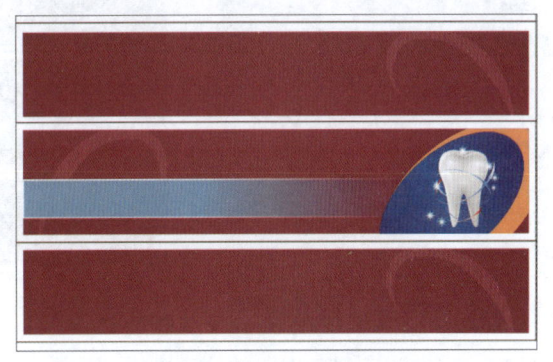

步骤 06 在"素材.cdr"文档中复制牙刷图形,并粘贴至此文档中,调整显示,效果如图11-57所示。

步骤 07 导入素材文件"logo.cdr",效果如图11-58所示。

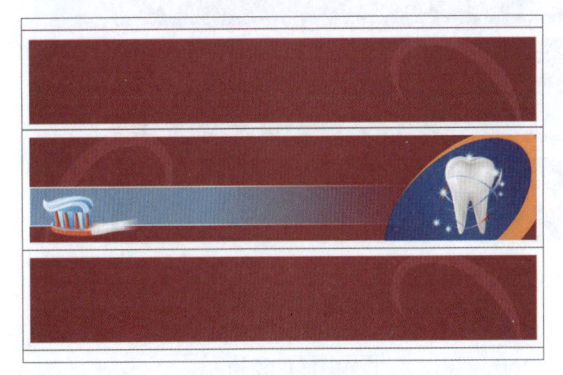

图 11-57 添加素材　　　　图 11-58 导入素材

步骤08 选择文本工具，输入文本，在"文本"泊坞窗中设置参数，如图11-59所示，效果如图11-60所示。

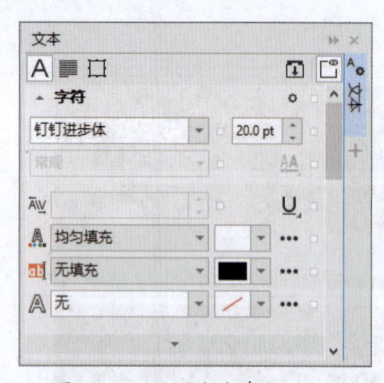

图 11-59　设置文本参数（1）　　　　图 11-60　文本效果（1）

步骤09 继续输入文本，在"文本"泊坞窗中设置参数，如图11-61所示，效果如图11-62所示。

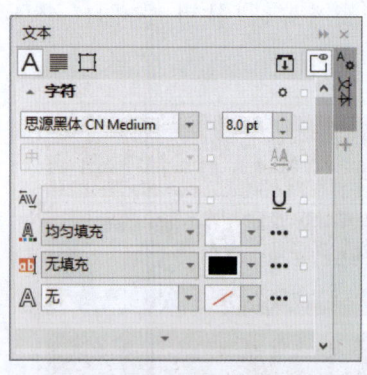

图 11-61　设置文本参数（2）　　　　图 11-62　文本效果（2）

步骤10 继续输入文本，在"文本"泊坞窗中设置参数，如图11-63所示，效果如图11-64所示。

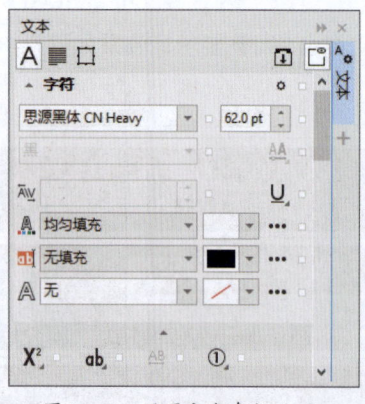

图 11-63　设置文本参数（3）　　　　图 11-64　文本效果（3）

步骤11 转换为曲线后复制两次，分别更改透明度为60、80，效果如图11-65所示。

模块11 包装设计

图 11-65 复制并更改其透明度

步骤 12 调整摆放位置，如图11-66所示。

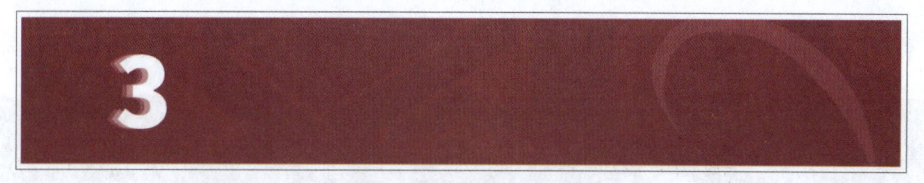

图 11-66 调整摆放位置

步骤 13 选择文本工具，输入文本，在"文本"泊坞窗中将字号更改为12 pt后，单击"段落"按钮，设置段落参数，如图11-67所示，效果如图11-68所示。

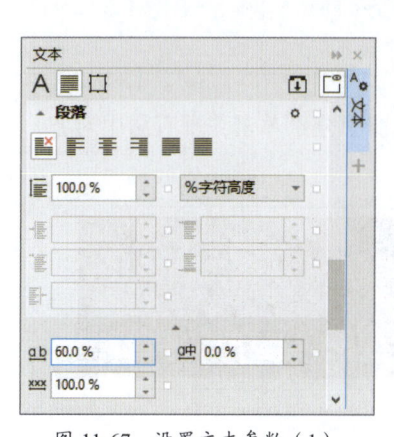

图 11-67 设置文本参数（1）

图 11-68 文本效果（1）

步骤 14 使用文本工具输入段落文本，在"文本"泊坞窗中设置参数，如图11-69所示，效果如图11-70所示。

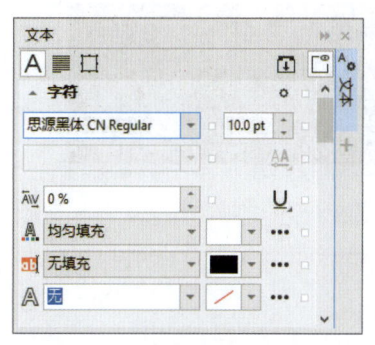

图 11-69 设置文本参数（2）

图 11-70 文本效果（2）

255

步骤15 选中段落文本,在属性栏中单击"项目符号列表"按钮,效果如图11-71所示。

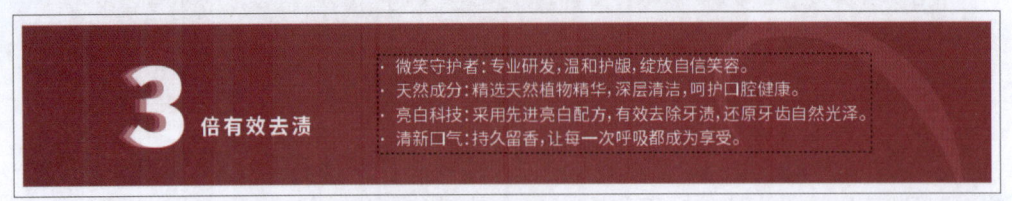

图 11-71 添加项目符号

步骤16 导入多张素材图像,如图11-72所示。

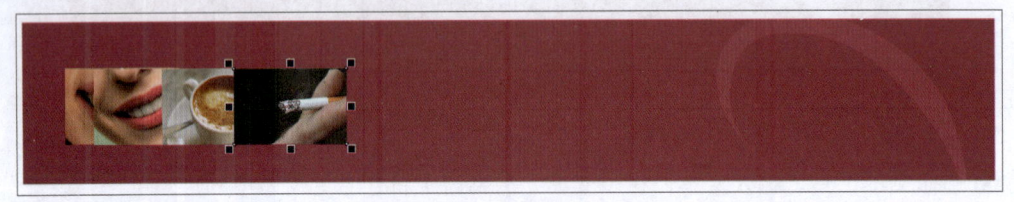

图 11-72 导入多张素材

> **提示**:素材图像的大小,可以通过Photoshop进行裁剪,或者在CorelDRAW中通过创建空Powerclip图文框统一大小。

步骤17 确定第1张和最后一张的位置,在"对齐与分布"泊坞窗中分别单击"垂直居中对齐"按钮和"水平分散排列中心"按钮,效果如图11-73所示。

图 11-73 调整显示

步骤18 选择矩形工具,绘制宽度为25 mm、高度16.5 mm、圆角半径为0.5 mm的白色圆角矩形,按住鼠标移动复制,释放鼠标后单击"复制"按钮,如图11-74所示。

图 11-74 移动复制

步骤19 按Ctrl+D组合键连续复制,效果如图11-75所示。

图 11-75 连续复制

步骤 20 加选前3个矩形，在"对象"泊坞窗中调整图层顺序，如图11-76所示。

步骤 21 选择4个矩形和4个位图，按Ctrl+G组合键编组，如图11-77所示。

图 11-76 调整图层顺序　　　图 11-77 编组

步骤 22 在属性栏中设置微调距离为2.0 mm，向上移动图层组，效果如图11-78所示。

图 11-78 微距调整

步骤 23 移动复制"净含量：180g"，更改文本内容，效果如图11-79所示。

图 11-79 复制并更改文本内容

步骤 24 继续移动复制并更改文本内容，效果如图11-80所示。

图 11-80　复制并更改文本内容（1）

步骤 25 移动复制"每一次…牙膏"并更改文本内容，效果如图11-81所示。

图 11-81　复制并更改文本内容（2）

步骤 26 移动复制"去除烟渍"，更改文本内容后更改字号为6 pt，转换为段落文本后设置段落参数，如图11-82所示，效果如图11-83所示。

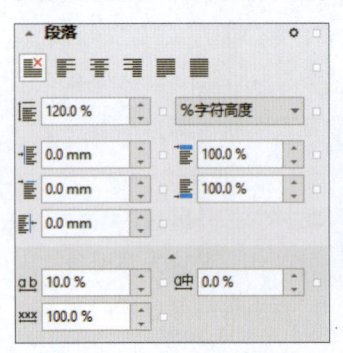

图 11-82　设置段落参数　　　　　　　图 11-83　应用效果

步骤 27 选择文本工具，创建段落文本（思源黑体Medium、8 pt），选择部分文本，添加项目符号，效果如图11-84所示。

步骤 28 复制段落文本并更改文本内容，效果如图11-85所示。

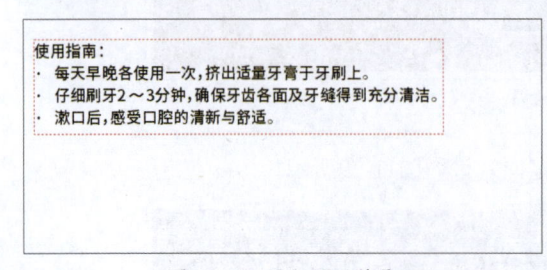

图 11-84　添加项目符号　　　　　　　图 11-85　复制并更改文本内容（3）

步骤 29 继续复制段落文本，更改文本内容，效果如图11-86所示。

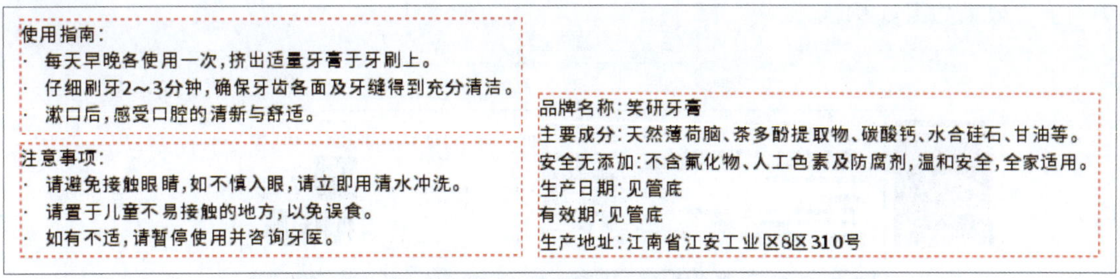

使用指南：
每天早晚各使用一次，挤出适量牙膏于牙刷上。
仔细刷牙2～3分钟，确保牙齿各面及牙缝得到充分清洁。
漱口后，感受口腔的清新与舒适。

注意事项：
请避免接触眼睛，如不慎入眼，请立即用清水冲洗。
请置于儿童不易接触的地方，以免误食。
如有不适，请暂停使用并咨询牙医。

品牌名称：笑研牙膏
主要成分：天然薄荷脑、茶多酚提取物、碳酸钙、水合硅石、甘油等。
安全无添加：不含氟化物、人工色素及防腐剂，温和安全，全家适用。
生产日期：见管底
有效期：见管底
生产地址：江南省江安工业区8区310号

图 11-86　复制并更改文字内容

步骤 30 移动复制"每一次…牙膏"并更改文本内容，设置行间距，如图11-87所示。

步骤 31 更改字体颜色（C100、M50）效果如图11-88所示。

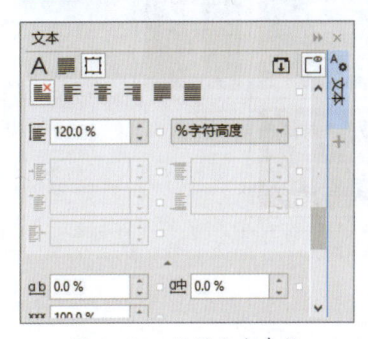

图 11-87　设置文本参数

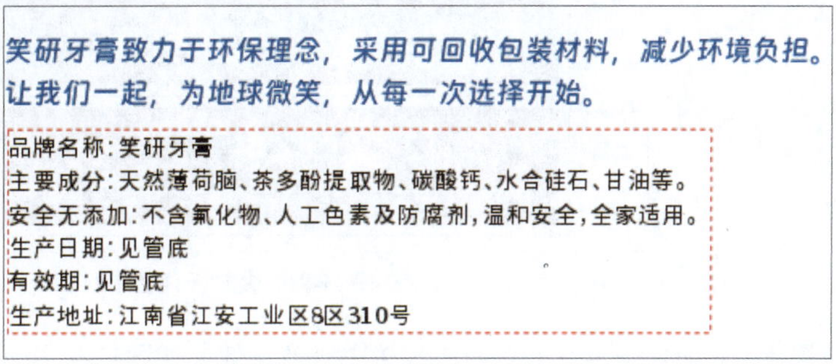

笑研牙膏致力于环保理念，采用可回收包装材料，减少环境负担。让我们一起，为地球微笑，从每一次选择开始。

品牌名称：笑研牙膏
主要成分：天然薄荷脑、茶多酚提取物、碳酸钙、水合硅石、甘油等。
安全无添加：不含氟化物、人工色素及防腐剂，温和安全，全家适用。
生产日期：见管底
有效期：见管底
生产地址：江南省江安工业区8区310号

图 11-88　更改字体颜色

步骤 32 导入素材"二维码.png"并调整其摆放位置，效果如图11-89所示。

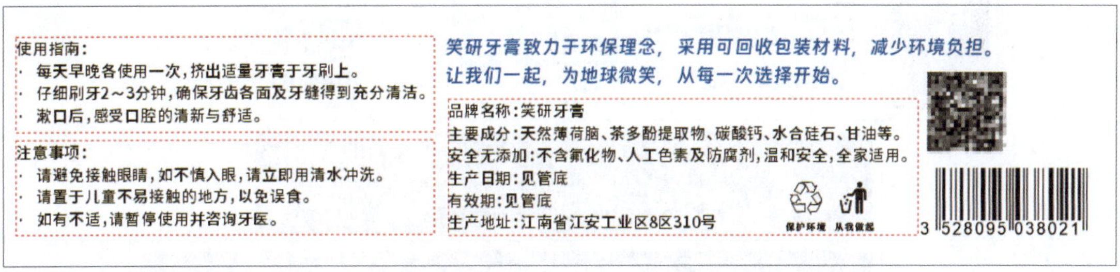

图 11-89　导入素材

步骤 33 输入文本，效果如图11-90所示。

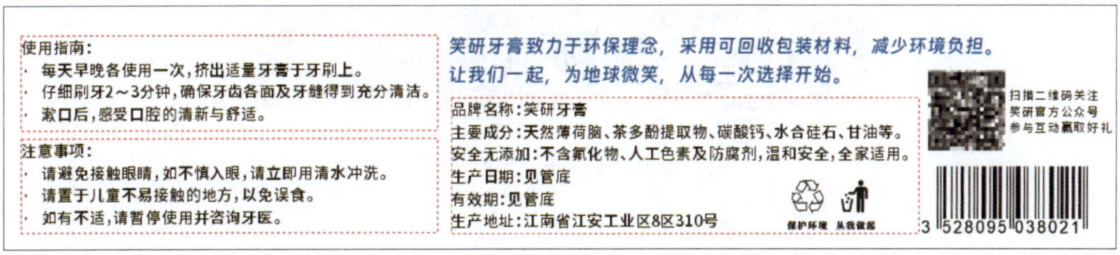

图 11-90　输入文本

步骤 34 移动复制"笑研牙膏"标志并旋转90°，缩放后移动至右侧，调整至合适大小，使其居中对齐，效果如图11-91所示。

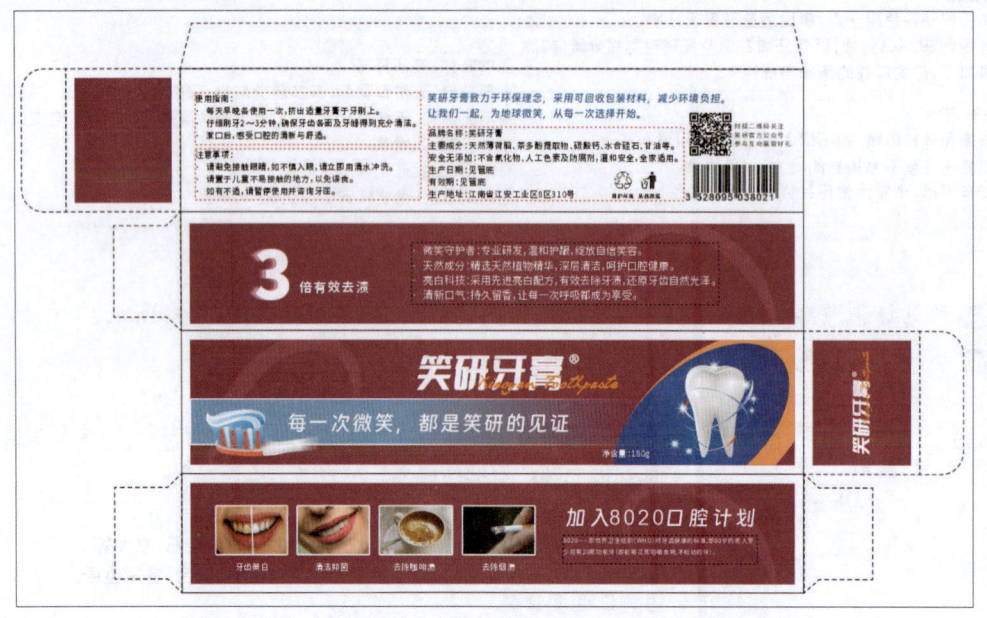

图 11-91 复制并调整素材显示

步骤 35 移动复制至左上方，使其居中对齐，效果如图11-92所示。

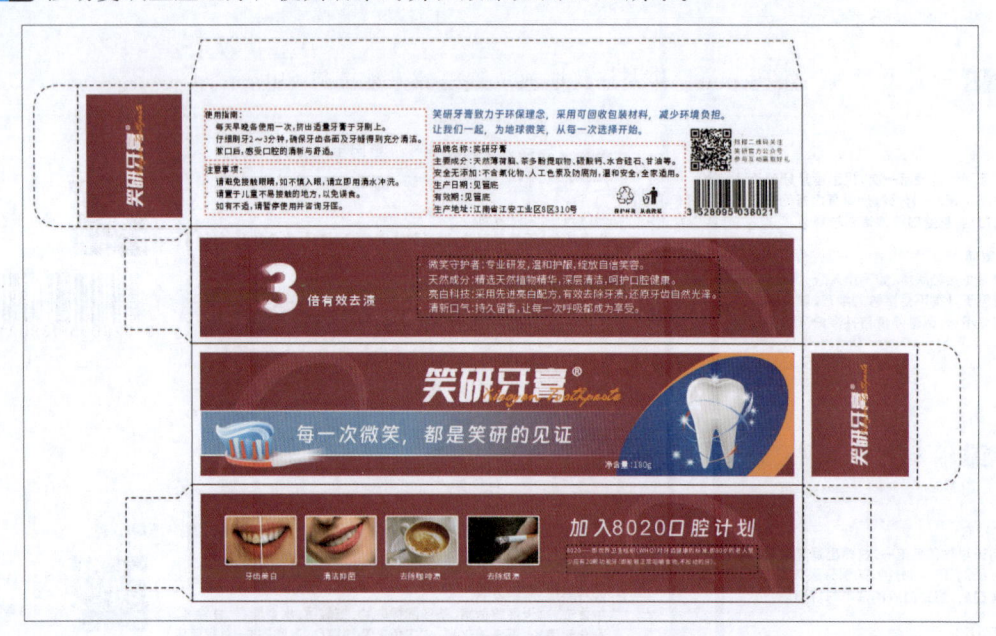

图 11-92 复制并调整素材显示

至此，完成牙膏包装平面图的制作。

> 提示：本案例中的文本信息均由AIGC（文心一言）生成。

课后作业参考答案（部分）

模块1

一、选择题

1. B　2. C　3. B　4. C

二、填空题

1. 颜色　px
2. 数量　清晰度和细节
3. CDR　AI　EPS　SVG
4. JPEG　GIF　PNG　TIFF

模块2

一、选择题

1. C　2. D　3. A　4. A

二、填空题

1. 创建新文档
2. 无背景　纯色　位图
3. 页面　页面大小
4. 青色　品红　黄色　黑色

模块3

一、选择题

1. A　2. A　3. B　4. C

二、填空题

1. 草图　　　　　　　2. 平滑
3. Shift+Ctrl键　　　4. 3个及以上

模块4

一、选择题

1. B　2. A　3. C　4. C

二、填空题

1. 桌面颜色　页面颜色　位图图像颜色　矢量图形颜色
2. 向量图样填充　位图图样填充　双色图样填充
3. 线性渐变填充　椭圆形渐变填充　圆锥形渐变填充　矩形渐变填充
4. 纹理

模块5

一、选择题

1. B　2. C　3. A　4. D

二、填空题

1. 选项　　　　　　2. 克隆对象　克隆对象
3. Alt+F7　　　　　4. 对象

模块6

一、选择题

1. B　2. A　3. D　4. C

二、填空题

1. 封套　　　　　　2. 拉链变形
3. 线性渐变透明度　椭圆形渐变透明度　锥形渐变透明度　矩形渐变透明度
4. 立体化工具

模块7

一、选择题

1. D　2. C　3. A　4. B

二、填空题

1. 字距调整范围　　　　　2. 栏设置
3. 字符　段落　图文框　4. Ctrl+Q
5. 段落文本

模块8

一、选择题

1. A　2. D　3. A　4. B

二、填空题

1. 快速描摹　中心线描摹　轮廓描摹
2. 平铺　　　　　　3. 延时

261

参 考 文 献

[1] 栗青生. 中文版CorelDRAW平面设计入门系统教程：全彩视频[M]. 北京：中国水利水电出版社, 2024.

[2] 胡仁喜, 孟培, 杨雪静. CorelDRAW 2024中文版标准实例教程[M]. 北京：机械工业出版社, 2024.

[3] 董明秀. CorelDRAW实用案例解析[M]. 北京：清华大学出版社, 2024.

[4] 史磊. 中文版CorelDRAW图形创意设计与制作全视频实践228例：溢彩版[M]. 北京：清华大学出版社, 2024.

[5] 王梅, 丛艺菲. CorelDRAW平面设计应用教程：CorelDRAW 2020[M]. 2版. 北京：人民邮电出版社, 2024.

[6] 田欢, 王鑫. 中文版CorelDRAW图形创意设计实战案例解析[M]. 北京：清华大学出版社, 2023.